Arbeitsmethoden der modernen Naturwissenschaften

Grundriß der geographischen Ortsbestimmung

aus astronomischen Beobachtungen

von

DR. K. GRAFF

em. o. Professor der Astronomie u. Direktor
der Wiener Universitäts-Sternwarte

Dritte, durchgesehene Auflage

Mit 63 Figuren

Berlin 1944

WALTER DE GRUYTER & CO.

vormals G. J. Göschen'sche Verlagshandlung / J. Guttentag, Verlagsbuchhandlung / Georg Reimer / Karl J. Trübner / Veit & Comp.

vormals G. J. Göschen'sche Verlagshandlung — J. Guttentag, Verlagsbuchhandlung — Georg Reimer — Karl J. Trübner — Veit & Comp.
Berlin W 35, Woyrschstraße 13

Archiv-Nr. 52 67 44 Printed in Germany
Druck von Walter de Gruyter & Co., Berlin

VORWORT

Zur ersten Auflage

Bei dem Abfassen des vorliegenden Grundrisses der geographischen Ortsbestimmung habe ich mir die scharf begrenzte Aufgabe gestellt, ein Lehrbuch zu liefern, das wohl in erster Linie auf die praktische Verwendung seines Inhalts Rücksicht nimmt, den Benutzer jedoch nirgends, wo ihm ein tieferes Eindringen in die Sätze und Regeln der sphärischen Astronomie erwünscht erscheint, im Stiche läßt. Gegenüber allen ähnlichen Werken desselben Inhalts finden sich daher in dem vorliegenden Bändchen fast sämtliche verwendeten Formeln und mathematischen Ausdrücke elementar abgeleitet vor. Durch eine vorausgeschickte übersichtliche Zusammenstellung der in der Ortsbestimmung gebräuchlichen trigonometrischen Sätze ist es trotzdem möglich geworden, das mathematische Gerüst des Buches auf ein Minimum zu reduzieren, das auch diejenigen, die ihr Interesse ausschließlich der praktischen Ortsbestimmung zuwenden — ich denke hier insbesondere an Geographen und Forschungsreisende — nicht abschrecken wird. Manche Vereinfachung ist dadurch erzielt worden, daß nur kleine Instrumente, die günstigstenfalls etwa Winkel von 0.1 Bogenminuten abzulesen gestatten, in den Kreis der Betrachtungen gezogen worden sind. Aus diesem Grunde dürfte der engbegrenzte und doch ziemlich vollständige Inhalt des Buches auch allen denjenigen, die sich später in die Aufgaben der Ortsbestimmung erheblich weiter vertiefen wollen, als erster Handweiser eine gute Grundlage bieten.

Auf die Einfügung übersichtlicher und lehrreicher Figuren ist ein besonderes Augenmerk gerichtet worden. Alle Darstellungen der Himmelskugel sind z. B. streng in orthographischer Projektion ausgeführt und zum Zwecke des besseren Verständnisses reichlich beschriftet worden, wie ich überhaupt bestrebt gewesen bin, der geometriechen Anschauung des Lesers nach Möglichkeit entgegenzukommen.

Bei der Lesung der Korrekturen des Manuskriptes und des Satzes hat mich Herr Eisenbahnobersekretär W. Voß in Altona sehr wesentlich unterstützt. Ihm verdanke ich auch eine vollständige Durchsicht aller Formeln sowie die Ausführung einer Kontrollrechnung zu den im Anhang I und II mitgeteilten Beispielen und Tafeln, so daß für die Zuverlässigkeit des Zahlenmaterials eine gewisse Bürgschaft übernommen werden kann.

Sternwarte Bergedorf, Dezember 1913.

K. Graff

Zur zweiten und dritten Auflage

Die zweite und dritte Auflage des Grundrisses der geographischen Ortsbestimmung erscheint auf Wunsch des Verlages in äußerlich veränderter Form. Aber auch inhaltlich weist das Buch eine Reihe von Abweichungen gegenüber der Erstausgabe auf. Es handelt sich zunächst um verschiedene Kürzungen, soweit sich diese ohne Beeinträchtigung der Klarheit der Darstellung ermöglichen ließen, oder soweit Beobachtungsverfahren in Frage kommen, die an kleinerem Meßgerät kaum noch angewendet werden bzw. durch die drahtlose Zeitübertragung gegenstandslos geworden sind. Eine Ergänzung des früheren Inhalts bildet der Abschnitt über die Zeitsignale und deren Empfang sowie die erweiterten zwei Kapitel über die genaue Azimutbestimmung.

Da das Buch den astronomischen, geodätischen und nautischen Anfänger ganz allgemein in die Behandlung sphärischer Aufgaben einführen soll, haben verschiedene Sonderaufgaben der Ortsbestimmung, wie z. B. die Zweihöhenmethode oder das Standlinienverfahren, unter Fortlassung alles Nebensächlichen in der zweiten und dritten Auflage ihren Platz behalten.

Auf Freiheit des Satzes von Druckfehlern ist wieder besonders geachtet worden. Für die beim Korrekturlesen geleistete Hilfe und die sorgfältige Kontrolle der Beispiele und Tafeln bin ich, wie bei der ersten Auflage, Herrn Amtmann W. Voß in Altona zu besonderem Dank verpflichtet.

Wien-Breitenfurt, Januar 1944.

K. Graff

INHALTSVERZEICHNIS

Vierter Abschnitt

Strengere Verfahren zur Bestimmung der Uhrkorrektion und der Polhöhe

Fünfter Abschnitt

Methoden zur Bestimmung von geographischen Längen und Azimuten

Sechster Abschnitt

Besondere Verfahren der nautischen Ortsbestimmung

Anhang I

Beispiele zur Zeit-, Breiten- und Längenbestimmung

Anhang II

Tafeln zur geographischen Ortsbestimmung

HÄUFIGER VORKOMMENDE BEZEICHNUNGEN

a Azimut eines Gestirns (S. 14).
α Rektaszension eines Gestirns (S. 13).
c Kollimationsfehler (S. 74 u. 91).
C Koeffizient des Kollimationsfehlers b. Durchgangsinstrument (S. 131).
δ Deklination eines Gestirns (S. 13).
ε Hilfsgröße (S. 147).
ζ Hilfsgröße (S. 74).
h Höhenwinkel eines Gestirns (S. 14).
i Achsenneigung (S. 73 u. 91).
I Koeffizient der Achsenneigung beim Durchgangsinstrument (S. 131).
k Azimutfehler (S. 92).
K Koeffizient des Azimutfehlers beim Durchgangsinstrument (S. 131).
$\varkappa$ Mondhalbmesser in Einheiten des Erdhalbmessers (S. 156).
λ Geographische Länge (S. 8 u. 16).
m, M, n, N, Q Hilfsgrößen (S. 19, 133f., 147f., 165 u. 180f.).
p Höhenparallaxe (S. 35).
p_0 Äquatorialhorizontalparallaxe (S. 36 u. 156).
π Poldistanz eines Gestirns (S. 14 u. 137).
φ Geographische Breite (S. 8 u. 14).
φ' Geozentrische Breite (S. 154f.).
q Parallaktischer Winkel (S. 15).
ϱ Geozentrischer Erdhalbmesser (S. 154f.).
s Geozentrischer Mondhalbmesser (S. 155).
s' Mondhalbmesser, gültig für den Beobachtungsort (S. 156).
σ Hilfsgröße (S. 18, 123 u. 163).
τ Stundenwinkel eines Gestirns (S. 15).
ϑ Sternzeit (S. 16).
$\Delta\vartheta$ Korrektion (Stand) der Sternzeituhr (S. 113).
ψ Hilfsgröße (S. 147).
U Mittlere Sonnen- (Orts-) Zeit (S. 114).
ΔU Stand der nach mittlerer Zeit gehenden Uhr (S. 114).
z Zenitdistanz eines Gestirns (S. 14).

I. ABSCHNITT
GRUNDLAGEN FÜR DIE AUSFÜHRUNG VON ORTSBESTIMMUNGSAUFGABEN

1. Einleitung

Das vorliegende Buch beschäftigt sich mit den Grundaufgaben der absoluten Ortsbestimmung auf der kugelförmigen Erdoberfläche. Eine solche Ortsbestimmung ist, wie allgemein bekannt, nur durch Heranziehung von astronomischen Beobachtungen, insbesondere von Winkelmessungen, möglich. Auf einem stets von Wolken umgebenen, nicht rotierenden Weltkörper wäre eine absolute Festlegung der Ortslage nach Länge und Breite unmöglich, ebenso wie sie angesichts der unendlichen Entfernung der Sterne auf einer Flachscheibe ihren Sinn verlöre.

Wenn es auch möglich ist, rein astronomisch ein Koordinatennetz z. B. nach Länge und Breite auf der Erde festzulegen, so liefert doch erst die Verbindung der vom Sternhimmel hergeholten Winkelwerte mit einem linearen Maß die Grundlage zu einer Erdvermessung nach Gestalt und Größe. Als im Altertum Eratosthenes (um 250 v. Chr.) und Posidonius (um 100 v. Chr.) nacheinander zum ersten Male den verschiedenen gleichzeitigen Sonnenstand in Syene, Alexandria und Rhodos bemerkten und die Abweichungen grob maßen, dabei aber auch die zwei Teilabstände zwischen den drei Orten in Tage- bzw. Schiffsreisen abschätzten, war nicht nur über die Kugelgestalt der Erde entschieden, sondern auch die erste geodätische Messung mit Hilfe astronomischer Beobachtungen ausgeführt.

Wir staunen heute darüber, daß noch zur Zeit des Columbus die Erinnerung an diese Anfänge geographischer Orientierung auf geometrischer Grundlage verlorengegangen war und das Zeitalter der Entdeckungen zum Teil Vorstellungen über die Größe und Gestalt der Erde gegenüberstand, die bereits 1500 Jahre früher als überholt gelten konnten. Die Lücke ist dann aber rasch ausgefüllt worden, und in dem Maße, als der Wert des bewohnten und des noch unbewohnten Bodens für die Menschheit stieg, trat die Notwendigkeit in den Vordergrund, ihn auch ziffernmäßig zu erobern, d. h. seine Größe und Orientierung sowie seine Lage auf der geschlossenen Rundung der nun mehrfach umsegelten Erde zu bestimmen.

So ist grundsätzlich von praktischen, aber auch von zahllosen wissenschaftlichen Gedanken getrieben und gefördert das umfangreiche Arbeitsgebiet der Geodäsie entstanden: die präzisen Breiten-, Längen- und Azimutmessungen, von denen wir hier die Anfangsgrundlagen kennenlernen sollen, alle drei als Fundamente einer astronomischen Landesvermessung; die zwischen diese Stationen, in erster Linie Sternwarten, eingeschalteten Triangulationen; schließlich die an das trigonometrische Netz angeschlossenen Kleinvermessungen und die selbständigen, aber für alle Gebiete der Erdmessung so wichtigen Nivellements. Als Frucht dieser Arbeiten bleibt auch der wissenschaftliche Erfolg nicht aus. Der allgemeinen Erkenntnis von der Kugelgestalt der Erde folgt diejenige von dem Sinn und der Größe der Abplattung. Auf der Basis des Rotationsellipsoids entwickelt sich die Vorstellung vom Niveausphäroid, d. h. von der durch Schwer- und Zentrifugalkraft bedingten Erdgestalt, sowie die Erkenntnis, daß die einzelnen Länder und erst recht die einzelnen Erdteile sich keiner einheitlichen mathematischen Erdfigur streng anpassen lassen, sondern für Vermessungszwecke in die Konstanten bestimmter Referenzellipsoide eingegliedert werden müssen.

Die astronomischen Beobachtungen, die einst die Pionierarbeit in der Geodäsie geleistet haben und sie auch heute in großen, unerschlossenen Gebieten noch leisten, sind allmählich zu Arbeiten niederer Ordnung herabgesunken. Erst durch die Entdeckung der Polschwankungen und der Lotstörungen haben sie in der höchsten Form der Präzision, der selbst die Meridianastronomie kaum nachkommen kann, wieder eine selbständige Bedeutung gewonnen.

So zeigt das Gesamtgebiet der Geodäsie fortwährend Berührungspunkte mit der Astronomie, genauer, mit einem ihrer ältesten Zweige, der Astrometrie. Stets galt diese nicht nur wegen der Präzision ihrer Instrumente und der Vollkommenheit ihrer Methoden, sondern auch wegen der Punktform ihrer Einstellobjekte als die beste Schule der Meßtechnik. Daher kann das in Frage kommende Gebiet auch dem angehenden Geodäten zur theoretischen wie praktischen Durchbildung nicht genug empfohlen werden. Beherrscht er erst die hier behandelten schlichten Aufgaben vollkommen, so werden ihm auch Arbeiten an wesentlich größeren Instrumenten keine Schwierigkeiten bereiten.

2. Definitionen und allgemeine Orientierung an der Himmelskugel

Die geographischen Ortsbestimmungen, d. h. diejenigen Aufgaben, die eine Ermittelung der Lage eines Ortes auf der Erdoberfläche nach bestimmten geometrischen Grundsätzen bezwecken, stellen den wichtigsten Zweig der sogenannten mathematischen Geographie dar.

Unter dem Begriff der geographischen Ortsbestimmung in engerem Sinne des Wortes wollen wir hier nur die Aufgaben zusammenfassen, die uns unmittelbar die sphärischen Koordinaten des Beobachtungsortes, d. h. seine Breite und Länge auf der Erdkugel liefern. Als wichtige Nebenaufgaben treten dabei hinzu: die Bestimmung der jeweiligen Drehungsphase der Erde, mit anderen Worten, der Zeit, und als Übertragung der Süd-Nord-Orientierung vom Himmel auf die Erde die Ableitung des Azimutes eines fernen terrestrischen Punktes.

Eine derartige unmittelbare Bestimmung der geographischen Koordinaten eines Ortes sowie eines Azimutes ist, wie bereits erwähnt, nur durch Beobachtung der Lage von Gestirnen zu gedachten, aber eindeutig bestimmten Punkten und Kreisen des Himmels zu erzielen. Demnach ist zur Lösung der hier in Frage kommenden Aufgaben neben geeigneten instrumentellen Hilfsmitteln auch noch einige Kenntnis der täglich bzw. jährlich sich wiederholenden Vorgänge an der Himmelskugel unbedingt erforderlich, so daß die Ausführung brauchbarer Ortsbestimmungen nicht nur eine Vertrautheit mit den Instrumenten, sondern auch eine Reihe astronomischer Vorkenntnisse voraussetzt, die allerdings über die einfachsten Elemente nicht hinausgehen, und die sich jeder rasch aneignen kann. Hierzu gehört auch eine Kenntnis der wichtigsten Sternbilder und ihrer Hauptsterne, sowie der Stellung und Bewegung der helleren Planeten am Himmel.

Sämtliche Aufgaben der astronomischen Beobachtungskunst, die eine Bestimmung der Lage eines Ortes auf der Erdoberfläche, der Zeit oder des Azimutes zum Zwecke haben, beruhen einzig und allein auf Winkelmessungen an der scheinbaren Himmelssphäre. Bei der Erörterung dieser Aufgaben ist es somit völlig belanglos, ob man nach den alten, dem direkten Anblick entsprechenden Anschauungen die Erde als ruhend und den Himmel mit Sonne, Mond, Planeten und Fixsternen als bewegt betrachtet oder umgekehrt. Das Verständnis für verschiedene Vorgänge am Himmel gestaltet sich sogar in mancher Beziehung einfacher, wenn wir von der alten, dem direkten Anblick unmittelbar entsprechenden Anschauung ausgehen und uns somit vorstellen, daß die für unsere Zwecke erforderlichen Messungen von einer unbeweglichen, im Weltraum feststehenden Erde aus angestellt werden, um die sich die ganze unendlich weit entfernte Himmelskugel mit Sonne, Mond, Planeten und Fixsternen in der Zeit von 24 Stunden einmal um eine feste Achse herumdreht. Durch die Lage dieser Weltachse ist für den Beobachter bereits eine Orientierungsmöglichkeit am Firmament und weiterhin auch auf der Erdoberfläche gegeben.

In Fig. 1 ist der allgemeine äußere Anblick der Himmelskugel mit der in ihrer Mitte schwebenden Erde dargestellt. Die Lage der Rotationsachse der Himmelskugel ist am Firmament durch zwei feste Punkte, den Nordpol P und den Südpol P_1, bestimmt, Bezeichnungen, die bekanntlich auch auf die beiden, den Punkten P und P_1 entsprechenden Schnittpunkte der Weltachse mit der Erdoberfläche übertragen worden sind. Ist nun B die Stellung eines Beobachters auf der Erdkugel, so trifft die Verbindungslinie des Erdmittelpunktes E mit dem Beobachtungsorte B die Himmelskugel im Scheitelpunkte oder im Zenit Z von B und auf der Antipodenseite im Nadir Z_1.

Die Endpunkte der Weltachse P und P_1 sowie die Endpunkte Z und Z_1 der Vertikallinie im Beobachtungsorte können nun als Pole von zwei wichtigen Orientierungskreisen angesehen werden.

Durch den gemeinsamen Mittelpunkt E der Erd- und Himmelskugel läßt sich eine Ebene legen, die senkrecht auf $P P_1$ steht.

Die Begrenzung AQ dieser Ebene am Himmel nennt man den Himmelsäquator, ihre kreisförmige Schnittlinie mit der Erdkugel den Erdäquator. Legt man in gleicher Weise durch E eine Ebene senkrecht zu ZZ_1, so begrenzt diese am Himmel den wahren Horizont NS des Beobachtungsortes B. Die Schnitt-

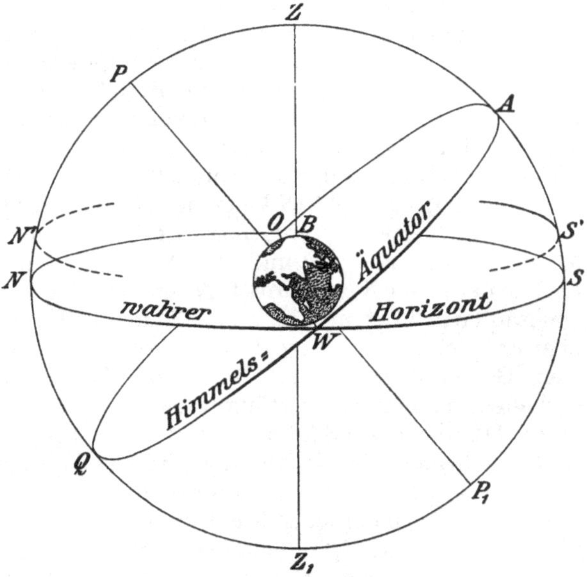

Fig. 1

punkte des Himmelsäquators mit dem Horizont bestimmen auf dem letzteren zwei gegenüberliegende Punkte, den Ostpunkt O und den Westpunkt W.

Als Horizont im gewöhnlichen Sprachgebrauch, genauer als scheinbaren Horizont, bezeichnet man allerdings zunächst diejenige Begrenzungslinie der Himmelskugel, die durch eine im Punkte B an die Erde gelegte Tangentialebene definiert ist, und die das Himmelsgewölbe in einem oberhalb von N und S gelegenen Kreise $N'S'$ treffen würde. Die von den beiden horizontalen

Ebenen, dem wahren und dem scheinbaren Horizont, an der Himmelskugel eingeschlossene Zone von der Breite eines Erdhalbmessers ($NN' = SS'$) liegt jedoch in Fixsternentfernung, in der vieltausendmal größere Körper als die Erde selbst bei stärkster Fernrohrvergrößerung völlig punktförmig erscheinen. Die Ebenen NS und $N'S'$ führen somit praktisch zu demselben Begrenzungskreis der unendlich weit entfernten Sphäre. Die Punkte N und N', S und S' fallen daher für die Beobachtungen von B aus vollkommen zusammen und man braucht dementsprechend, soweit es sich um Fixsterne handelt, den scheinbaren Horizont, dessen Ebene durch den Beobachtungsort B geht, von dem durch den Erdmittelpunkt E definierten wahren Horizont nicht zu unterscheiden.

Der in Fig. 1 als Begrenzung der Himmelskugel in der Blattebene erscheinende Kreis $NPZAS$ heißt der Meridian des Ortes B. Er verbindet die beiden Pole P und P_1 miteinander und geht gleichzeitig durch das Zenit Z und das Nadir Z_1 von B. Den Horizont schneidet er im Nordpunkt N und im Südpunkt S, den Himmelsäquator in A und Q, m. a. W. in der höchsten Erhebung über und der tiefsten Lage dieses Kreises unter dem Horizont. Jedem Beobachtungsort auf der Erdoberfläche kommt in einem gegebenen Moment ein bestimmter Meridian an der Himmelskugel zu. Da hier besonders die Stellung der Sphäre zu der Lage des Beobachtungsortes B auf der Erde in Beziehung gebracht werden soll, so mögen zur Unterscheidung alle anderen Himmelsmeridiane, die nach jeder Richtung hin als größte Kreise der Kugel die Pole P und P_1 miteinander verbinden (Fig. 2) und zu verschiedenen Stunden auch eine verschiedene Stellung zum Ortsmeridian einnehmen, als Stundenkreise bezeichnet werden. Diejenigen größten Kreise, die in entsprechender Weise das Zenit Z mit dem Nadir Z_1 verbinden und auf der Begrenzung des Horizontes lotrecht stehen, heißen Höhen- oder Vertikalkreise. Hieraus ist ersichtlich, daß der Ortsmeridian die Eigenschaften der Stunden- und Höhenkreise in sich vereinigt; insbesondere steht er senkrecht auf dem Horizont und auf dem Himmelsäquator und halbiert die zwischen Ost- und Westpunkt gelegenen Bögen dieser beiden Hauptkreise.

Parallel zum Himmelsäquator kann man sich noch durch jeden beliebigen Punkt der Weltachse eine Ebene gelegt denken. Diese

Ebenen schneiden aus der Himmelskugel kleine Kreise, die Parallelkreise, heraus, die in ihrem ganzen Verlauf vom Himmelsäquator und vom benachbarten Pol einen unveränderlichen Abstand haben. Je größer die Entfernung vom Himmelsäquator, desto kleiner ist der Durchmesser dieser Parallelkreise; der Pol ist der kleinste, der Äquator der größte Parallelkreis.

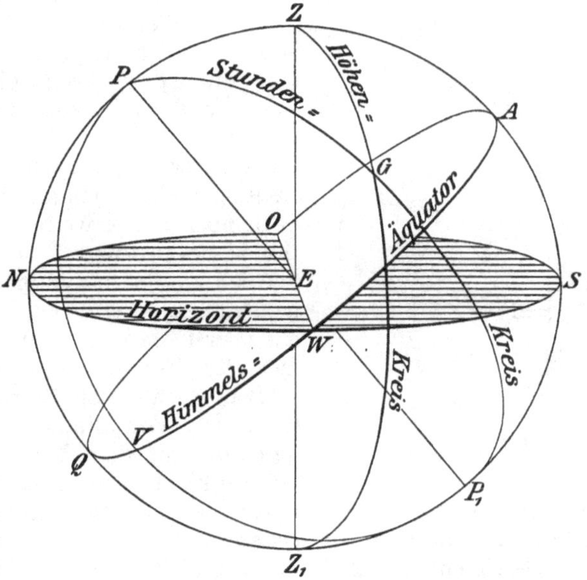

Fig. 2

Wie die Pole und der Äquator, so haben auch die Meridiane und Parallelkreise auf der Erdoberfläche genau dieselbe Bedeutung wie die gleichnamigen Kreise an der Himmelssphäre. Jedem Stundenkreis entspricht also ein in derselben Ebene gelegener Erdmeridian, jedem Parallelkreise am Himmel ein durch zentrale Projektion vom Erdmittelpunkte aus erhaltener Parallelkreis auf der Erdoberfläche.

Das System dieser sich rechtwinklig schneidenden Meridiane und Parallelkreise auf der Erde stellt ein eindeutiges Orientierungsnetz dar, insofern, als es ermöglicht, die Lage eines Punktes B durch zwei sphärische Koordinaten zu bestimmen, durch seine Länge λ und seine Breite φ, d. h. durch zwei Winkel, die von einem beliebig gewählten Nullmeridian, z. B. Greenwich, einerseits und vom Erdäquator andererseits gezählt werden (Fig. 3). Da diese geographischen Koordinaten eines Punktes der Erdoberfläche nicht direkt meßbar sind, so wird im folgenden zunächst die Aufgabe zu verfolgen sein, Winkel an der sichtbaren Sphäre des Himmels aufzusuchen, die mit der geographischen Länge und Breite des Beobachtungsortes auf der Erde in unmittelbarer oder mittelbarer Beziehung stehen. Hierzu sind jedoch noch einige weitere Definitionen notwendig.

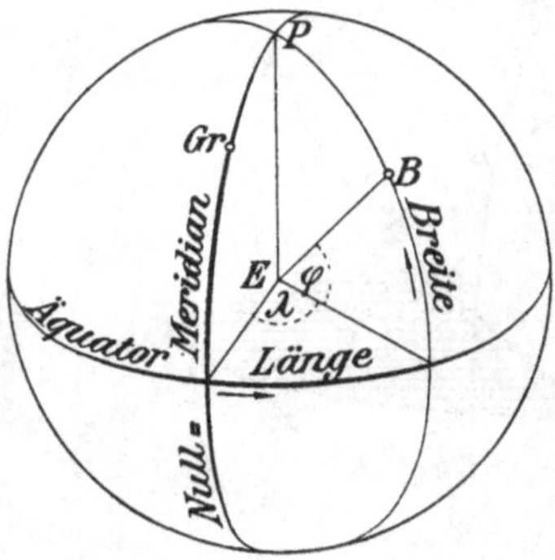

Fig. 3

Auch an der rotierenden Himmelshohlkugel wird eine Orientierung erst dadurch ermöglicht, daß das Firmament von einer großen Anzahl von Sternen bedeckt ist. Von diesen sind alle helleren, mit dem bloßen Auge oder in kleinen Fernrohren sichtbaren Objekte im Laufe der letzten beiden Jahrhunderte auf Sternwarten systematisch vermessen, d. h. in bezug auf ihre Stellung zu gewissen ideellen Punkten und Kreisen der Himmelskugel so genau bestimmt worden, daß alle Daten, die sich auf die Lage der Sterne am Himmel beziehen, für die Zwecke der normalen geographischen Ortsbestimmung Tafelwerken entnommen werden, d. h. stets als gegeben gelten können.

Ganz ähnlich wie bei einem Punkte der Erdoberfläche wird hierbei in den Sternkatalogen, astronomischen Jahrbüchern usw. die Lage eines Gestirns am Himmel durch zwei rechtwinklige Koordinaten ausgedrückt, und zwar (Fig. 4) durch seine nördliche oder südliche Abweichung oder Deklination δ (entsprechend der geographischen Breite) und seine gerade Aufsteigung oder Rektaszension α (entsprechend der geographischen Länge). Die

Deklination δ eines Himmelsobjektes G ist durch seinen Winkelabstand vom Himmelsäquator bestimmt und wird von 0° bis 90° nördlich positiv, südlich negativ gezählt. Für die Bestimmung der Rektaszensionen ist noch die Festsetzung eines Nullmeridians oder Normalstundenkreises am Himmel notwendig. Wie bei den geographischen Längen auf der Erdoberfläche ist die Wahl eines derartigen Ausgangsmeridians auch an der Himmelssphäre lediglich Sache einer Vereinbarung. Die seit etwa 200 Jahren auf Sternwarten gebräuchlichen Methoden der Bestimmung der Gestirnskoordinaten haben es als zweckmäßig erscheinen lassen, die Rektaszensionen α von demjenigen Stundenkreis an zu zählen, der durch den Frühlingspunkt des Himmels geht, d. h. durch denjenigen Punkt des Himmelsäquators, den der Sonnenmittelpunkt alljährlich um den 21. März beim Übergang von der südlichen nach der nördlichen Hemisphäre der Himmelskugel überschreitet. Entgegen der Gepflogenheit beim Zählen der Längen auf der Erdoberfläche, die gewöhnlich von Greenwich aus ost- und westwärts von 0° bis 180° gezählt werden, rechnet man die Rektaszensionen von dem Stundenkreise Null (dem sog. Äquinoktialkolur) aus nur nach einer, und zwar nach der der täglichen Bewegung der Sphäre entgegengesetzten Richtung, d. h. von Westen über Süden nach Osten von 0° bis 360°. Da die Bewegung des gestirnten Himmels für den Beobachter gewissermaßen ein natürliches Uhrwerk darstellt, das ihm in Verbindung mit einem künstlichen Zeit-

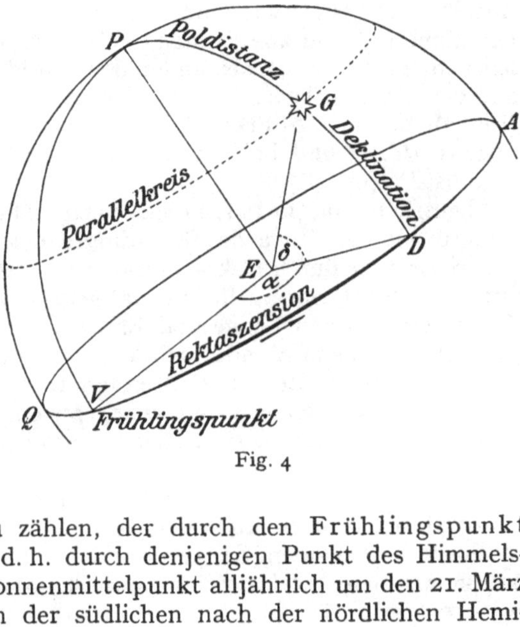

Fig. 4

werk, also mit einer Pendeluhr oder mit einem Chronometer jederzeit eine Kontrolle des Zeitmessers ermöglicht, erscheint es zweckmäßig, die 360 Rektaszensionsgrade gleich in Teile der 24stündigen Himmelsumdrehung umzuwandeln. Demgemäß spricht man von Rektaszensionen der Gestirne, die 1^h, 2^h, 10^h, 23^h usw. betragen, wobei entsprechend der Definition $1^h = 15^0$, $1^m = 15'$ und $1^s = 15''$ ist. Es ist dabei zu beachten, daß bei der Rotation der Himmelskugel alle Stundenkreise mit den in ihrer Nähe gelegenen Gestirnen nacheinander den Meridian eines jeden Ortes auf der Erdoberfläche täglich zweimal überschreiten, und zwar (Fig. 2) bei der oberen Kulmination längs des Meridianbogens *PZAS* und bei der unteren Kulmination längs des Bogens *PNQ*.

Abgesehen von fortlaufenden, noch näher zu besprechenden Änderungen der Lage des Koordinatennetzes an der Himmelssphäre sind die durch Rektaszension und Deklination festgelegten Örter der Fixsterne ein für allemal gegeben, genau so, wie es bei der geographischen Länge und Breite auf der Erdoberfläche der Fall ist. Nur beim Monde, bei der Sonne und bei den Planeten, die in bestimmten Zeitabschnitten innerhalb einer eng begrenzten Zone den ganzen Himmel mit geringerer oder größerer Geschwindigkeit durchwandern, sind Rektaszensionen und Deklinationen zum Teil rasch veränderlich, doch ist die Ortsänderung dieser Gestirne so genau bekannt, daß auch für sie die äquatorialen Koordinaten nach Rektaszension und Deklination mit der in Frage kommenden Genauigkeit im voraus berechnet und in astronomischen Tafelsammlungen und Jahrbüchern verzeichnet werden können.

Für den Beobachter, der ohne besondere Hilfsmittel nicht imstande ist, beim bloßen Anblick des gestirnten Himmels die Lage des Himmelsäquators und des Stundenkreises Null, d. h. des Äquinoktialkolurs *PV* (Fig. 4) genauer anzugeben, hat das äquatoriale System noch untergeordnete Bedeutung. Als natürlichstes Orientierungssystem kommt für ihn nur das horizontale in Betracht, wobei der Horizont die Stelle des Grundkreises und die Mittagslinie die Stelle des Nullmeridians einnimmt. Auch hier kann die Lage eines Gestirns (Fig. 5) durch zwei rechtwinklige Koordinaten angegeben werden, und zwar tritt jetzt als das eine

Bestimmungsstück der senkrechte Winkelabstand des Gestirns vom Horizont oder die Höhe auf, während die zweite Koordinate durch seine horizontale Abweichung vom Meridian des Ortes oder durch sein Azimut gegeben ist. Die Höhe wird vom Horizont an aufwärts bis zum Zenit, und zwar längs eines Höhenkreises von 0° bis 90° gezählt, während man das Azimut in der astronomischen Praxis vom Südpunkte des Horizonts an stets westwärts, also über Westen, Norden, Osten bis Süden von 0° bis 360° zu rechnen

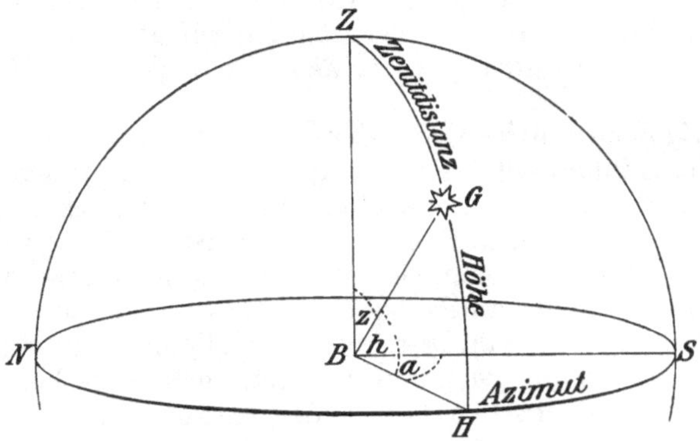

Fig. 5

pflegt. In der Geodäsie werden die Azimute aus praktischen Gründen meist vom Nordpunkte des Horizontes aus im gleichen Sinne, also ostwärts von 0° bis 360° gezählt, während in der Nautik Nord- und Südpunkt als Ausgang und beide Zählrichtungen, also sowohl Ost wie West von 0° bis 90° üblich sind.

Der natürliche, von der Beschaffenheit der Erdoberfläche in der Umgebung sowie von der Erhebung des Beobachters abhängige Horizont ist als Ausgangsbasis für die Höhenmessungen gänzlich ungeeignet; daher pflegt man bei Landbeobachtungen fast stets vom Zenit auszugehen und anstatt der Höhe eines Sterns ihr Komplement, die Zenitdistanz, zu messen. Die Höhe eines Sterns ergibt sich dann durch Subtraktion der Zenitdistanz von 90° und umgekehrt.

Es ist klar, daß bei der Drehung der Himmelskugel Azimut und Höhe eines Sterns sich fortwährend ändern. Die horizontalen

Koordinaten sind somit von der jeweiligen Drehungsphase der Himmelskugel abhängig und haben als Bestimmungsstücke nur einen momentanen Wert gegenüber den — wenigstens bei den Fixsternen — ein für allemal festgelegten äquatorialen Koordinaten. Die Bedeutung der horizontalen Koordinaten für die geographische Ortsbestimmung beruht darin, daß sie sich durch einfache instrumentelle Hilfsmittel leicht mit jeder gewünschten Genauigkeit messen lassen, die Bedeutung der äquatorialen Gestirnskoordinaten dagegen darin, daß sie dem Beobachter bei der Berechnung von Ortsbestimmungsaufgaben als gegebene Größen stets mit jeder gewünschten Genauigkeit zur Verfügung stehen.

Die trigonometrische Verbindung der sphärischen Koordinaten eines Sterns innerhalb des horizontalen und äquatorialen Systems am Himmel führt nun unmittelbar zur Lösung der hier in Frage kommenden Aufgaben. Wie bei allen sonstigen praktisch-astronomischen Arbeiten setzt sich die Erledigung dieser Aufgaben somit aus zwei getrennten Verfahren zusammen: aus der Ausführung einer Reihe von Messungen am Himmel, der Beobachtung, und aus der weiteren rechnerischen Verarbeitung der gewonnenen numerischen Daten, der Reduktion.

3. Das Poldreieck

Die gegenseitige Abhängigkeit der äquatorialen und horizontalen Koordinaten eines Gestirns läßt sich unter Voraussetzung der trigonometrischen Grundformeln direkt aus einem sphärischen Dreieck entnehmen, dessen Ecken von dem Gestirn, dem Zenit des Beobachtungsortes und dem Himmelspol gebildet werden. Fig. 6, die dieses sogenannte **Poldreieck** veranschaulicht, ist im wesentlichen eine Kopie der Fig. 2, bei der bereits entsprechend der vorhin vom wahren und scheinbaren Horizont gegebenen Definition die Erde gegenüber der Sphäre als unendlich klein angenommen, d. h. die Stellung des Beobachters B direkt mit dem gemeinsamen Mittelpunkte E der Himmelskugel und der Erde identifiziert wurde. Die Sphäre wird durch den Horizont mit dem Südpunkte S, dem Westpunkte W, dem Nordpunkte N und dem Ostpunkte O einerseits, und durch den durch O und W hindurchgehenden Himmelsäquator OAW andererseits in je zwei gleiche Halbkugeln geteilt, deren sichtbare, d. h. durch die Erde nicht verdeckte Pole in Z bzw. in P zu suchen sind.

Es sei nun G die Stellung eines Gestirns an der Himmelssphäre, so ist seine Lage im **äquatorialen System** offenbar eindeutig bestimmt:

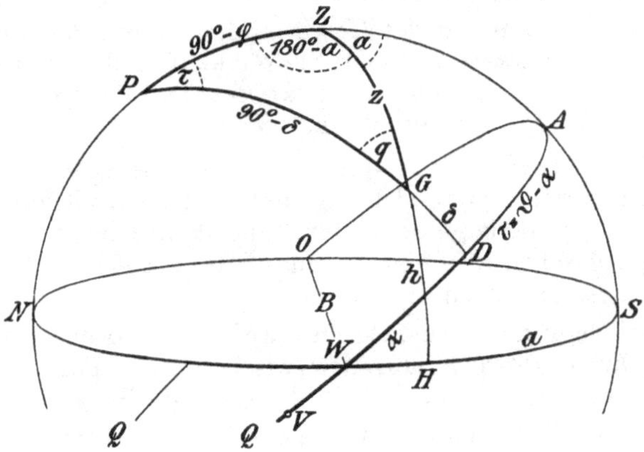

Fig. 6

1. durch die **Deklination δ** des Sterns, d. h. durch seinen senkrechten Winkelabstand DG vom Himmelsäquator, gezählt längs des Stundenkreises PD, nördlich positiv (+), südlich negativ (—);
2. durch die **Rektaszension α** des Sterns, d. h. durch den Bogen VD des Himmelsäquators zwischen dem Frühlingspunkte V und dem Fußpunkte D des durch das Gestirn gehenden Stundenkreises PD. Dieser Bogen entspricht offenbar genau dem sphärischen Winkel DPV (vgl. Fig. 4) am Pol der Sphäre zwischen dem Stundenkreise PD und dem Äquinoktialkolur PV.

Die beiden Größen δ und α sind, wie bereits erwähnt, für alle hier in Betracht kommenden Gestirne, Sonne, Mond und Planeten mit eingeschlossen, für jeden Moment astronomischen Tafelwerken oder Jahrbüchern zu entnehmen und können daher in Zukunft stets als bekannt vorausgesetzt werden.

In ganz gleichartiger Weise ist im **Horizontalsystem** die Lage von G festgelegt (vgl. Fig. 5):

1. durch die **Höhe h** des Gestirns, d. h. durch seinen senkrechten Abstand HG vom Horizont, bzw. durch das Komplement dieses Winkels, die **Zenitdistanz z** $= ZG = 90^0 - h$;
2. durch das **Azimut a** des Gestirns, d. h. durch den Bogen SH des Horizontes zwischen dem Südpunkt S und dem Fußpunkt des durch G gezogenen Vertikalkreises. Der Bogen a ist wieder gleich dem sphärischen Winkel HZS.

Von den Koordinaten z und a ist nun, wie später zu zeigen sein wird, nur die erste sicher genug instrumentell am Himmel meßbar. Es wird daher in erster Linie danach zu streben sein, die geographischen Koordinaten eines Ortes aus den Bestimmungsstücken z, α und δ zu ermitteln.

Die Erledigung der Aufgabe läuft auf die Auflösung eines sphärischen Dreiecks ZPG hinaus, das zwischen Zenit, Pol und Gestirn liegt und dessen einzelne Stücke die folgende Bedeutung haben:

Die Seite ZG ist bereits definiert als das Höhenkomplement $90^0 - h$ oder die Zenitdistanz z des Gestirns. PG kann in analoger Weise als Poldistanz π des Gestirns bezeichnet werden. Sie ist gleich dem Komplement der Deklination, also $= 90^0 - \delta$. Die Bedeutung der Seite PZ schließlich ergibt sich durch nochmalige Betrachtung der Fig. 2. Hier ist die geographische Breite φ des Beobachtungsortes B offenbar durch den Winkel ZEA, d. h. durch den Bogen ZA des Meridians oder den Winkelabstand des Zenits vom Himmelsäquator dargestellt. Da PA und ZN je 90^0 betragen, so ist

$$PN = AZ = \varphi,$$

d. h. **die geographischen Breite des Beobachtungsortes ist gleich seiner Polhöhe.**

Die Zenitdistanz des Pols und die Äquatorhöhe AS eines Ortes sind demnach gleich dem Breitenkomplement, d. h.

$$PZ = AS = 90^0 - \varphi.$$

In dem Poldreieck PZG ist also die eine gesuchte geographische Koordinate, die Breite, in der Seite PZ direkt enthalten, bei Vorhandensein von drei Bestimmungsstücken somit unmittelbar trigonometrisch bestimmbar.

Von den Winkeln des Poldreiecks ist zunächst der sogenannte parallaktische Winkel $ZGP = q$ für die Zwecke der geographischen Ortsbestimmung von geringer Bedeutung, da er weder als bekannt vorausgesetzt, noch direkt gemessen werden kann. Da im sphärischen Dreieck auch die Winkelsumme nicht wie in der Ebene konstant $= 180^0$ ist, sondern diesen Betrag um den sphärischen Exzeß übertrifft, so steht q auch zu den anderen Winkeln in keiner unmittelbaren Beziehung und wird später nur als Übergangsgröße einige Male benutzt werden. Da der Winkel PZG offenbar gleich dem Supplement des Azimutes von G oder $180^0 - a$ ist, so bleibt nur noch übrig, die Bedeutung des wichtigen Winkels $ZPG = \tau$ zu erläutern, der die momentane Lage des Stundenkreises des Gestirns G zum Meridian angibt und als **Stundenwinkel** bezeichnet wird.

Der Stundenwinkel τ läßt sich zunächst mit einer als bekannt vorausgesetzten Größe, nämlich mit der Rektaszension α des Gestirns, die in dem Poldreieck direkt nicht vorkommt, in einfacher Weise in Verbindung bringen. Dies geschieht durch Zuhilfenahme des in der Fig. 6 den Winkel τ umfassenden Stundenwinkels ϑ des Frühlingspunktes V, der am Äquator durch den Bogen VA und am Pol durch den Winkel VPZ dargestellt wird. Bei der in Fig. 6 angedeuteten Lage von G über der Zeichenebene, also bei einer Stellung des Gestirns westlich vom Meridian, ist

$$\alpha = \vartheta - \tau,$$

somit

$$\tau = \vartheta - \alpha,$$

dagegen bei einer Lage von G hinter der Zeichenebene, also östlich vom Meridian,

$$\alpha = \vartheta + \tau,$$

somit

$$\tau = \alpha - \vartheta.$$

In der besonderen Stellung des Gestirns G in der Meridianlinie des Beobachtungsortes ist demnach

$$\tau = 0$$

und

$$\alpha = \vartheta.$$

Der Winkel ϑ, der soeben als Stundenwinkel des Frühlingspunktes definiert wurde, hat für das Folgende eine besondere Bedeutung. Er ist nämlich, wenn wir ihn in Zeit ausdrücken, identisch mit der **Sternzeit** des Beobachtungsortes. Die Sternzeit ϑ gibt somit nach dieser Definition die Anzahl der Stunden, Minuten und Sekunden an, die seit der oberen Kulmination des Frühlingspunktes bzw. des Äquinoktialkolurs am Beobachtungsorte verflossen sind. Mit anderen Worten: **Sternzeit ist die Rektaszension der Meridianlinie des Beobachtungsortes.**

Die einfachen, soeben mitgeteilten Beziehungen zwischen τ, α und ϑ können also dazu dienen, die Sternzeit des Beobachtungsortes zu bestimmen, wenn der Stundenwinkel durch Auflösung des Poldreiecks berechnet und die Rektaszension des beobachteten Gestirns einem Jahrbuch entnommen ist. In dem Stundenwinkel ist somit die Grundlage der Zeitbestimmung nach Sternzeit und, wie später gezeigt werden soll, auch nach bürgerlicher oder Sonnenzeit enthalten.

Die geographische Länge ist im Poldreieck weder direkt noch indirekt vertreten. Wenn man ihren Winkelbetrag in Zeit umrechnet, so kann man sie jedoch unmittelbar als den Zeitunterschied zwischen dem Greenwicher und dem Ortsmeridian definieren. Kennt man also die Greenwicher Zeit, so liefert jede Zeitbestimmung gleichzeitig den Längenunterschied gegen den Nullmeridian ohne besondere Rechnung. Bei der Längenbestimmung hat also der Beobachter nichts weiter zu tun, als sich für einen bestimmten Moment sowohl die Zeit seines Ortes als auch diejenige von Greenwich zu verschaffen. Bei diesem innigen Zusammenhang zwischen Länge und Zeit setzt somit eine Längenbestimmung unter allen Umständen eine genaue Zeitbestimmung voraus und ist ohne diese undenkbar.

Aus der Betrachtung des Poldreiecks geht jedenfalls hervor, daß wir uns im folgenden mit zwei getrennten Gruppen von Beobachtungsmethoden zu beschäftigen haben werden; mit solchen Messungen, die eine Bestimmung der Breite bzw. der Polhöhe des Beobachtungsortes und mit solchen, die eine Ermittelung von Zeit und Länge zur Aufgabe haben.

4. Die wichtigsten Formeln der sphärischen Trigonometrie und deren Umformung

Obwohl hier die Kenntnis der Grundformeln der ebenen und sphärischen Trigonometrie vorausgesetzt werden muß, ist es doch für das Folgende zweckmäßig, die betreffenden Sätze, sofern von ihnen weiter unten Gebrauch gemacht wird, gleich zu Anfang übersichtlich zusammenzustellen. Bei der späteren Anwendung der Formeln soll dann ohne weitere Erklärungen auf die jedesmalige Formelnummer zurückgegriffen werden.

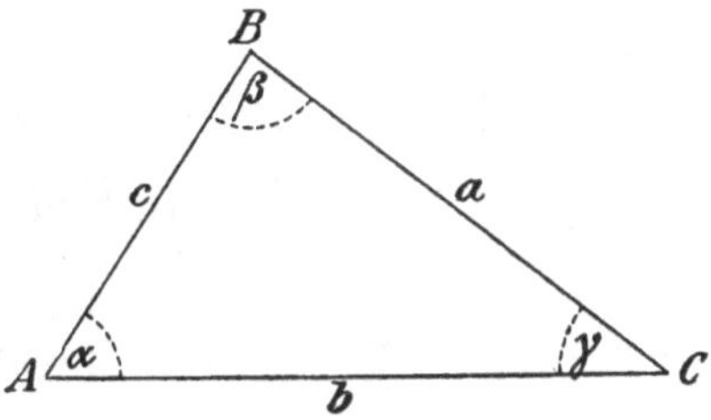

Fig. 7

Es seien (Fig. 7) a, b, c die drei Seiten eines ebenen, schiefwinkligen Dreiecks ABC und α, β, γ die drei zugehörigen Winkel, so bestehen zwischen den erwähnten Größen die nachstehenden, öfter verwendeten Beziehungen, wobei in der Regel auf die Wiedergabe der zyklischen Vertauschungen der Seiten und Winkel verzichtet werden kann:

(1) $$a^2 = b^2 + c^2 - 2bc \cos \alpha \quad \text{(Cosinussatz)},$$

(2) $$\frac{a}{\sin \alpha} = \frac{b}{\sin \beta} = \frac{c}{\sin \gamma} \quad \text{(Sinussatz)}.$$

Betrachtet man in gleicher Weise (Fig. 8) das sphärische, also von größten Kreisen der Sphäre gebildete Dreieck ABC unter Beibehaltung derselben Bezeichnungen für die Seiten und Winkel, so erhält man entsprechend (1) und (2) die Sätze

(3) $$\cos a = \cos b \cos c + \sin b \sin c \cos \alpha \quad \text{(Cosinussatz)},$$

(4) $$\frac{\sin a}{\sin \alpha} = \frac{\sin b}{\sin \beta} = \frac{\sin c}{\sin \gamma} \quad \text{(Sinussatz)},$$

wozu noch als dritter Hauptsatz der sphärischen Trigonometr hinzukommt

$$\sin a \cos \beta = \cos b \sin c - \sin b \cos c \cos \alpha. \tag{5}$$

Sollen aus den drei Seiten die Winkel berechnet werden, w bei Ortsbestimmungen des öfteren vorkommt, so wendet ma anstatt der logarithmisch unbequemen Formel (3) die folg den an

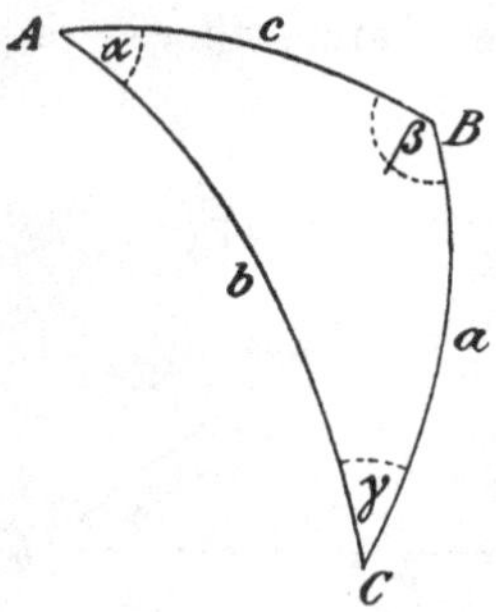

Fig. 8

$$(6)\quad \left\{ \begin{aligned} \sin \frac{\alpha}{2} &= \sqrt{\frac{\sin(\sigma - b)\sin(\sigma - c)}{\sin b \sin c}} \\ &\text{oder} \\ \operatorname{tg} \frac{\alpha}{2} &= \sqrt{\frac{\sin(\sigma - b)\sin(\sigma - c)}{\sin \sigma \sin(\sigma - a)}} \end{aligned} \right.$$

wobei zur Abkürzung $\sigma = \frac{a + b + c}{2}$ gesetzt is

Auch die sogenannten Napierschen Anal gien haben eine logarithmisch einfache For Sie lauten in ihrer Anwendung auf die Seite

$$(7)\quad \left\{ \begin{aligned} \operatorname{tg} \frac{a - b}{2} &= \frac{\sin \frac{1}{2}(\alpha - \beta)}{\sin \frac{1}{2}(\alpha + \beta)} \operatorname{tg} \frac{c}{2} \\ \operatorname{tg} \frac{a + b}{2} &= \frac{\cos \frac{1}{2}(\alpha - \beta)}{\cos \frac{1}{2}(\alpha + \beta)} \operatorname{tg} \frac{c}{2}. \end{aligned} \right.$$

Zur bequemeren logarithmischen Berechnung lassen sich sph rische Formeln, die aus einzelnen Summanden bestehen, in Pr duktausdrücke umwandeln, indem man Hilfsgrößen einfüh die rein geometrisch durch Teilung des aufzulösenden schi winkligen Dreiecks in zwei rechtwinklige erhalten werden. I Formeln für die Berechnung der sphärischen rechtwinkligen Dr ecke ergeben sich ohne weiteres aus den drei Hauptsätzen (3), und (5), und lauten, wenn von den drei Winkeln α, β, γ der mi lere zu 90^0 angenommen wird,

$$\cos b = \cos a \cos c, \tag{3a}$$

$$\frac{\sin a}{\sin \alpha} = \sin b, \tag{4a}$$

$$\sin b \cos \alpha = \cos a \sin c. \tag{5a}$$

Die zuweilen nicht ohne weiteres ersichtliche günstigste geometrische Teilung der sphärischen Dreiecke in zwei rechtwinklige läßt sich umgehen, wenn man rein analytisch verfährt und sich folgendes vergegenwärtigt:

Es seien (Fig. 9) x und y die rechtwinkligen Koordinaten eines Punktes P in einer Ebene, so lassen sie sich bekanntlich durch die zugehörigen Polarkoordinaten n und M nach

$$(8) \qquad \begin{aligned} x &= n \sin M \\ y &= n \cos M \end{aligned}$$

ersetzen, wo n die Verbindungslinie des Koordinatenanfangspunktes A mit P, und M deren Winkel mit der Ordinatenachse bedeutet. Wenn man also n stets positiv und M zwischen 0^0 und 360^0 liegend annimmt, so lassen sich auf Grund der Gleichungen (8) zwei bekannte Größen oder Ausdrücke x und y, mögen sie positiv oder negativ sein, als rechtwinklige Koordinaten eines Punktes auffassen und durch zwei Größen n und M nach

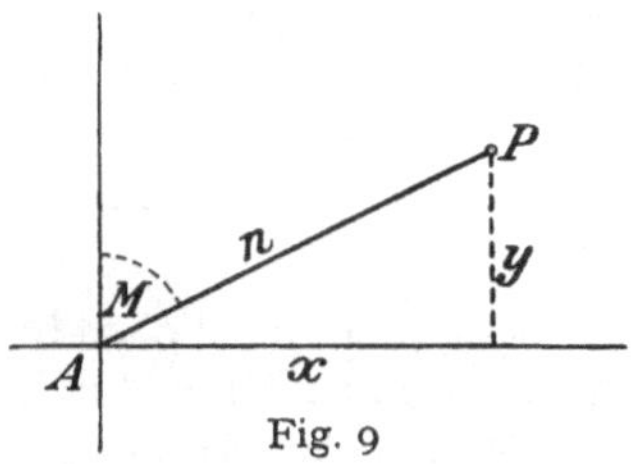

Fig. 9

$$\operatorname{tg} M = \frac{x}{y} \; (M \text{ zwischen } 0^0 \text{ und } 360^0)$$

$$n = \frac{x}{\sin M} = \frac{y}{\cos M} \quad (n \text{ stets positiv})$$

ersetzen. Es wird sich bei Auflösung einiger Ortsbestimmungsaufgaben die praktische Bedeutung einer derartigen Umformung zeigen.

Recht oft wird es sich später auch als notwendig erweisen, auf die bekannten Transformationsformeln der trigonometrischen Funktionen zurückzugreifen, und zwar werden besonders häufig die folgenden Sätze anzuwenden sein:

$$(9) \qquad \left\{ \begin{aligned} \sin(\alpha \pm \beta) &= \sin\alpha\cos\beta \pm \cos\alpha\sin\beta \\ \cos(\alpha \pm \beta) &= \cos\alpha\cos\beta \mp \sin\alpha\sin\beta \\ \sin\alpha &= 2\sin\frac{\alpha}{2}\cos\frac{\alpha}{2}. \end{aligned} \right.$$

2*

Ferner:

$$
(10)\quad \begin{cases} 1 + \cos\alpha = 2\cos^2\frac{\alpha}{2} \\ 1 - \cos\alpha = 2\sin^2\frac{\alpha}{2} \\ \sin^2\alpha = 1 - \cos^2\alpha \\ \cos^2\alpha = 1 - \sin^2\alpha, \end{cases}
$$

$$
(11)\quad \begin{cases} \sin\alpha + \sin\beta = 2\sin\frac{\alpha+\beta}{2}\cos\frac{\alpha-\beta}{2} \\ \sin\alpha - \sin\beta = 2\cos\frac{\alpha+\beta}{2}\sin\frac{\alpha-\beta}{2} \\ \cos\alpha + \cos\beta = 2\cos\frac{\alpha+\beta}{2}\cos\frac{\alpha-\beta}{2} \\ \cos\alpha - \cos\beta = -2\sin\frac{\alpha+\beta}{2}\sin\frac{\alpha-\beta}{2}. \end{cases}
$$

Nicht jede der Formeln ist zur Berechnung einer bestimmten Aufgabe brauchbar. Am allgemeinsten verwendbar sind Tangensfunktionen der Unbekannten. Der Sinus wird in der Nähe von 90^0 und 270^0, der Cosinus bei 0^0 und 180^0 gegen Änderung der Winkel unempfindlich, daher für die praktische Anwendung gegenstandslos. Da nicht immer eine geeignete Funktion zur Verfügung steht, müssen die Beobachtungen sehr häufig auf ganz bestimmte Himmelsgegenden, z. B. auf die Nähe des Meridians oder des Ostwest-Vertikals verteilt werden, worauf im einzelnen noch zu verweisen sein wird.

Bei allen praktischen Aufgaben der sphärischen Trigonometrie ist es für den Rechner wichtig, über die Abhängigkeit der berechneten Größen von den beobachteten Daten im klaren zu sein. Er muß also ohne Wiederholung der ganzen Rechnung rasch bestimmen können, inwieweit ein geringer Fehler der beobachteten Zenitdistanz, ein Fehler in der Uhrablesung und dergl. sein Endresultat verfälscht, er muß auch imstande sein, den Einfluß eines kleinen etwa begangenen und erst am Schluß der Berechnung erkannten Beobachtungsfehlers direkt an das Resultat anzubringen. Die Aufstellung derartiger auf kleine Änderungen beschränkter Abhängigkeitsformeln für veränderliche Größen ist Aufgabe der Differentialrechnung. Von den Sätzen derselben wird später nur eine Gleichung verwendet werden, und zwar diejenige, die sich durch Differentiation des sphärischen Cosinussatzes (3) unter Benutzung der Formeln (5) und (4) ergibt.

Es seien da, db, dc und ebenso $d\alpha$, $d\beta$, $d\gamma$ kleine Änderungen von wenigen Bogenminuten oder Bogensekunden, welche die drei Seiten a, b, c und die entsprechenden Winkel α, β, γ eines sphärischen Dreiecks erleiden können, so ist die Änderung einer beliebigen Seite, z. B. a, gegeben durch den Ausdruck

(12a) $$da = \cos\gamma\, db + \cos\beta\, dc + \sin b \sin\gamma\, d\alpha$$

oder

(12b) $$da = \cos\gamma\, db + \cos\beta\, dc + \sin c \sin\beta\, d\alpha.$$

Die Formeln (12) geben somit das Abhängigkeitsverhältnis der Seite a von den Änderungen db, dc und $d\alpha$ wieder. Bleibt z. B. b unverändert, so ist db offenbar gleich Null, der Ausdruck $\cos\gamma\, db$ ebenfalls usw.

Abgesehen von der Berechnung derartiger kleiner Änderungen der benutzten Winkel und Dreiecksseiten, kommt es in der Praxis der Ortsbestimmungen häufig vor, daß man es schon an und für sich mit sehr kleinen Winkeln zu tun hat, die also nur wenige Bogenminuten oder gar Bogensekunden betragen. Ist ε ein solcher Winkel, so lehrt schon ein Blick in eine Tafel trigonometrischer Funktionen, daß bei fünfstelliger logarithmischer Rechnung etwa bis zu einer Winkelgröße von 20′ und darüber kein merklicher Unterschied zwischen $\sin\varepsilon$ und $\operatorname{tg}\varepsilon$ besteht, daß somit bei derartig kleinen Winkeln, wenn dies für die Zwecke weiterer günstiger Umformung vorteilhaft ist,

$$\operatorname{tg}\varepsilon = \sin\varepsilon$$

gesetzt werden kann und umgekehrt.

Bei so kleinen Winkeln ist noch die weitere Annahme statthaft, daß ihre Sinusse und Tangenten proportional den in Bogensekunden ausgedrückten Winkeln selbst verlaufen, und daß ihr Cosinus ohne merklichen Fehler gleich der Einheit gesetzt werden darf, d. h. man kann dann annehmen:

$$(13)\quad \begin{cases} \sin\varepsilon = \operatorname{tg}\varepsilon = \varepsilon \sin 1'' \\ \cos\varepsilon = 1, \\ \text{wobei} \\ \sin 1'' = \dfrac{1}{206\,265}. \end{cases}$$

Noch mehr begründet ist die Anwendung einer derartigen Substitution, wenn der Sinus oder Tangens eines kleinen Winkels (echte Brüche mit großem Nenner) in einer höheren als der ersten Potenz vorkommt. Gestatten es die Umstände nicht, diese höheren Potenzen gänzlich zu vernachlässigen, so ist z. B. entsprechend (13) zu setzen

$$(14)\quad \operatorname{tg}^2 \frac{\varepsilon}{2} = \sin^2 \frac{\varepsilon}{2} = \frac{\varepsilon^2}{4} \sin^2 1''.$$

Sind die Winkel zu groß für derartige Umformungen, so gewinnt man oft Vorteil von der Entwicklung des Sinus und Cosinus in die bekannten **Reihen**, deren erste Glieder lauten

$$(15)\quad \begin{cases} \sin\alpha = \alpha - \dfrac{\alpha^3}{2\cdot 3} + \dfrac{\alpha^5}{2\cdot 3\cdot 4\cdot 5} - \cdots \\ \cos\alpha = 1 - \dfrac{\alpha^2}{2} + \dfrac{\alpha^4}{2\cdot 3\cdot 4} - \cdots. \end{cases}$$

Für die zahlreichen Umformungen im sphärischen Dreieck und die Beispiele folgt schließlich noch eine Zusammenstellung der trigonometrischen Funktionen in den einzelnen Quadranten.

(16)

Winkel	sin	cos	tg	ctg	cosec	sec
$-\alpha$	$-\sin\alpha$	$\cos\alpha$	$-\operatorname{tg}\alpha$	$-\operatorname{ctg}\alpha$	$-\operatorname{cosec}\alpha$	$\sec\alpha$
$90^0-\alpha$	$\cos\alpha$	$\sin\alpha$	$\operatorname{ctg}\alpha$	$\operatorname{tg}\alpha$	$\sec\alpha$	$\operatorname{cosec}\alpha$
$90^0+\alpha$	$\cos\alpha$	$-\sin\alpha$	$-\operatorname{ctg}\alpha$	$-\operatorname{tg}\alpha$	$\sec\alpha$	$-\operatorname{cosec}\alpha$
$180^0-\alpha$	$\sin\alpha$	$-\cos\alpha$	$-\operatorname{tg}\alpha$	$-\operatorname{ctg}\alpha$	$\operatorname{cosec}\alpha$	$-\sec\alpha$
$180^0+\alpha$	$-\sin\alpha$	$-\cos\alpha$	$\operatorname{tg}\alpha$	$\operatorname{ctg}\alpha$	$-\operatorname{cosec}\alpha$	$-\sec\alpha$
$270^0-\alpha$	$-\cos\alpha$	$-\sin\alpha$	$\operatorname{ctg}\alpha$	$\operatorname{tg}\alpha$	$-\sec\alpha$	$-\operatorname{cosec}\alpha$
$270^0+\alpha$	$-\cos\alpha$	$\sin\alpha$	$-\operatorname{ctg}\alpha$	$-\operatorname{tg}\alpha$	$-\sec\alpha$	$\operatorname{cosec}\alpha$

5. Sternzeit und Sonnenzeit

Bei Behandlung des Poldreiecks (S. 12ff.) ist bereits der Begriff der Sternzeit erläutert worden. Sie ist als der jeweilige westliche Stundenwinkel des Frühlingspunktes am Stationsort definiert worden, so daß beim Meridiandurchgang dieser Stelle des Himmels eine Sternzeituhr stets $0^h 0^m 0^s$ angeben soll. Da die Rektaszensionen vom Frühlingspunkte aus stundenweise ostwärts gezählt werden, so ergibt sich hieraus entsprechend der abgeleiteten Kulminationsgleichung $\vartheta = \alpha$ die Tatsache, daß die Rektaszension aller den Meridian gerade passierender Gestirne gleichzeitig die Sternzeit des Beobachtungsortes angibt, und umgekehrt, daß an einer richtig gehenden Sternzeituhr direkt die Rektaszension der gerade kulminierenden Sterne abgelesen werden kann.

Schon diese einfache und unveränderliche Beziehung zwischen Rektaszension und Sternzeit rechtfertigt die fast ausschließliche Verwendung der letzteren bei astronomischen Beobachtungen. Die im bürgerlichen Leben benutzten Zeitmesser richten sich jedoch nicht nach der täglichen Bewegung der am Tage unsichtbaren Fixsterne, sondern, wie es ganz natürlich ist, nach der Bewegung der Sonne. Steht also dem Beobachter nicht ein besonderes Sternzeit-Chronometer für die Abendbeobachtungen der Gestirne und ein Sonnenzeit-Chronometer für die Tagesbeobachtungen der Sonne zur Verfügung, so bleibt ihm nichts anderes übrig, als die Zeitangaben seiner Uhr jedesmal in die Zeitart umzuwandeln, die er gerade benötigt.

Zur näheren Feststellung der gegenseitigen Beziehungen zwischen den beiden Zeiten mögen erst die Definitionen der in der Astronomie gebräuchlichen Zeitintervalle vorausgeschickt werden:

1. Ein **Sterntag** von 24^h Sternzeit (St.Z.) ist die stets gleiche, unveränderliche Zeit zwischen zwei aufeinanderfolgenden oberen Kulminationen des Frühlingspunktes am Beobachtungsorte. Aus dieser Definition ist ersichtlich, daß in einem gegebenen Moment die Sternzeit an verschiedenen Orten der Erdoberfläche je nach ihrem Längenunterschied verschieden ist.

2. Ein **wahrer Sonnentag** ist die Zeit zwischen zwei aufeinanderfolgenden oberen Kulminationen des Sonnenmittelpunk-

tes. Da der wahre Sonnentag, wie gleich gezeigt werden soll, seine Dauer im Laufe eines Jahres nicht unmerklich ändert, so ist er für eine genaue Zeitrechnung, bei der eine absolute Gleichmäßigkeit Hauptbedingung ist, nicht ohne weiteres verwendbar. Seine Stelle nimmt in dieser Beziehung ein

3. der **mittlere Sonnentag,** der dem Jahresdurchschnitt eines wahren Sonnentages genau entspricht, aber stets die gleiche Dauer von 24^h mittlerer Sonnenzeit (M.Z.) hat.

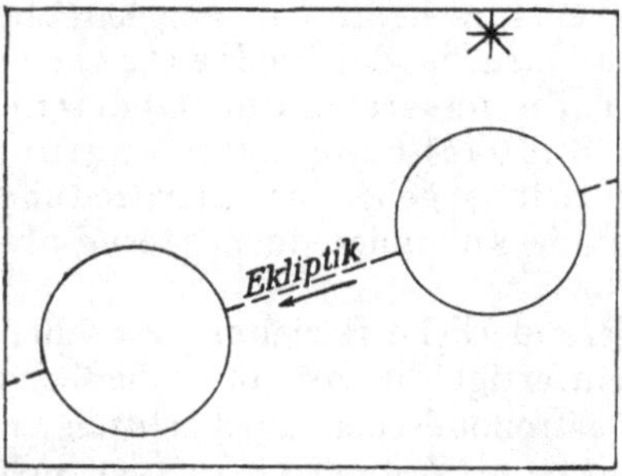

Fig. 10. Konjunktion der Sonne mit dem Stern Regulus (Ende August) und Bewegung in 24 Stunden

Würde die Sonne keine Verschiebung unter den Sternen erleiden, so müßte ein Sonnentag stets genau gleich einem Sterntag sein. Nun erfolgt aber die Bewegung des Sonnenmittelpunktes auf einem größten, zum Äquator um $23\frac{1}{2}^0$ geneigten Kreise der Himmelskugel, der Ekliptik, derartig, daß die Sonne, die heute gleichzeitig mit einem Fixstern die Mittagslinie passiert, bei dessen Durchgang durch den Meridian am folgenden Tage bereits ein Stück nach Osten zu vorgerückt ist und daher später kulminiert als der Stern (Fig. 10). Der wahre Sonnentag ist somit auf alle Fälle länger als der Sterntag, und zwar um so viel Minuten und Sekunden, als die Umdrehung des Himmels um das von der Sonne in den letzten 24 Stunden zurückgelegte Bogenstück in Anspruch nimmt. Für den mittleren Sonnentag wird diese tägliche Verspätung der Sonne für jeden Jahrestag konstant gleich $3^m\, 56^s.55$ Sternzeit angenommen, so daß der Sterntag um diesen Betrag kürzer ist als der mittlere Sonnentag. Man erhält diese Zahl, die einem Bogen von $0^0\, 59'\, 8''.3$ entspricht, wenn man sich vergegenwärtigt, daß die Sonne einen vollen Umlauf in bezug auf den Frühlingspunkt in einem Jahre, genauer in $365^d.2422$, vollendet und dabei, da sie sich entgegen der täglichen Drehung des Himmels bewegt, nach und nach eine volle Umdrehung der Sphäre nicht mitmacht. Demnach entsprechen die $365^d.2422$ mittleren Sonnentage des Jahres $366^d.2422$ Sterntagen, es ist also

$$1 \text{ mittlerer Sonnentag} = \frac{366.2422}{365.2422} \text{ Sterntage}$$

$$1 \text{ Sterntag} = \frac{365.2422}{366.2422} \text{ mittl. Sonnentage,}$$

p. h.

$$\mathbf{24^h\ 0^m\ 0^s\ M.\ Z. = 24^h\ 3^m\ 56^s.555\ St.\ Z.}$$

$$\mathbf{24^h\ 0^m\ 0^s\ St.\ Z. = 23^h\ 56^m\ 4^s.091\ M.\ Z.}$$

oder allgemein:

$$1^h \text{ M.Z.} = 1^h.0027 \text{ St.Z.}$$

$$1^h \text{ St.Z.} = 0^h.9973 \text{ M.Z.}$$

Auf diesen einfachen Beziehungen sind die gebräuchlichen Tafeln zur gegenseitigen Umwandlung der beiden Zeitarten (s. Anhang II) aufgebaut. Wie man aus ihrer Anordnung erkennt, gestatten sie zunächst nur eine gegenseitige Umrechnung von bestimmten Zeitintervallen in dem Bereich von 0^h bis 24^h, jedoch noch nicht die Umwandlung der jeweiligen mittleren Sonnen- oder sog. Ortszeit eines beliebigen Jahrestages in die zugehörige Sternzeit und umgekehrt. Hierzu reicht die Tafel noch nicht aus; es ist noch eine ergänzende Angabe erforderlich, die dem Beobachter für einen bestimmten Moment eines jeden Jahrestages die zugehörige Sternzeit angibt. Sie ist in jedem astronomischen Jahrbuch als Sternzeit um 0^h mittlerer Zeit Greenwich, d. h. für den Tagesanfang in Weltzeit (W.Z.) in 24stündigen Intervallen mitgeteilt. Der angegebene Termin gilt seit dem 1. Jan. 1931. Alle älteren Jahrbücher richteten sich nach dem bis Ende 1924 bestehenden astronomischen Brauch, den Tag mit 12^h mittags zu beginnen und gaben infolgedessen die Sternzeit für diesen Moment, zum Teil auch für verschiedene Meridiane an. Bei Bearbeitung älterer Beobachtungen (siehe Beispiele in Anhang I) ist diese Änderung wohl zu beachten.

Bei der Umwandlung von mittlerer Zeit in Sternzeit hat man nur die seit dem letzten Mitternachtstermin verflossenen mittleren Stunden, Minuten und Sekunden in Sternzeitstunden, -minuten und -sekunden umzuwandeln und dazu die vorangehende

Mitternachtssternzeit des Jahrbuchs zu addieren. Es ist dabei nur zu beachten, daß letztere für Greenwich und nicht für den Ortsmeridian gilt, somit noch eine Korrektion erfahren muß. Bei bekannter Länge λ der Station (in Graden und deren Bruchteilen) lautet diese Verbesserung (vgl. Tafel 3 des Anhanges II)

$$\mp \frac{3^m 56^s.555}{360} \lambda = \mp 0^s.6571 \lambda \quad \left(\begin{matrix}\text{östliche}\\ \text{westliche}\end{matrix} \text{ Länge}\right).$$

Soll Sternzeit in mittlere Zeit umgewandelt werden, so ist das Verfahren ganz gleichartig, nur in umgekehrter Reihenfolge auszuführen. Man hat dann von der gegebenen Sternzeit die Sternzeit um Mitternacht zu subtrahieren und den Rest mit Hilfe der entsprechenden Tafel auf mittlere Ortszeit zu bringen. Die Beispiele (Anhang I) dürften die Anwendung der obigen Regeln genügend veranschaulichen.

Bis dahin sind nur die Beziehungen zwischen den beiden gebräuchlichsten Zeiten, der Sternzeit und der mittleren Sonnen- oder Ortszeit, berücksichtigt worden; doch ist es notwendig, noch einmal auf die wahre Sonnenzeit zurückzukommen. Diese nicht völlig gleichmäßig fortschreitende Zeit kann man sich bekanntlich genähert durch Aufstellung einer richtig konstruierten und ordnungsgemäß orientierten Sonnenuhr mit Schattenzeiger verschaffen. Oft muß man jedoch mit genaueren Werten derselben rechnen, und zwar bei allen Aufgaben, bei denen eben die Sonne selbst als Beobachtungsobjekt dient. Um die wahre Sonnenzeit jederzeit in mittlere Zeit umwandeln, d. h. die Stellung der beobachteten wahren Sonne auf diejenige der fingierten, aber für die Zeitrechnung allein maßgebenden mittleren Sonne beziehen zu können und umgekehrt, sind in den Jahrbüchern Tafeln des Unterschieds „Wahre Zeit minus Mittlere Zeit" für jeden Kalendertag mitgeteilt. Diese sog. **Zeitgleichung** ist also unter Berücksichtigung des Vorzeichens von $12^h\, 0^m\, 0^s$ zu subtrahieren, wenn man die Kulminationszeit der Sonne in mittlerer Ortszeit erhalten will. Eine Zeitgleichung von $-8^m\, 33^s.5$ bedeutet also so viel, daß die Sonne um diesen Betrag gegen die mittlere Zeit zurück ist, also erst um $12^h\, 8^m\, 33^s.5$ M.Z. kulminiert. Den größten negativen Wert (Kulmination 14 Min. nach 12^h) erreicht der Unterschied WZ — MZ um die Mitte Februar, den größten positiven Betrag (Kulmination 16 Min. vor 12^h) Anfang November.

Der eigentümliche Verlauf der Zeitgleichung in Form einer Doppelwelle (Fig. 11). erklärt sich aus der jährlichen Bewegung der Sonne am Himmel, die nicht nur schräg zum Äquator, sondern auch im Winter rascher als im Sommer erfolgt. Man beachte sorgfältig die

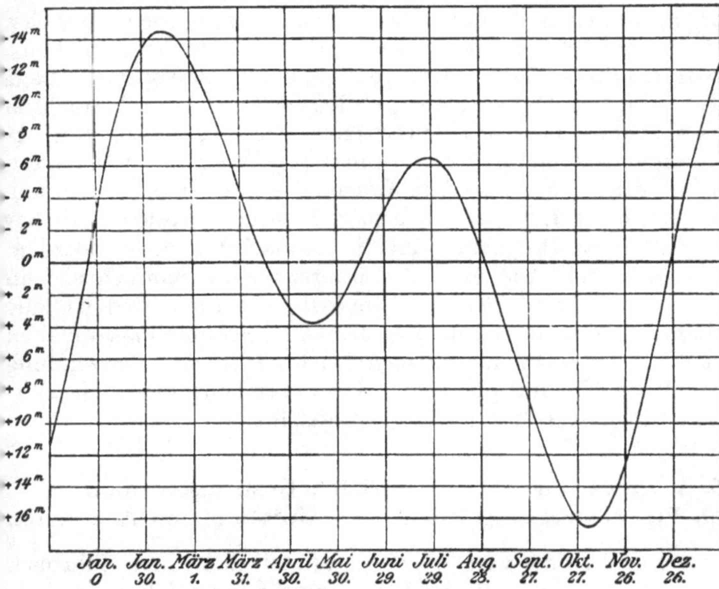

Fig. 11. Graphische Darstellung der Zeitgleichung

(± = Kulmination der wahren Sonne $\frac{\text{vor}}{\text{nach}}$ $12^h\ 0^m$ M. O. Z.)

Bedeutung des Vorzeichens, besonders bei Benutzung älterer Beobachtungen, da bis Ende 1930 die Zeitgleichung allgemein im Sinne MZ — WZ d. h. mit entgegengesetztem Vorzeichen wie jetzt, in den Jahrbüchern angegeben wurde.

Bei den Zeitdefinitionen ist noch gar nicht der heute allgemein im bürgerlichen Leben gebräuchlichen N o r m a l- oder E i n h e i t s z e i t e n (vgl. Anh. II, Tafel 9) gedacht worden. Die Einigung auf eine einheitliche Zeit ist für jedes Land eine Forderung der Zweckmäßigkeit und um so leichter durchzuführen, als das praktische

Leben der Kulturvölker sich nach Uhrangaben und längst nicht mehr nach den ständig wechselnden Zeitmomenten des Sonnenauf- und -unterganges, des wahren Mittags usw. richtet. Daher vollzieht sich die Vereinbarung eines Ausgangsmoments für die Zeitrechnung, ja, selbst ein Wechsel ihres Nullpunktes, etwa beim Übergang von einer Winter- zu einer Sommerzeit, wie er in vielen Ländern eingeführt ist, ohne jede Störung des täglichen Lebens. Bei astronomischen Beobachtungen, bei denen man stets die Lage der Gestirne zum Ortsmeridian und Ortshorizont zu betrachten hat, kommt offenbar nur eine Ortszeit, also Sternzeit oder mittlere Sonnenzeit, gelegentlich einmal als Übergang zur letzten auch die wahre Sonnenzeit, in Frage. Die besondere Einstellung einer nach einer Einheitszeit, also z. B. nach mitteleuropäischer Zeit orientierten Taschenuhr für die Beobachtungen ist trotzdem nicht erforderlich. Die betr. Zeitdifferenz kann nämlich als ein konstanter Teil des Uhrfehlers angesehen werden, und da eine Bestimmung des letzteren für alle Ortsbestimmungsaufgaben unerläßlich ist, bleibt als einziger Nachteil bei der Verwendung einer solchen Uhr nur der übrig, daß unter Umständen die Uhrkorrektion im Resultat recht groß ausfällt.

6. Veränderung der äquatorialen Gestirnskoordinaten durch Eigenbewegung, Präzession, Nutation und Aberration

Bei der Entnahme von Sternkoordinaten aus einem Jahrbuch wird man feststellen, daß die Werte α und δ in zwei Tafeln untergebracht sind und dabei nach mittleren und scheinbaren Örtern getrennt mitgeteilt werden. Man wird ferner bemerken, daß die scheinbaren Koordinaten im Laufe des Jahres kleinen Veränderungen unterliegen, ganz abgesehen davon, daß beide Verzeichnisse gegenüber früheren bzw. späteren Ausgaben der Jahrbücher bedeutende Unterschiede zeigen und die bereits mehrfach betonte Unveränderlichkeit des Fixsternhimmels scheinbar widerlegen.

Es mag hier zunächst bemerkt werden, daß die erwähnten Abweichungen fast ausschließlich auf eine langsame Änderung der Achsenrichtung der Erde sowie auf ihre Bewegung um die Sonne zurückzuführen sind und nur zum allergeringsten Teil in einer wirklichen Ortsveränderung der Gestirne am Himmel ihre Ursache haben. Da dementsprechend die Vorausberechnung der einzelnen Koordinatenwerte für die Jahrbücher eine rein astronomische Aufgabe darstellt, mögen zum Verständnis der üblichen Jahrbuchsbezeichnungen die folgenden kurzen Erläuterungen ausreichen.

Zunächst ist wohl allgemein bekannt, daß die Auffassung von der absoluten Unveränderlichkeit des Fixsternhimmels den Tatsachen nur genähert entspricht; die Mehrzahl der Sterne behält nicht in alle Ewigkeit die gegenwärtige Stellung bei, sondern zeigt im Laufe der Zeit eine Ortsveränderung, die allerdings erst nach Jahrzehnten oder Jahrhunderten, auch dann nur bei genauesten Messungen, bemerkbar wird. Soweit es sich um die helleren Objekte der Himmelskugel, also z. B. um die Jahrbuchsterne handelt, kann diese sog. Eigenbewegung bereits als bekannt vorausgesetzt werden. Sie wird bei der Zusammenstellung der Sternörter stets von dem Rechner an die Rektaszensionen und Deklinationen angebracht, so daß sie für den Beobachter kein unmittelbares Interesse mehr hat. Lediglich um eine Vorstellung von der geringen Größenordnung der vorkommenden Eigenbewegungen zu geben, sei erwähnt, daß unter den helleren Sternen nur α Centauri auf der südlichen und α Bootis (Arkturus) auf der nördlichen Himmelshalbkugel eine Eigenbewegung von mehr als $2''$ jährlich, und zwar $3''.7$ bzw. $2''.3$ haben; diese beiden Sterne ändern somit erst nach etwa 500 bzw. 800 Jahren ihre Stellung am Himmel um eine Vollmondbreite oder um rund einen halben Grad.

In den hier in Frage kommenden Verzeichnissen wird die Eigenbewegung mit einer anderen sehr wesentlichen, aber nur scheinbaren Änderung der äquatorialen Koordinaten eines Sterns zusammengefaßt, nämlich mit der Präzession, vollständiger der Präzession der Tagundnachtgleichen. Da die Rektaszensionen vom Frühlingspunkte, d. h. von dem Schnittpunkte der aufsteigenden Ekliptik mit dem Äquator gezählt werden, so sind sie von der jeweiligen Lage dieses Punktes am Himmel unmittelbar abhängig. Der Frühlingspunkt wäre nun ein für allemal fest an der Himmelssphäre gegeben, wenn die Lage der Himmelsachse zu der Achse der Ekliptik dauernd unveränderlich bliebe. Dies ist indessen nicht der Fall; jeder Himmelspol ändert infolge der

Einwirkung von Mond und Sonne auf die abgeplattete Erde nach und nach seine Stellung am Himmel, und zwar beschreibt er in rund 26000 Jahren einen vollen Kreis um den benachbarten unveränderlichen Pol der Erdbahn oder der Ekliptik. Hieraus folgt, daß in derselben Zeit auch der Frühlingspunkt einen vollständigen Umlauf um die Himmelssphäre längs der Ekliptik ausführt. Die Bewegung erfolgt in westlicher Richtung und erreicht jährlich den Betrag von $360 \cdot 60 \cdot 60'' : 25800 = 50''.2$. Diese Ortsveränderung des Frühlingspunktes beeinflußt, da sie längs der Ekliptik, also schräg zum Äquator, erfolgt, sowohl die Rektaszensionen als auch die Deklinationen der Sterne. Die Präzession in Rektaszension ist fast stets positiv. In Deklination ist sie zwischen den Rektaszensionsstunden 18^h und 6^h positiv, zwischen 6^h und 18^h negativ.

Die für die Ortsbestimmung auf der Erde so wichtigen äquatorialen Gestirnskoordinaten ändern sich also dauernd, von Jahr zu Jahr, ja, streng genommen sogar von Tag zu Tag ein wenig, und daher kommt es, daß trotz der Unveränderlichkeit der gegenseitigen Stellung der Fixsterne während ganzer Jahrhunderte es durchaus nicht gleichgültig ist, ob man für die Beobachtungen die Rektaszension und Deklination eines Sterns einem älteren oder neueren Verzeichnis entnimmt. Am Kopfe eines jeden Sternkataloges ist auch stets ein bestimmter Jahresanfang oder die Epoche angegeben, auf die sich die mitgeteilten Örter der Fixsterne beziehen, z. B. 1900 Jan.0, 1910 Jan.0 usw.

Man bezeichnet derartige Fixsternpositionen für den Jahresanfang, bei denen also die Präzession der Tagundnachtgleichen und die etwa vorhandene Eigenbewegung berücksichtigt sind, als **mittlere Sternörter.**

Würde man derartige mittlere Örter an dem betreffenden Jahresanfang mit den besten Hilfsmitteln der Astronomie am Himmel nachprüfen oder sie zu genauen geographischen Ortsbestimmungen verwenden, so würden sich doch noch, ganz abgesehen von der Lichtbrechung in der Erdatmosphäre, auf deren Einfluß weiter unten hingewiesen wird, Unstimmigkeiten herausstellen. Dies rührt in erster Linie daher, daß die Bewegung des Himmelspols um den Pol der Ekliptik nicht genau in einem Kreise erfolgt, sondern von Störungen begleitet ist, die derartig verlaufen, daß sie allein den Pol zwingen würden, in 18.7 Jahren um seine mittlere Lage eine kleine Elipse zu beschreiben, deren Halbachsen 18″ und 14″ betragen würden. Diese sekundäre Änderung, die, wie leicht einzusehen ist, die Wanderung des Frühlingspunktes längs der Ekliptik bald beschleunigt, bald verzögert und mit der sog. Knotenbewegung der Mondbahn zusammenhängt, heißt Nutation.

Zur Präzession und Nutation tritt noch eine weitere scheinbare Verschiebung der Fixsternörter an der Himmelssphäre hinzu: die sog. Aberration der Fixsterne, richtiger die Aberration des Lichtes. Es ist dies die einzige Korrektion, zu deren Erklärung hier von der bewegten Erde ausgegangen werden muß. Die Aberrationswirkung entsteht dadurch, daß die Geschwindigkeit der Erde in ihrer Bahn um die Sonne (30 km in der Sekunde) gegenüber der Lichtgeschwindigkeit (300000 km in der Sekunde) für astronomische Zwecke nicht vernachlässigt werden darf. Wie die beiden Schußlöcher, die eine seitlich auf einen fahrenden Wagen abgeschossene Gewehrkugel in diesen schlägt, uns über die Richtung des Schusses in der Weise täuschen, daß wir nach ihrer Lage den Schützen weiter in der Fahrtrichtung vermuten als er tatsächlich steht, so täuschen uns auch die von einem Punkte des Weltraums auf die dahineilende Erde auffallenden Lichtstrahlen über die Richtung, aus der sie zu uns kommen. Die Sterne erscheinen dem Beobachter am Fernrohr ein wenig in der Richtung der Erdbewegung vorgeschoben, und zwar um so beträchtlicher, je mehr sich diese der Senkrechten zur Blickrichtung nach dem Stern nähert. Fixsternkoordinaten, die unmittelbar mit dem Himmel verglichen werden können, bei denen also Eigenbewegung, Präzession, Nutation und Aberration berücksichtigt sind, heißen **scheinbare Sternörter.** Die eigentümliche Schleifenbewegung des scheinbaren Ortes eine Sternes infolge dieser vielseitigen Einflüsse ist in Fig. 12 an dem Beispiel des Sirius für das Jahr 1911 veranschaulicht.

Mit der Aberration ist eine Erscheinung verwandt, die man als Lichtgleichung zu bezeichnen pflegt. Das Licht, das, wie erwähnt, in einer Sekunde 300000 km und erst in 8.3 Minuten oder genauer in $498^s.5$ die astronomische Längeneinheit oder den Abstand Sonne-Erde zurücklegt, braucht eine gewisse Zeit, um von einem anderen Himmelskörper bis zur Erde zu gelangen. Die Stellung und der Anblick eines jeden Weltkörpers entsprechen somit einer mehr oder weniger zurückliegenden Zeit, die sich nach seinem jeweiligen Abstande Δ von der Erde richtet und durch $8^m.3\,\Delta$ gegeben ist. Bei der Berechnung der Koordinaten von Himmelskörpern, wie Sonne und Mond, die von der Erde eine nahezu unveränderliche Entfernung haben, oder bei Fixsternen,

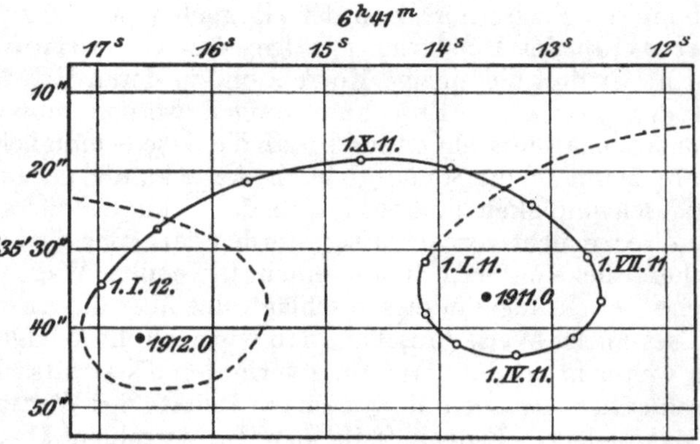

Fig. 12. Scheinbarer Ort des Sirius im Jahre 1911

die überhaupt ihren Ort an der Sphäre nicht merklich ändern, spielt die Lichtgleichung als konstante Korrektion keine nennenswerte Rolle, dagegen beeinflußt sie die Örter der Körper unseres Sonnensystems, deren Abstand von der Erde starken Veränderungen unterworfen ist, zum Teil recht bedeutend. Zur besonderen Orientierung sei bemerkt, daß dementsprechend Planetenkoordinaten in Jahrbüchern nur dann die Bezeichnung scheinbare Örter führen, wenn bei ihnen auch der Einfluß der Lichtgleichung berücksicthigt ist, die Zahlenwerte somit ohne weiteres mit der Beobachtung verglichen werden können, während man solche Planetenpositionen, die diese letzte Korrektion nicht enthalten, als wahre Örter zu bezeichnen pflegt. Zur Reduktion von Ortsbestimmungsaufgaben sind demnach nur die scheinbaren Koordinaten der Planeten direkt verwendbar, die wahren erst dann, wenn das Zeitargument der betr. Jahrbuchstafel um $-8^{m}.3\,\Delta$ korrigiert worden ist.

7. Veränderung der horizontalen Gestirnskoordinaten durch Refraktion, Parallaxe und Kimmtiefe

Während der Beobachter die äquatorialen Koordinaten eines Gestirns und ihre mannigfachen Veränderungen stets als bekannt voraussetzen darf, hat er an die gemessenen horizontalen Koordinaten vor ihrer weiteren Verwendung noch Verbesserungen anzubringen, die ihm kein Jahrbuch erspart, und deren wichtigste die Refraktionskorrektion ist.

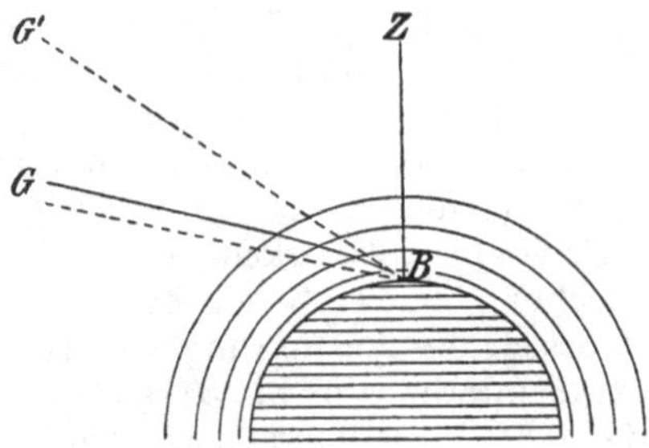

Fig. 13

Die **Refraktion** oder Strahlenbrechung äußert sich darin (Fig. 13), daß jeder Lichtstrahl, der von einem außerhalb gelegenen Punkte *G* in die Erdatmosphäre eindringt, beim Durchlaufen der Luftschichten von zunehmender Dichte nicht mehr geradlinig verläuft, sondern allmählich einen Bogen beschreibt, so daß der Beobachter in *B* die Herkunft des Lichtstrahls nicht in die wahre Blickrichtung *BG*, sondern in die Tangente *BG'* der Kurve *GB* versetzt. Die Refraktion bewirkt somit, daß wir alle durch die Lufthülle der Erde sichtbaren fernen Gegenstände, auch irdische, zu hoch wahrnehmen. Je schräger die Lichtstrahlen die Lufthülle der Erde treffen, desto länger ist der Weg, den sie durch diese nehmen müssen, und desto stärker werden sie gebrochen, während beim senkrechten Auffallen nach einem bekannten physikalischen Gesetz eine Verschiebung des einfallenden Strahls nicht stattfindet. Die Refraktion ist somit am Horizont am größten, in der Zenitgegend am kleinsten. Sie beeinflußt unter normalen Verhältnissen nur die Höhe. Im Scheitelpunkte des Beobachters selbst ist sie gleich Null, am Horizont steigt sie bis zu 35'.

Wären Zusammensetzung, Druck und Temperatur der Luftschicht über einem Ort der Erdoberfläche stets dieselben, so wäre auch die Strahlenbrechung dauernd unverändert und aus einer einfachen Tafel mit dem Argument Zenitdistanz zu entnehmen. Da aber das Brechungsvermögen der Luft von ihrer Dichte, mit anderen Worten von dem jeweiligen Barometer- und Thermometerstand, abhängt, ist man gezwungen, von einem mittleren Luftzustand auszugehen und die Strahlenbrechung auf die jeweilige Temperatur und den gerade herrschenden Luftdruck zu beziehen.

In der Tafel 6 des Anhanges II ist die mittlere Refraktionstafel nach Bessel für den in bekannter Weise auf 0^0 Quecksilbertemperatur reduzierten Barometerstand von 760 mm[1]) und $+ 10^0$ Lufttemperatur gegeben. Die beiden Hilfstabellen gestatten einen Übergang zu anderen Luftdruck- und Temperaturverhältnissen. Schon ein flüchtiger Blick auf den Verlauf der Tafelwerte läßt erkennen, daß die Berechnung der Strahlenbrechung bei größeren Zenitdistanzen recht ungenau wird, so daß sich die Ausführung von Beobachtungen in kleinen Höhen, etwa unterhalb 6^0 bis 8^0, ganz von selbst verbietet. Bei Höhen, die 35^0 bis 40^0 übersteigen, wird man sich andererseits recht oft mit der mittleren Refraktion begnügen dürfen, die sich in Ermangelung der erwähnten Tafel nach der einfachen Regel

$$r = 1' \operatorname{tg} z$$

berechnen läßt.

Es wurde bis jetzt stillschweigend vorausgesetzt, daß sich alle Beobachtungsobjekte an einer unendlich weit entfernten Sphäre befinden, für die der scheinbare Horizont $N'S'$ mit dem wahren NS (vgl. Fig. 1) ohne weiteres verwechselt, mit anderen Worten die Erde als punktförmig angesehen werden darf. Solange man nur Fixsterne berücksichtigt, ist eine derartige Vernachlässigung, wie bereits in den einleitenden Definitionen betont wurde, selbst für die genauesten Meßinstrumente durchaus statthaft. Obwohl sich nun die Fixsterne wegen ihres punktförmigen Aussehens als Einstellmarken für geographische Ortsbestimmungen ganz besonders eignen, kommt es doch zuweilen vor, daß sich bei bestimmten

---

[1]) Etwaige Angaben in „Millibar" wären durch Multiplikation mit $^3/_4$ in Millimeter umzurechnen.

Aufgaben die Beobachtung von Sonne, Mond und Planeten nicht umgehen läßt. Für diese verhältnismäßig nahen Himmelskörper ist es nun durchaus nicht gleichgültig, von welchem Standpunkte aus (Erdmittelpunkt oder Erdoberfläche) ihre Höhen oder Zenitdistanzen gemessen werden.

Zunächst sind die äquatorialen Koordinaten dieser Himmelskörper genau ebenso wie diejenigen der Fixsterne in den Jahrbüchern für eine punktförmige Erde, d. h. für den Erdmittelpunkt E, berechnet. Die horizontalen Koordinaten, die ein Beobachter in einem bestimmten Augenblicke mißt, beziehen sich dagegen auf den Beobachtungsort B der Erdoberfläche und sind, wie man leicht einsieht, bei der Reduktion nicht mehr mit den Jahrbuchs-Koordinaten vereinbar; sie müssen infolgedessen vor der weiteren Verwendung erst auf den Erdmittelpunkt reduziert oder für **Parallaxe** korrigiert werden.

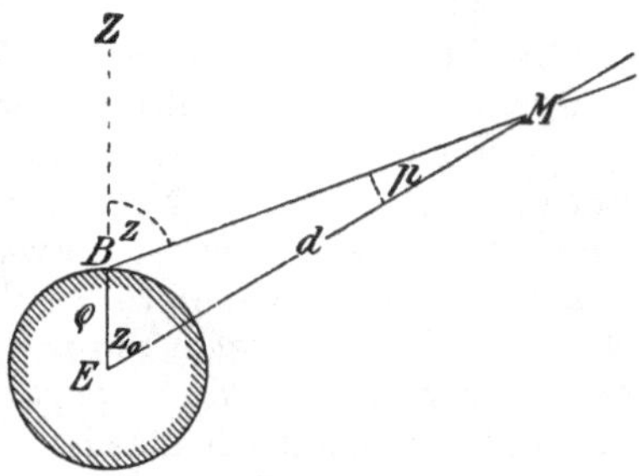

Fig. 14

Es sei M (Fig. 14) der Mittelpunkt eines Körpers im Sonnensystem, also beispielsweise des Mondes, und sei z die in B gemessene, z_0 dagegen die auf den Erdmittelpunkt E bezogene Zenitdistanz von M, so stellt

$$\sphericalangle BME = p = z - z_0$$

offenbar die Verschiebung von M am Himmel nach Vertauschen der Stellung B mit E oder die Höhenparallaxe von M im Punkte B dar. Bezeichnet man mit d die Distanz des Punktes M von E und mit ϱ den Erdhalbmesser am Beobachtungsorte, beide in Einheiten des Äquatorialhalbmessers (6378 km), so ist p nach (2) definiert durch

$$\sin p = \frac{\varrho \sin z}{d}$$

oder, wenn p als kleiner Winkel angesehen und $\varrho = 1$ gesetzt wird, durch

$$p = \frac{\sin z}{d \sin 1''}.$$

Den größten Betrag erreicht danach p, wenn das Gestirn gerade am Horizont eines am Äquator gelegenen Erdpunktes steht, sin z somit = 1 wird. Die Höhenparallaxe geht dann in die astronomisch besonders wichtige Äquatorialhorizontalparallaxe

$$p_0 = \frac{1}{d \sin 1''}$$

über, die man in jedem Jahrbuch für alle in Frage kommenden Himmelskörper in bestimmten Zeitintervallen berechnet vorfindet. Schreibt man den Ausdruck für p in der Form

$$p = p_0 \sin z,$$

so beschränkt sich die Berücksichtigung der Höhenparallaxe schließlich auf die Multiplikation der jeweiligen Jahrbuchsparallaxe mit dem Sinus der gemessenen Zenitdistanz. Beim Monde mit $p_0 = 57'$ ist diese Näherungsformel allerdings nur dann anwendbar, wenn Fehler von etwa 10″ keine Rolle spielen.

Die an die Höhen bzw. an die Zenitdistanzen anzubringende Parallaxe ist somit dem Sinus, die Refraktion dagegen dem Tangens der Zenitdistanz proportional. Die Vorzeichen der beiden Korrektionen sind verschieden, da man infolge der Parallaxe die Gestirne zu tief, infolge der Refraktion sie zu hoch erblickt. Somit ist stets die Refraktion zu den direkt gemessenen Zenitdistanzen zu addieren, die Parallaxe davon zu subtrahieren.

Eine besondere Reduktion der Messungen erwächst dem Beobachter zur See, wo mit dem später noch näher zu beschreibenden Sextanten die Höhen unmittelbar von dem Seehorizont oder der sog. Kimm aus gemessen werden. Da die Kimm offenbar in der Begrenzung des natürlichen Horizontes liegt und somit von der Erhebung des Beobachters über der Wasseroberfläche abhängig ist, so müssen die Höhen außer für Refraktion und Parallaxe auch noch für die Abweichung der Kimm vom wahren Horizont oder für die sog. **Kimmtiefe** verbessert werden. Da die Begrenzung des natürlichen Horizontes hier stets unter derjenigen des wahren liegt, so geht daraus hervor, daß die gesuchte Korrektion sich im gleichen Sinne wie die Refraktion auswirkt, d. h. von den direkt gemessenen Höhen abzuziehen ist.

Es sei ϱ wieder der Erdradius, b die Augenhöhe des Beobachters über dem Wasserspiegel in Metern, BK' die geometrische Entfernung der Kimm von B, BH die Horizontale in B, k' die geometrische Kimmtiefe, so ist (Fig. 15)

$$\sphericalangle K'EB = k'$$

$$\operatorname{tg} k' = \frac{BK'}{\varrho}$$

oder, wenn man BK' nach dem Pythagoreischen Lehrsatz durch die bekannten Größen ϱ und b ausdrückt,

$$\operatorname{tg} k' = \frac{\sqrt{b(2\varrho + b)}}{\varrho} = \sqrt{\frac{2b}{\varrho} + \left(\frac{b}{\varrho}\right)^2}.$$

Bei $\varrho = 6378000$ m ist aber der Bruch $\left(\frac{b}{\varrho}\right)^2$ selbst bei sehr beträchtlicher Augenhöhe b (also z. B. bei Messungen vom Gipfel eines Berges aus) eine außerordentlich kleine Größe, die man ohne weiteres vernachlässigen darf. Wir erhalten dann, da auch k' bei Höhen unter 100 m den Betrag von 20' nicht überschreitet, nach (13):

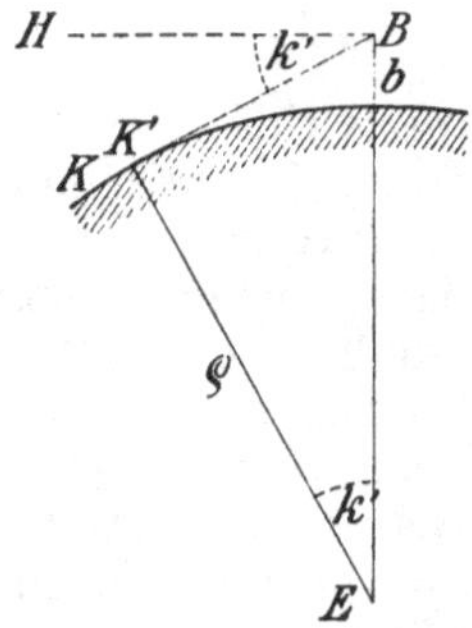

Fig. 15

$$k' = \frac{1}{\sin 1''}\sqrt{\frac{2b}{\varrho}} = 115''.6\sqrt{b} = 1'.93\sqrt{b}\,.$$

Diese geometrische Kimmkorrektion ist noch nicht verwendbar, da die Strecke $K'B$ nicht geradlinig, sondern infolge der Einwirkung der Refraktion (s. Fig. 13) ein wenig gekrümmt verläuft. Der in B eintreffende Lichtstrahl kommt also nicht von K', sondern von einem entfernteren Punkte K der Kimm her. Die Erfahrung lehrt nun, daß in den untersten Schichten der Atmosphäre ein horizontal ausgehender Strahl nach Zurücklegung des Weges von einer Seemeile (1.852 km) infolge der Refraktion um 4''.6 (2''.5 auf 1 km) von der geraden Richtung abgelenkt wird. Die in Bogenminuten ausgedrückte Kimmtiefe k' gibt aber direkt die Entfernung der geometrischen Kimm vom Beobachter in Seemeilen an. Für die Augenhöhe $b = 1$ m wird also nach der abgeleiteten Formel der Kimmabstand = 1'.93 oder 1.93 Seemeilen, auf welche Entfernung der Lichtstrahl eine Krümmung von 8''.9 erleidet. Die geometrische Kimmkonstante 115''.6 muß also um 8″.9 oder um 1/13 ihres Betrages verkleinert werden, sodaß der berichtigte Ausdruck für die Kimmtiefenkorrektion nunmehr

$$k = 106''.7 \sqrt{b} = 1'.78 \sqrt{b}$$

lautet. Vergrößert man die geometrische Kimmkonstante um 8″.9, so erhält man in

$$w = 2'.08 \sqrt{b}$$

die wirkliche Sichtweite des Seehorizontes in Seemeilen. Nach diesen Formeln sind in der Regel die Tabellen für die Tiefe und Sichtweite der Kimm in den Tafelwerken berechnet. Eine leidliche Übereinstimmung der Werte mit der Wirklichkeit ist jedoch nur bei gleichmäßiger Luft- und Wassertemperatur zu erwarten. Ist das Wasser wärmer als die darüberliegende Luft, so wird die Kimmtiefe vergrößert, im umgekehrten Falle verkleinert. Der Betrag dieser Änderung läßt sich nur durch Versuche feststellen. Die gebräuchlichen für die Navigation bestimmten Hilfstafeln pflegt man nach der Formel

$$\Delta k = -0'.37\,\Delta t$$

zu berechnen, wobei Δt die Anzahl von Celsiusgraden angibt, um die das Wasser kälter ist als die Luft. Wie man sieht, beträgt schon für 5^0 Temperaturunterschied die Verbesserung Δk rund 2′, so daß die Kimm selbst für die groben astronomischen Messungen zur See nicht als ein besonders vertrauenerweckender Horizont gelten kann.

Aus den mitgeteilten Reduktionsbeispielen von Höhen- und Zenitdistanzmessungen ersieht man ohne weiteres, daß dem Berechner von Orts- und Zeitbestimmungsaufgaben die wenigsten Vorbereitungen erwachsen, wenn Messungen von Fixsternen vorliegen. Je gründlicher somit der Beobachter den Fixsternhimmel kennt, desto weniger wird er auf die Sonne und die Planeten angewiesen sein, deren Einstellung auch sonst nicht die Sicherheit und Zuverlässigkeit der Fixsternbeobachtungen beanspruchen kann.

8. Astronomische Jahrbücher und Tafeln, Rechenhilfsmittel und Sternkarten. Interpolationsverfahren

Die Bestimmung der Polhöhe, der Zeit und der geographischen Länge eines Beobachtungsortes setzt die Kenntnis gewisser Größen voraus, die sich mit der Zeit ändern, und die daher von staatlichen Instituten von Jahr zu Jahr in astronomischen Kalenderwerken oder sog. **astronomischen Jahrbüchern** veröffentlicht werden und meist schon ein halbes Jahr im voraus im Buchhandel zu haben sind. Jedem der weiter unten aufgezählten Jahrbücher ist eine genaue Erläuterung des Inhalts beigefügt, so daß eine eingehendere Beschreibung der Tafelsammlungen an dieser Stelle nicht erforderlich ist. Unter allen Umständen muß eine solche Zusammenstellung von astronomischen Zahlenwerten dem Beobachter bieten:

1. die scheinbaren äquatorialen Koordinaten der Sonne, die Zeitgleichung und die Sternzeit für eine bestimmte Tagesstunde, z. B. die mittlere Greenwicher Mitternacht. Für Randbeobachtungen der Sonne ist auch noch die Kenntnis ihres jeweiligen scheinbaren Halbmessers erforderlich;
2. die scheinbaren Koordinaten des Mondes, seinen Halbmesser und seine Äquatorialhorizontalparallaxe, die ersteren wegen der beträchtlichen Mondbewegung für ein möglichst enges Intervall, z. B. für jede Tages- und Nachtstunde Weltzeit;
3. die scheinbaren Koordinaten der helleren Planeten, insbesondere von Venus, Mars, Jupiter und Saturn, sowie (für genaueste Messungen) deren Halbmesser und Horizontalparallaxen;
4. die scheinbaren Örter einer größeren Anzahl heller, möglichst gleichmäßig über die ganze Himmelskugel verteilter Fixsterne;
5. Angaben über Finsternisse sowie über Bedeckungen von Fixsternen und Planeten durch den Mond für die Zwecke der Längenbestimmung beim Versagen der drahtlosen Zeitübertragung.

Die meisten Jahrbücher enthalten freilich noch eine Reihe weiterer Angaben, da die Beobachtungen auf den Sternwarten die Kenntnis von zahlreichen anderen veränderlichen und unveränderlichen Zahlenwerten erfordern. Die unter 1 bis 5 genannten Daten bilden indessen stets den Grundstock eines jeden Jahrbuchs.

Für die Zwecke der geographischen Ortsbestimmung innerhalb der in diesem Leitfaden vorgesteckten Grenzen kommt in erster Linie die Sonderausgabe Part I des Nautical Almanac in Betracht. Da jedoch der Beobachter zuweilen in die Lage kommen wird, auf andere Jahrbücher zurückzugreifen, so mögen hier noch alle Ephemeriden, wie sie auf Sternwarten im In- und Auslande gebraucht werden, kurz aufgezählt werden. Es sind dies:

1. Die ungekürzte (große) Ausgabe des Nautical Almanac and Ephemeris for the year ..., published by order of the admiralty, Edinburgh.

2. Die American Ephemeris for the year ..., published by the bureau of navigation, Washington.

3. Das Berliner astronomische Jahrbuch für ..., herausgegeben vom Astronomischen Recheninstitut in Berlin.

4. Die Connaissance des Temps à l'usage des astronomes et des navigateurs pour l'an ..., publiée par le Bureau des Longitudes, Paris.

5. Der Almanaque Nautico para el ano ..., publicado por el instituto y observatorio de marina de San Fernando (Cádiz).

6. Die Ephemeridas Astronomicas para o año de ... des Observatorio astronomico da Universidade de Coimbra.

Die Angaben dieser genauen Ephemeriden bezüglich der Sonnen-, Mond- und Fixsternörter sind praktisch identisch, und es ist infolgedessen gleichgültig, aus welchem Jahrbuch der Beobachter die zur Berechnung erforderlichen Daten entnimmt.

Bei der Reduktion der Ortsbestimmungsaufgaben von der später zu besprechenden Art wird man mit fünfstelligen Logarithmen in der Regel auskommen, ja, bei zahlreichen nautischen und anderen Aufgaben genügt sogar eine vierstellige Rechnung. Die Wahl der Logarithmentafel ist dabei von nebensächlichem Interesse. Den Zwecken der Geodäsie und Astronomie besonders angepaßt sind die Logarithmisch-Trigonometrischen Tafeln mit fünf Dezimalen (eingestellt auf Rechnung mit Bogensekunden) von Th. Albrecht (Stuttgart, K. Wittwer) und die Fünfstelligen mathematischen und astronomischen Tafeln von F. Bidschof und A. Vital (Wien u. Leipzig, F. Deuticke). Sehr übersichtlich angeordnet ist auch das Trigonometrische Handbuch auf fünf Dezimalen von E. Becker (Leipzig, B. Tauchnitz) und für einfache Ortsbestimmungsaufgaben schon deshalb zu empfehlen, weil es für Rechnung mit Bogenminuten und deren Zehnteln eingerichtet ist. Die lästige Umwandlung von Bogen in Zeit und umgekehrt erspart die Fünfstellige Logarithmentafel der trigonometrischen Funktionen für jede Zeitsekunde des Quadranten von J. Peters (Berlin, W. de Gruyter & Co.)

Schließlich sei noch darauf hingewiesen, daß logarithmisch unbequeme Formeln (vgl. S. 18) auch ohne Umformung mit Hilfe von sog. Additionslogarithmen berechnet werden können. Seit Einführung der Rechenmaschinen und der immer mehr in Gebrauch kommenden Einstellung aller Reduktionsarbeiten auf numerische Rechnung sind diese Tafeln, die Summen und Differenzen von Zahlen ergeben, deren Logarithmen gegeben sind, fast ganz außer Gebrauch gekommen.

Wegen der praktischen Bedeutung der astronomischen Ortsbestimmungen für die Landesvermessungen und die Schiffahrt liegt es nahe, die Berechnung häufig vorkommender Aufgaben durch Tabulierung ganzer Formeln oder einzelner in denselben vorkommender Ausdrücke zu erleichtern. Die Literatur dieses Gebietes ist, besonders soweit es sich um die Schiffahrt handelt, außerordentlich groß und verteilt sich auf fast alle Kultursprachen. Abgesehen von Tafeln für die Lösung spezieller Aufgaben haben sich besonders vier Sammelwerke dieser Art eingebürgert, die gegenwärtig recht veralteten Astronomischen Tafeln und Formeln von C. F. W. Peters (Hamburg, W. Mauke 1871), die Astronomisch-geodätischen Hilfstafeln von L. Ambronn und J. Domke (Berlin, E. S. Mittler & Sohn, letzte Auflage 1909), die Tafeln und Formeln aus Astronomie und Geodäsie von C. Wirtz (Berlin, J. Springer 1918) und die umfangreichen, aber für die Zwecke der genauesten Messungen unentbehrlichen Formeln und Hilfstafeln für geographische Ortsbestimmungen von Th. Albrecht (Leipzig, W. Engelmann, letzte Auflage 1908). Für astronomisch-geographische Arbeiten, die den Rahmen dieses Buches nicht überschreiten, wird man mit den bereits erwähnten astronomischen Tafeln von Bidschof und Vital oder mit denjenigen von Wirtz unter allen Umständen auskommen.

Die Hilfsmittel des Rechners sind damit, wenn man von Rechentafeln, Rechenschiebern u. dgl. absieht, im wesentlichen erschöpft, dagegen wird der Beobachter auch bei bester Kenntnis des Himmels noch wiederholt Sternkarten, gelegentlich auch Sternverzeichnisse zu Rate ziehen müssen, die eine genaue Identifizierung der von ihm gemessenen Gestirne gestatten. Von den im Buchhandel zahlreich vorhandenen Himmelsatlanten eignet sich gerade für Ortsbestimmungen wegen seiner Übersichtlichkeit und des billigen Preises besonders der Himmelsatlas von R. Schurig (Leipzig, Gaeblers Verlag, letzte Auflage 1942), und speziell für Forschungsreisende in südlichen Gegenden der praktische Atlas von vier Sternkarten des nördlichen und südlichen Himmels von E. Grossmann (Berlin, D. Reimer), der den Übergang von den Sternbildern des nördlichen Himmels zu denjenigen der südlichen Halbkugel sehr erleichtert. Zwei Meßkarten zur groben Auflösung der hier in Frage kommenden Aufgaben mögen noch Erwähnung finden: diejenige von A. Wedemeyer, deren Hauptzweck die Feststellung eines Sternnamens nach Azimut und Höhe ist, und die etwas genauere von E. Kohlschütter, die aus zwei übereinander befestigten, gegeneinander verdrehbaren Netzen besteht und die genäherte allgemeine Auflösung von sphärischen Dreiecken ohne Rechnung ermöglicht.

Ausgezeichnete Dienste bei der Vorbereitung und der Reduktion von Ortsbestimmungsaufgaben leistet ein guter Himmelsglobus mit Meridian, Horizontring, biegsamem Zenitdistanzbogen usw., da er noch nachträglich eine rohe Kontrolle der gemessenen Zenitdistanzen ermöglicht und bei Verwechselungen das tatsächlich beobachtete Objekt zuweilen noch sicher wiederzufinden gestattet. Von den im Handel befindlichen Globen ist in dieser Beziehung der auch äußerlich gediegen ausgestattete Himmelsglobus von H. Albrecht (Berlin, Verlag von Ernst Schotte), der 33 cm im Durchmesser faßt und die Sterne weiß auf dunkelblauem Grunde enthält, besonders zu empfehlen. Einfacher ist der fast gleich große Columbus-Sternglobus, bearbeitet von J. Riem (Berlin-Lichterfelde, Verlag P. Oestergaard), an dem ebenfalls grobe Azimute und Zenitdistanzen abgelesen werden können.

An den Benutzer der Jahrbücher, der astronomischen Tabellen usw. tritt oft die Aufgabe heran, die veränderlichen, nach bestimmten Zeitintervallen tabulierten Funktionswerte, meist Koordinaten, für den Augenblick der Beobachtung zu interpolieren. Die lineare Interpolation, wie sie z. B. beim Aufschlagen von Logarithmen geübt wird, genügt dabei meist. Sie ist eine Regeldetri-Aufgabe und bedarf keiner näheren Erläuterung. Wenn jedoch die Differenzen von Funktionswert zu Funktionswert stark veränderlich sind oder das Vorzeichen umkehren, so reicht eine solche lineare Einschaltung zwischen zwei Werte nicht mehr aus. In primitivster Form kann man sich dann durch eine graphische

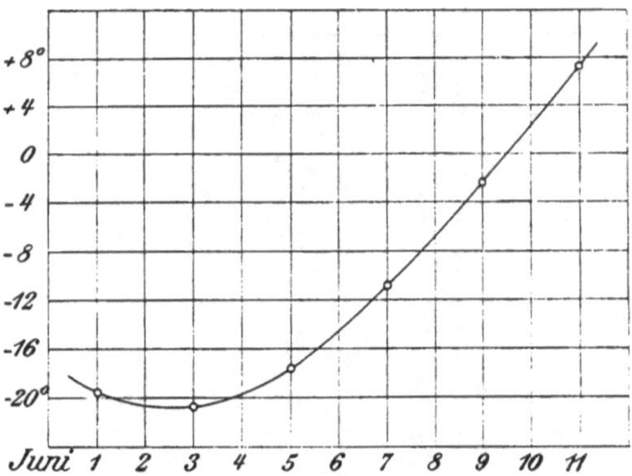

Fig. 16

Darstellung helfen. Wäre z. B. aus einer täglichen, auf Bruchteile eines Grades abgerundeten Ephemeride der Monddeklinationen irgendein dazwischenliegender Wert, etwa zur Berechnung eines Mondaufganges, gesucht, so würde schon eine in dem kleinen Maßstabe der Fig. 16 gezeichnete glatte Kurve die Entnahme der erforderlichen Werte bis auf 0°.2 ermöglichen. Die geradlinige Verbindung der eingetragenen Jahrbuchswerte würde dabei die lineare Interpolation veranschaulichen und wesentlich ungenauere Zwischenwerte liefern.

Die analytische Entwicklung der strengen Interpolationsformeln aus dem sog. Taylorschen Satz würde den Rahmen dieses Buches überschreiten. Es soll daher nur die Regel für die sehr einfache Interpolation in die Mitte angegeben werden, also eine Interpolation, mit der man je nach Bedarf eine 12stündige Ephemeride in eine 6stündige, eine 6stündige in eine 3stündige usw. umwandeln, d. h. so eng gestalten kann, daß eine lineare Einschaltung auf alle Fälle ausreicht.

Bezeichnet man den einer Beobachtung unmittelbar vorangehenden Moment einer Ephemeride mit T, ihr konstantes Intervall mit h, die tabulierten Funktionswerte mit F, ihre für h gültigen Differenzen mit $\underset{1}{\Delta}$, die Differenzen der Differenzen mit $\underset{2}{\Delta}$ usw., so erhält man das folgende Schema:

Argument	Funktion	1. Diff.	2. Diff.	3. Diff.
$T-3h$	F^{III}			
		$\underset{1}{\Delta}^{\text{III}}$		
$T-2h$	F^{II}		$\underset{2}{\Delta}^{\text{II}}$	
		$\underset{1}{\Delta}^{\text{II}}$		$\underset{3}{\Delta}^{\text{II}}$
$T-1h$	F^{I}		$\underset{2}{\Delta}^{\text{I}}$	
		$\underset{1}{\Delta}^{\text{I}}$		$\underset{3}{\Delta}^{\text{I}}$
T	F		$\underset{2}{\Delta}$	
		$\underset{1}{\Delta}_{\text{I}}$		$\underset{3}{\Delta}_{\text{I}}$
$T+1h$	F_{I}		$\underset{2}{\Delta}_{\text{I}}$	
		$\underset{1}{\Delta}_{\text{II}}$		$\underset{3}{\Delta}_{\text{II}}$
$T+2h$	F_{II}		$\underset{2}{\Delta}_{\text{II}}$	
		$\underset{1}{\Delta}_{\text{III}}$		
$T+3h$	F_{III}			

Bei der Interpolation in die Mitte soll die Funktion f für $T+\frac{1}{2}h$ gebildet werden. Nach einer der Regeln für die Interpolationsrechnung ist in diesem Falle die Reihe

$$f\left(T+\frac{h}{2}\right)=F+\frac{1}{2}\underset{1}{\Delta}_{\text{I}}-\frac{1}{8}\underset{2}{\Delta}_{\text{I}}+\frac{1}{16}\underset{3}{\Delta}_{\text{II}}-\cdots$$

zu rechnen (vgl. Anh. I, Beispiel 2), die in den hier in Betracht kommenden Fällen, also selbst beim Mond, mit der dritten Differenz abgebrochen werden kann.

II. ABSCHNITT
DIE INSTRUMENTE FÜR ZEIT- UND ORTSBESTIMMUNGEN

9. Allgemeine Bemerkungen über Winkelmeßinstrumente und deren Einzelteile

Da es sich bei den später zu erörternden Aufgaben in erster Linie darum handeln wird, Winkel längs eines Vertikalkreises und längs des Horizontes zu messen, so erfordert die Gesamtheit dieser Aufgaben zu ihrer Lösung ein Instrument, das sich im wesentlichen aus einer entsprechenden Visiervorrichtung in Verbindung mit zwei in Grade und deren Unterabschnitte geteilten Kreisen, einem vertikalen und einem horizontalen, zusammensetzt, also gewissermaßen ein Abbild des Horizontalsystems der Himmelskugel im kleinen darstellt. Ein solches Instrument, das man je nach seiner Ausführung, Vollständigkeit und Größe allgemein als Theodolit, Universalinstrument, Altazimut usw. bezeichnet, muß ferner so eingerichtet sein, daß nach richtiger Aufstellung sein Vertikalkreis in die Ebene des zugehörigen Höhenkreises am Himmel und sein Horizontalkreis in die Ebene des wahren Horizontes fällt.

Nun ist die Bestimmung des Ausgangspunktes für die Zenitdistanzmessungen, des Zenits, wesentlich leichter und sicherer auszuführen als eine Festlegung der Meridianlinie, von der aus die Azimute gemessen werden. Infolgedessen sucht man sich bei der Bestimmung von Zeit und Polhöhe möglichst auf die Messungen von Zenitdistanzen zu beschränken und kann dann den Horizontalkreis gänzlich entbehren. Derartige Instrumente, die lediglich zu Zenitdistanz- bzw. Höhenmessungen dienen sollen, lassen sich zum Teil recht handlich gestalten und so einrichten, daß sie, wie z. B. der Libellenquadrant oder der Sextant, für freihändige Beobachtungen Verwendung finden können, während die Messungen mit einem Universal stets eine vorhergehende sorgfältige

Aufstellung auf einem Stativ oder dgl. erfordern. Für besondere Aufgaben der astronomisch-geodätischen Praxis verwendet man noch feste, womöglich auf gemauerten Pfeilern aufgebaute Instrumente, die nur die Beobachtung von Sternen in einem ganz bestimmten Höhenkreise zulassen und deren Anwendbarkeit daher beschränkt ist. Von diesen Instrumenten interessiert hier nur das Durchgangs- oder Passageninstrument. Es wird möglichst genau im Meridian aufgestellt und dient zur Beobachtung von Gestirnskulminationen.

Alle Instrumententeile und Hilfsvorrichtungen, die bei der Aufstellung und Benutzung der obengenannten Apparate notwendig sind, lassen sich zusammenhängend behandeln, wenn man von dem vollständigsten Instrument für geographische Ortsbestimmungen, dem Universal (vgl. S. 66), ausgeht.

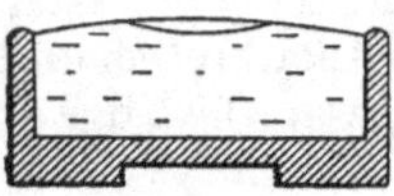

Fig. 17. Dosenlibelle

Ein solches Instrument muß, wie schon vorhin betont wurde, seiner Bestimmung gemäß bei der Benutzung stets eine derartige Lage haben, daß seine beiden Kreise genau in die Ebene der zugehörigen Kreise an der Himmelssphäre zu liegen kommen. Das Universal muß also vor dem Gebrauch zunächst noch nivelliert, d. h. durch entsprechende Justierung der Fußschrauben genau horizontal aufgestellt werden, damit die Drehungsachse des Horizontalkreises genau senkrecht und die Drehungsachse des Höhenkreises genau waagerecht stehen. Eine derartige Nivellierung wird hierbei ebenso wie auch sonst im praktischen Leben mit Hilfe einer Libelle oder Wasserwaage ausgeführt, die dem vorliegenden Zweck entsprechend mit der größten Sorgfalt hergestellt sein muß. Für kleines Meßgerät genügt vielfach schon eine gute Dosenlibelle (Fig. 17). Diese besteht aus einer kurzen, zylindrischen Metallbüchse, die mit Spiritus oder Äther gefüllt und durch ein schwach gewölbtes Uhrglas abgeschlossen ist. Die oberste Kuppe des Glases ist meist durch einen oder mehrere Kreise markiert, um das Einspielen der Blase an der konzentrischen Stellung zur Mitte des Uhrglases besser beurteilen zu können. Durch Feststemmen des Stativs in den Erdboden und durch entsprechende Bewegung des dritten (dem Objekt zugekehrten) Stativbeines läßt sich eine derartige, natürlich ganz rohe Nivellierung im Augenblick ausführen. Genauer gelingt die Justierung der Instrumente mit Hilfe von Kreuzlibellen, d. h. eines auf gemeinsamer Grundlage ruhenden Paares von einfachen Röhrenlibellen, die senkrecht zueinander stehen. Auch bei diesen Libellen wird die Empfindlichkeit in der Regel so schwach gewählt, daß das Einspielen beider Luftblasen sich im wesentlichen schon durch entsprechendes Verstellen des vordersten Stativbeines erreichen läßt.

Zum Nivellieren besserer Universale, die beispielsweise die Höhen auf 10″ bis 30″ genau ergeben sollen, bedarf es wesentlich empfindlicherer Libellen oder sogenannter Niveaus. Wie jede andere Röhrenlibelle bestehen sie (Fig. 18) aus schwach gekrümmten, innen mit der größten Präzision ausgeschliffenen Glastönnchen, die bis auf einen kleinen luftleeren Raum mit Schwefeläther gefüllt und nach außen hin vollkommen dicht abgeschlossen sind. Die oben aus der Fassung hervortretende Tonnenwölbung trägt eine bezifferte Teilung, die entweder von links nach rechts durchgeht oder von der Röhrenmitte aus nach beiden Seiten hin fortschreitet und zur genaueren Ablesung der Stellung der Gasblase dient.

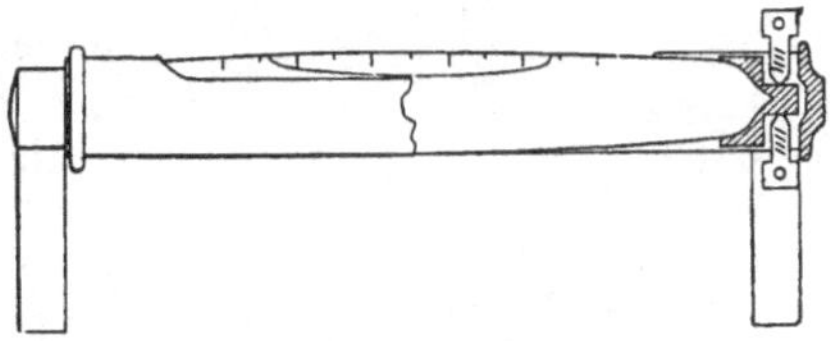

Fig. 18. Röhrenlibelle

Bei der Ausführung der Nivellierung eines Universalinstruments wird die mit einer entsprechenden Aufsatzvorrichtung versehene Libelle auf die horizontale Achse des bereits nach Augenmaß oder mit einer Dosenlibelle nahezu waagerecht gestellten Instruments gesetzt; dann werden die drei Fußschrauben des letzteren so lange justiert, bis das Aufsatzniveau oder die sog. Reiterlibelle bei der Drehung des Instruments um die vertikale Achse keine Stellungsänderung der Blase mehr zeigt. Um dabei rasch zum Ziele zu gelangen, ist es üblich, die Nivellierung damit zu beginnen, daß man das Instrument in eine solche Lage bringt, daß die Libelle in die Richtung *A* einer der drei Fußschrauben *ABC* fällt (Fig. 19). Hierauf stellt man die Fußschraube *A* höher oder niedriger, bis die Niveaublase zum Einspielen gebracht ist. Nunmehr dreht man den oberen Teil des Instruments um 90°, bis die Libelle parallel zur Richtung der beiden anderen Fußschrauben B und C steht, und bringt jetzt durch gleichzeitiges Heben der einen und Senken der anderen — jedenfalls aber ohne weitere Drehung an der vorhin benutzten dritten Schraube A — die Blase wieder in die Niveaumitte. Stand das Instrument zu Beginn der genaueren Justierung bereits nahezu richtig, so wird man nach der erwähnten Operation in jeder Lage des Instruments die Reiterlibelle bereits in Ordnung vorfinden. Ist dies nicht der Fall, so können die noch übrig bleibenden Abweichungen durch eine vorsichtige Wiederholung der Justierung unter nochmaligem Herumdrehen des Universals rasch beseitigt werden.

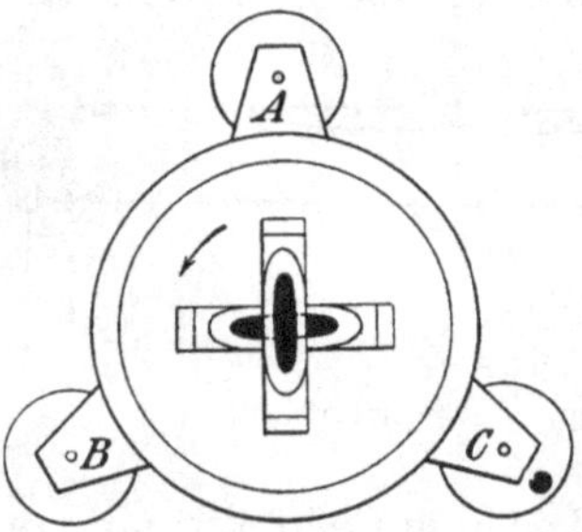

Fig. 19

Ist nach zwei oder drei Versuchen immer noch keine unveränderliche Blasenstellung erzielt, so ist entweder das Instrument reparaturbedürftig oder die Libelle nicht in Ordnung. Meist wird das letztere der Fall sein, d. h. die Röhrenachse der Libelle wird nicht mehr genau parallel zu der Verbindungslinie der Aufsatzpunkte ihrer Fassung stehen. Hierfür hat man eine bequeme Kontrolle: das Niveau zeigt, wenn man es auf der horizontalen Achse des Instruments umlegt, d. h. seine Unterstützungspunkte umkehrt, in den beiden Lagen eine verschiedene Neigung an. Da die richtige Stellung der Blase gleich dem Mittel der Ablesungen sein muß, so braucht man nur die zu diesem Zweck angebrachten beiden Korrektionsschrauben (Fig. 18) so lange vorsichtig zu verstellen, bis die Hälfte der Abweichung beider Ablesungen voneinander beseitigt ist, die Achsenneigung somit in beiden Niveaulagen dem Sinne und der Größe nach gleichmäßig angezeigt wird. Nimmt man z. B. an, daß das Niveau in der Mitte den Teilstrich 0 zeigt, und daß die Blasenmitte in der einen Lage bei dem Teilstrich 4.5 links, in der anderen Lage bei 0.5 links lag, so ist die richtige Neigung i der Achse offenbar durch die Blasenstellung

$$i = \frac{4.5 + 0.5}{2} = 2.5$$

gegeben, und die Verstellung der kleinen an der Fassung sichtbaren Korrektionsschrauben hätte darauf hinauszugehen, die Blasenmitte je nach der Lage des Niveaus um zwei Teilstriche nach rechts, bzw. um ebensoviel nach links zu verschieben.

Die bei der Nivellierung schließlich erzielte Einspielung der Reiterlibelle läßt man zweckmäßig während der ganzen Dauer der Beobachtungen am Universal ungeändert. Bei der Benutzung des Instruments erfährt dieses allerdings kleine Lageänderungen, die sich in einer geringfügigen Verschiebung der Blase aus der strengen Mittellage bemerkbar machen. Im allgemeinen haben diese Änderungen, wenn sie nur gering sind, gerade auf die Genauigkeit der Zenitdistanzmessungen, auf denen die Ortsbestimmungsaufgaben in erster Linie beruhen, keinen merklichen Einfluß. Ist jedoch infolge eines Stoßes, ungeschickter Handhabung des Instruments u. dgl. die Blase um eine größere Teilstrichzahl nach dem Libellenrande zu gewandert, so muß das Instrument neu nivelliert werden.

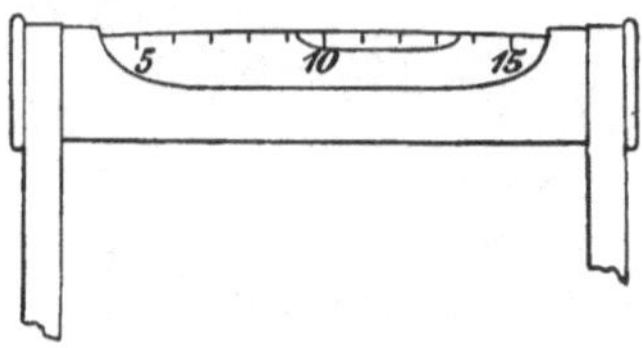

Fig. 20

Der **Bogenwert eines Libellenteils** wird einem jeden besseren Instrument von der Ursprungswerkstätte beigegeben, so daß der Beobachter sofort imstande ist, durch Ablesung der Niveaustellung die Abweichung seiner Achsenstellung von der Horizontalen in Winkelwert anzugeben. Ist der Teilwert beispielsweise = 20″, so wäre in dem in Fig. 20 abgebildeten Falle, in dem die Blasenenden bei den Strichen 9.2 (links) und 13.6 (rechts) liegen, die Blasenmitte somit auf

$$\frac{9.2 + 13.6}{2} = 11.4$$

statt auf 10.0 fällt, die Neigung der horizontalen Achse durch

$$i = 28'' \text{ (rechtes Ende zu hoch)}$$

gegeben. Bezüglich der selbständigen Bestimmung des Winkelwertes der Libellenteilung durch den Beobachter muß auf das dem Universal allein gewidmete Kapitel dieses Buches (vgl. insbesondere S. 72f.) verwiesen werden.

Den kostbarsten Teil eines jeden Winkelmeßinstruments bilden die Kreise, deren Teilungen auf Silber, Neusilber oder Glas angebracht werden. Angesichts der bereits erreichten Vollkommenheit derartiger Kreise ist bei kleineren Instrumenten eine Prüfung derselben seitens des Beobachters überflüssig und ohne besondere Hilfsmittel auch nicht ausführbar. Um eine etwa vorhandene Exzentrizität unschädlich zu machen, erhalten die Instrumente eine besondere Ablesevorrichtung. Alle genauer geteilten Kreise besitzen nämlich nicht eine, sondern zwei Ablesemarken, die um 180° voneinander abstehen, und an denen die Kreise bei der Drehung des Fernrohrs vorübergeführt werden. Mittelt man bei einer derartigen Vorrichtung die Minuten und Sekunden beider Ablesungen, so erhält man ein von Exzentrizität vollkommen freies Resultat.

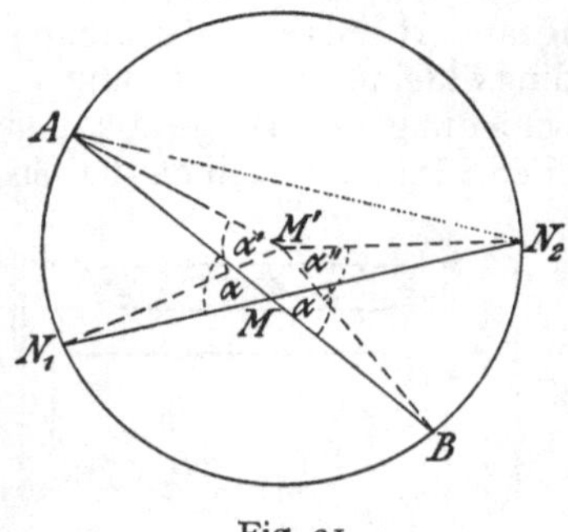

Fig. 21

Zur Begründung sei (Fig. 21) M der für den gemessenen Winkel maßgebende Drehungsmittelpunkt des Kreises, M' der Mittelpunkt der Teilung, $AMN_1 = BMN_2 = \alpha$ der gesuchte, $AM'N_1 = \alpha'$ der am Nonius N_1, $BM'N_2 = \alpha''$ der am Nonius N_2 abgelesene Winkel, so ist nach Verbindung von A mit N_2 der Winkel α als Außenwinkel des Dreiecks AN_2M:

$$\alpha = \sphericalangle BAN_2 + \sphericalangle AN_2N_1,$$

d. h. nach bekannten Beziehungen zwischen Zentri- und Peripheriewinkel:

$$\alpha = \frac{\alpha'}{2} + \frac{\alpha''}{2}$$

der von Exzentrizität freie Winkelwert α. Bei guten Instrumenten ist der Exzentrizitätsfehler der Kreise nur unbedeutend, doch sollte der Beobachter schon zur Kontrolle stets die Stellung beider Ablesemarken notieren.

Da die Kreise besserer Instrumente von 0^0 bis 360^0 durchgeteilt sind[1]) (0^0 entspricht meist der Zenitstellung des Fernrohrs), so ist die Ablesemarke, welche die richtigen Zenitdistanzgrade z angibt, durch die Bezeichnung I oder A gekennzeichnet. In der entgegengesetzten Kreislage, also nach Drehung des ganzen Instruments um 180^0 im Azimut, ergibt sie dann, wie ohne weiteres ersichtlich ist, die Ablesung $360^0 - z$.

Was die Kreisteilungen selbst anbetrifft, so sind diese meist nur von Grad zu Grad, von 30′ zu 30′, 20′ zu 20′ oder 10′ zu 10′, selten enger ausgezogen. Auf Kreisen von 15 cm Durchmesser, wie man sie bei besseren Reiseuniversalen vorfindet, stehen die Gradstriche um 1.3 mm voneinander entfernt. Liegen 5 Teilstriche noch dazwischen, so muß die Teilung, die dann von 10′ zu 10′ fortschreitet, schon als sehr eng bezeichnet werden. Bei entsprechender Vergrößerung durch eine Lupe oder ein kleines Mikroskop könnte man ohne weitere Hilfsmittel an der Einstellmarke noch Unterabschnitte bis zu einer Bogenminute abschätzen, doch wäre damit die Leistungsfähigkeit der Kreise durchaus noch nicht ausgenutzt.

Um die Genauigkeit der Ablesungen nach Möglichkeit zu steigern, versieht man die Kreisablesemarken mit einer Hilfsteilung, die nach ihren Erfindern P. Vernier und P. Nuñez als Vernier oder allgemeiner als **Nonius** bezeichnet wird.

Das Prinzip des Nonius ist außerordentlich einfach. Es sei in der Fig. 22 durch die obere Skala die Teilung eines beweglichen Zentimetermaßstabes dargestellt, dessen jeweilige Stellung an der festen Marke M genau abgelesen werden soll. Man trage auf der unveränderlichen Markenskala von M aus im Sinne der Hauptteilung, also nach rechts, je 10 Punkte ab, die aber voneinander nicht wie oben um 10 mm, sondern nur um 9 mm abstehen, im übrigen aber wie oben die Bezifferung 0 bis 10 tragen sollen. Es ist nun klar, daß, wenn M mit dem Ausgangspunkt 0 des Maßstabes zusammenfällt (Fig. 22 oben), der Teilstrich 9 der Hauptteilung auf den Strich 10 des Nonius fällt; alle anderen

[1]) Die Einführung einer Hundertteilung der Kreise an astronomischen Instrumenten ist nicht beabsichtigt. Sie würde in der Himmelskunde den größten Schwierigkeiten begegnen.

dazwischenliegenden Skalenteile weichen voneinander ab, un zwar um so weniger, je mehr man sich den Koinzidenzstriche 0 und 9 der Hauptteilung nähert. Nun verschiebe man den Maß stab an M vorbei um 1 mm nach links; jetzt stimmt von de 10 Teilstrichen der Noniusteilung nur der erste mit einem volle Strich des Maßstabes überein. Bei 2 mm Verschiebung koinzidier Teilstrich 2 des Nonius, bei 6 mm Verschiebung Teilstrich

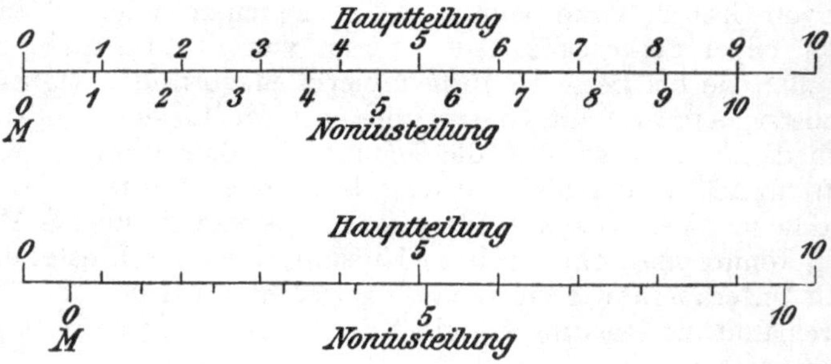

Fig. 22

(Fig. 22 unten) usw., mit anderen Worten, man braucht die Stellung der Marke M zum Maßstabe nicht mehr genauer zu schätzen; man liest nur die vollen Zentimeter an der Hauptteilung ab und zählt, um die Zehntel zu erhalten, die Anzahl der folgenden Striche auf dem Nonius ab, bis man die Koinzidenz zwischen Noniusteilung und Hauptteilung erreicht.

Bei Kreisen pflegt man die Noniusteilung meist so zu wählen, daß auf 59 Kreisteile genau 60 Noniusteile entfallen. Gestattet der Kreis eine direkte Ablesung von 30′, so läßt sich dann die Genauigkeit mit Hilfe des Nonuis bis auf $^1/_{60}$ der Teilung, d. h. bis auf 30″ steigern, bei 10′ direkter Teilung somit bis auf 10″ bringen usw. Natürlich kann für die Noniusteilung an Stelle von 60 auch jede andere Verhältniszahl, z. B. 30, treten. Die Ableseregel für den Noniusgebrauch bleibt dabei stets dieselbe; man hat nur die Hauptteilung des Kreises an der Nullmarke des Nonius so weit abzulesen, als es die Kreisteilung gestattet, und der betreffenden Zahl die Ablesung der Noniusteilung bis zur Strichkoinzidenz hinzuzufügen. Der Anfänger wird sich besonders bei Benutzung mehrerer Instrumente mit verschiedener Nonienteilung manches Versehen ersparen, wenn er der genauen Nonienablesung stets eine sorgfältige Schätzung der Stellung der Nullmarke an der Kreisteilung vorausgehen läßt, wie das in den Beispielen der Fig. 23 geschehen ist.

Angesichts der sehr feinen und scharfen Teilungen, die insbesondere Glaskreise zulassen, hat man mit Erfolg wieder eine

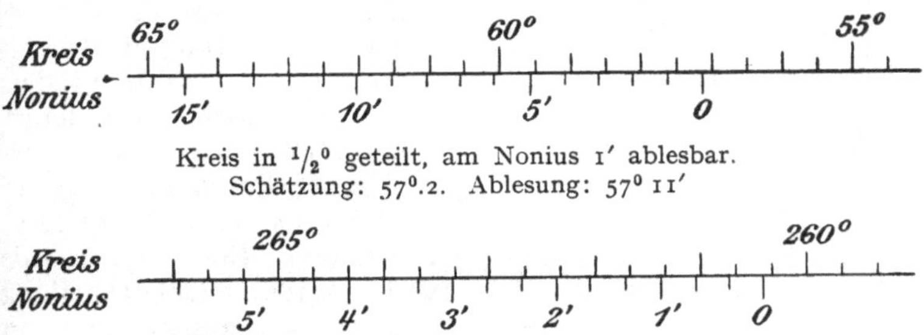

Kreis in $^1/_2{}^0$ geteilt, am Nonius 1′ ablesbar.
Schätzung: $57^0.2$. Ablesung: 57^0 11′

Kreis in $^1/_3{}^0$ geteilt, am Nonius 20″ ablesbar.
Schätzung: 260^0 25′. Ablesung: 260^0 23′ 40″

Fig. 23

ältere Methode der Kreisablesung eingeführt, die auf den Nonius ganz verzichtet und nur die Schätzungsgenauigkeit der Nullmarke wesentlich erhöht. Bei diesen sog. Schätzmikroskopen findet man in dem stark vergrößerten Gesichtsfelde eine enge Hilfsteilung, die so eingerichtet ist, daß eine bestimmte Anzahl von Skalenstrichen in dem engsten Intervall der Kreisteilung gerade aufgeht. Man hat hier also gerade an der Stelle, wo man sie braucht, gewissermaßen eine engere Kreisteilung vor Augen. Ist z. B. der Kreis, wie in Fig. 24, von 20′ zu 20′ geteilt, die im Mikroskop angebrachte Skala dagegen so, daß auf dasselbe Intervall noch 10 weitere Teile entfallen, so entspricht der Abstand eines Striches der Skala von dem benachbarten einem Winkelwert von 2′, und da man innerhalb der Glasstriche noch Zehntel schätzen kann, so läßt somit die Vorrichtung noch eine Ablesung bis auf 0′.2 zu. In Fig. 24 steht z. B. der Anfangsstrich der Skala 11′.2 jenseits 316^0 40′, die Ablesung lautet somit 316^0 51′.2.

Bei neuerem Winkelmeßgerät, vor allem bei Sextanten, findet man noch eine dritte, besonders bequeme Art der Feinablesung mit Hilfe einer Trommelschraube verwirklicht. Hier ist in die Stirn eines jeden Meßkreises eine präzise Schneckenführung eingeschnitten (Fig. 25), deren Ganghöhe mit der Kreisteilung in einer engen Beziehung steht, also z. B. einem vollen Grad entspricht. Wird nun die Feinbewegungseinrichtung an der Alhidade als Meßschraube mit derselben Ganghöhe, also derart ausgebildet, daß sie in das erwähnte Schneckenrad genau paßt, so können nach erfolgter Einstellung eines Sterns die vollen Grade an der Kreisteilung und die Unterabteilungen an der Trommel der Mikrometerschraube abgelesen werden. Bei der angenommenen Ganghöhe der Schnecke von 1° wird man die Trommel mit 60 nach Bogenminuten bezifferten Teilen versehen und damit bei Zehntelschätzung Ablesungen bis auf 0′.1 erzielen.

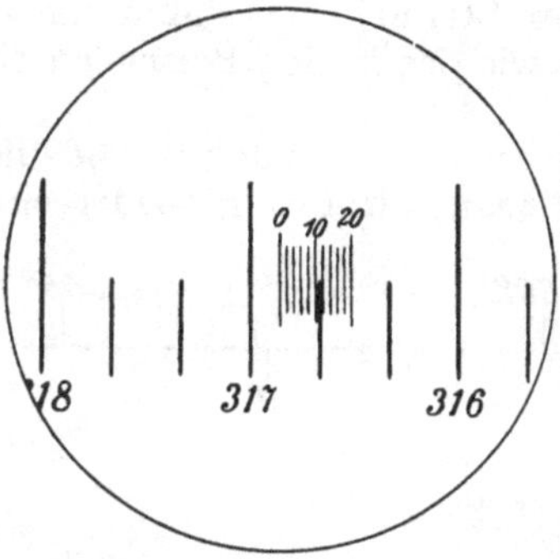

Fig. 24. Gesichtsfeld eines Schätzmikroskops

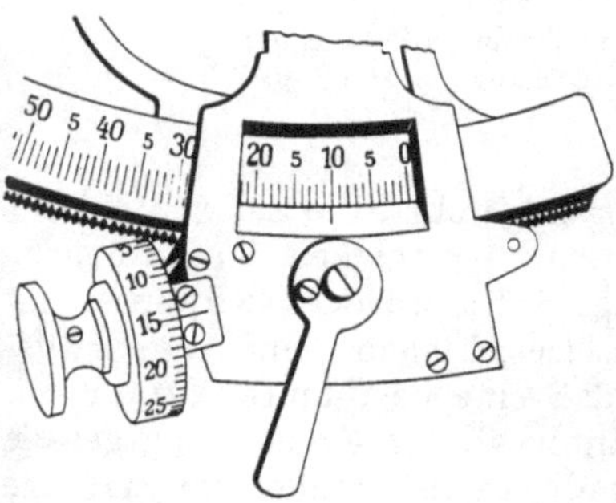

Fig. 25. Mikrometrische Kreiseinstellung und Trommelablesung (10° 15′.0)

Jede Art der Hilfsteilung (Nonius, Schätzskala, Trommel) hat ihre Vor- und Nachteile. Am besten bewährt hat sich die Skalenablesung in Verbindung mit Glaskreisen. Diese werden gegenwärtig im Gegensatz zu Fig. 24 meist nur in volle Grade geteilt, die Hilfsteilungen somit über volle 60′ ausgedehnt, an denen man wieder die Minutenzehntel sicher abschätzen kann.

Zu den wichtigsten Hilfsapparaten aller Meßinstrumente gehört das Fernrohr. Vor der Verwendung desselben benutzte man allgemein zu astronomischen Beobachtungen mit Schauritzen versehene Visierlineale oder Diopter, die selbst bei der Sorgfalt und Geschicklichkeit älterer Beobachter höchstens die Einstellungsschärfe von $\pm 1'$ ergeben konnten. Das Fernrohr hat nicht nur den Benutzungsbereich aller Meßinstrumente wesentlich erweitert, sondern auch an Stelle der alten unvollkommenen Dioptervorrichtungen eine mathematisch genaue Festlegung der Blickrichtung oder der sog. Absehnslinie ermöglicht. Für die hier in Frage kommenden Zwecke wird es nur in der Gestalt des Keplerschen Fernrohrs angewendet, das in seiner jetzigen Form aus einem achromatischen Objektiv und einem aus mindestens zwei Einzellinsen zusammengesetzten Okular besteht. Das Objektiv erzeugt in seiner Brennebene ein Bild des anvisierten fernen Gegenstandes, das durch das Okular dem Auge vergrößert erscheint. Durch ein astronomisches Fernrohr erblickt man somit alle Gegenstände unter einem größeren Sehwinkel, jedoch umgekehrt, d. h. so, daß oben und unten, links und rechts vertauscht ist. In der Brennebene des Objektivs bringt man bei allen Instrumenten, die zu Messungen Verwendung finden sollen, ein auf Glas geätztes Achsenkreuz oder eines aus Spinnen- oder Platinfäden an. Besondere Vorrichtungen ermöglichen eine schwächere oder hellere Erleuchtung des Gesichtsfeldes, sodaß das Netz auch in der Dunkelheit der Nacht auf dem erhellten Grunde sichtbar wird. Zur Fixierung der Absehnslinie im Fernrohr würde ein einfaches rechtwinkliges Fadenkreuz genügen, doch lehrt die Erfahrung, daß die Einstellung der punktförmigen Sternbilder sich genauer in einem engen Fadenviereck als in dem Kreuzungspunkt von zwei Einzelfäden bewerkstelligen läßt. Infolgedessen findet man im Gesichtsfelde oft zwei enge horizontale und zwei ebensolche vertikale Fäden eingespannt, wozu noch vielfach zum Zwecke anderweitiger Beobachtungen je ein weiterer vertikaler Faden links und rechts von der Mitte angebracht wird (Fig. 26).

Daß die Fäden sowohl wie die Sterne innerhalb des ganzen Gesichtsfeldes absolut scharf erscheinen müssen, ist selbstverständlich. Hierzu ist es zunächst notwendig, daß Fadenplatte und Okularauszug für jedes Auge einstellbar sind, ferner, daß nicht nur das Objektiv klare, farbenreine Bilder gibt, sondern daß auch das Okular für Bildkrümmung und Farbenzerstreuung korrigiert ist. Bei Meßinstrumenten jeglicher Art haben sich in dieser Beziehung die vierlinsigen sog. orthoskopischen Okulare besonders gut bewährt.

Um die lästige Kopfhaltung am Okular bei hochstehenden Sternen zu vermeiden, hat man verschiedene Verfahren angewendet. Eine grundsätzliche Beseitigung des Übelstandes wäre, wenn man von gebrochenen Okularen (Fig. 34) absieht, durch

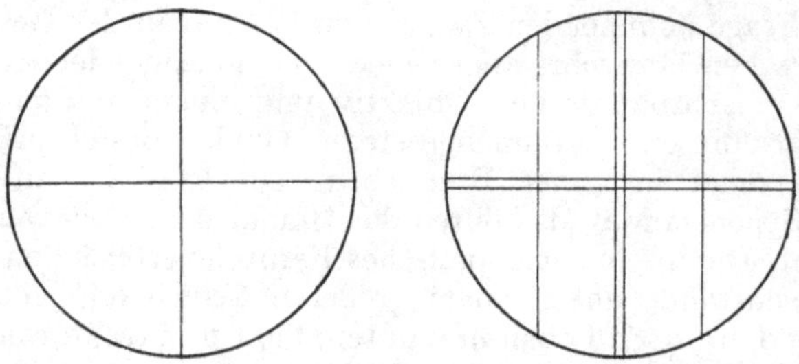

Fig. 26. Gebräuchliche Fadennetze an Universalinstrumenten

Verlegung des Strahlenganges in die Achse des Universals möglich. Da durch Prismen vor und hinter dem Objektiv neue Fehlerquellen in den Gang der Lichtstrahlen eingeführt werden, behilft man sich bei Instrumenten kleineren Ausmaßes mit Zenitprismen, die zwischen Auge und Okular auf letzteres aufgesetzt oder aufgeschraubt werden (vgl. Fig. 38). Die Fernrohrbilder erscheinen nunmehr aufrecht, jedoch seitenverkehrt.

Von nicht zu unterschätzender Bedeutung für eine längere Gebrauchsfähigkeit der Instrumente ist eine sachgemäße Behandlung aller ihrer Teile. Daß selbst leichte mechanische Beschädigungen ein für astronomische Beobachtungen bestimmtes Meßgerät fast stets unbrauchbar machen, bedarf kaum einer Erwähnung. Aber auch sonst kann unzweckmäßige Behandlungsweise Schaden anrichten. Alles Putzen der Instrumententeile ist unnötig, ja, sogar schädlich. Zum Reinigen von Staub verwende man einen weichen, trockenen Pinsel, zum Säubern der Objektive und Okulare ein weiches, altes Leinwandläppchen. Fester anhaftende Schmutzflecke an den Metallteilen wird man mit dem Finger unter reichlicher Verwendung von Petroleum oder Vaseline beseitigen; auch schmutzig gewordene Kreisteilungen lassen sich auf diese Weise säubern. Beschlagene oder nasse Instrumente lasse man im Aufbewahrungsraume so lange offen stehen, bis sie die Temperatur der umgebenden Luft angenommen haben, wische sie also nicht ab. Die Gefahr des Rostens liegt kaum vor, da die meisten transportablen Instrumente heute aus Rotguß hergestellt werden. Besitzt die horizontale Achse Zapfen aus Stahl, so ist natürlich für ihre dauernde Einfettung Sorge zu tragen.

10. Der Libellenquadrant und der Spiegelsextant

Vor der Anschaffung eines Instruments für astronomisch-geographische Zwecke ist es stets notwendig, über den ungefähren Grad der Genauigkeit Klarheit zu gewinnen, den man durch die Beobachtungen in Polhöhe, Zeit und Länge zu erlangen wünscht. Wohl gestatten einige besondere Methoden die Erzielung sehr genauer Resultate auch mit Hilfe von geringeren instrumentellen Hilfsmitteln, im allgemeinen ist jedoch die Kreisteilung, insbesondere die Teilung des Höhenkreises als Hauptmaßstab für die Leistungsfähigkeit des Instruments anzusehen.

Bei den meist üblichen Methoden der Zenitdistanzmessungen wird ein Kreis, der Ablesungen bis zu 1′ gestattet, die Breite aus einer Beobachtung bis auf 1′ genau ergeben, einer von 10′ Ablesegenauigkeit bis auf 10′ usw., ja, in Wirklichkeit wird sich das Ergebnis wegen der unvermeidlichen kleinen Instrumental- und Beobachtungsfehler merklich ungünstiger gestalten. Noch weniger vorteilhaft liegen die Verhältnisse bei den Zeit- und Längenbestimmungen. Auf festen Stationen, die die Möglichkeit ganzer Beobachtungsreihen zulassen, kann nach Ausgleichung zahlreicher Einzelresultate schließlich ein genauerer Wert der geographischen Koordinaten erzielt werden, auf normalen Forschungsreisen jedoch wird man im allgemeinen den Genauigkeitsgrad der Kreisablesung auch als die Grenzleistung des Instruments bei der Bestimmung von Breite, Länge und Azimut ansehen dürfen.

Auf der Erdkugel entspricht ein geozentrischer Winkel von 1′ einer Distanz von 1851.8 m oder einer Seemeile, 1″ somit einem

Bogen von 30.9 m. Wünscht man also den Abstand eines Orte vom Äquator bis auf 1 km genau zu erhalten, so muß die Polhöh innerhalb ± 0'.5 richtig bestimmt werden. Auf See genügt meis die Kenntnis der Schiffslage in Breite bis auf 1'; bei Landreiser in unbekannten Gegenden sind Messungen, die etwa $^1/_2$ bis $^1/$ Breitenminute ergeben, noch als gut brauchbar zu bezeichnen und selbst solche Bestimmungen, die den Polhöhenwert eine Station nur bis auf 1' sichern, können unter Umständen bei de kartographischen Bearbeitung einer ausgedehnten Routenaufnahme in einem unerforschten Gebiet noch von erheblichem Wert sein. Die fest aufgestellten Instrumente der Sternwarten gestatten freilich Breitenbestimmungen bis auf kleine Bruchteile einer Bogensekunde. Nur mit Hilfe derartiger Präzisionsmessungen ist es möglich gewesen, die sogenannte Polschwankung festzustellen, eine periodische Veränderlichkeit der geographischen Breite, deren Maximaländerung kaum ± 0''.5, also in linearem Maße etwa 15 m beträgt.

Was die geographischen Längen anbetrifft, so sind diese, wie bereits vorhin angedeutet, wesentlich unsicherer bestimmbar. Eine Zeitsekunde in Länge entspricht am Erdäquator einer Entfernung von 463 m. Da 4 Zeitsekunden genau einer Bogenminute gleich sind, so würde am Äquator eine Längenbestimmung von dieser Genauigkeit den Abstand des Ortsmeridians vom Nullmeridian bis auf rund 1850 m ergeben. Wegen der Konvergenz der Meridiane nach Norden und Süden gestalten sich die Verhältnisse bei größeren Abständen vom Äquator günstiger, doch lehrt die Erfahrung, daß eine Längenbestimmung auf ± 1^s sich mit kleinen transportablen Instrumenten und unter Anwendung der gewöhnlichen Methoden nicht leicht erreichen läßt, daß man also hier die Genauigkeitsgrenzen wesentlich bescheidener ziehen muß als bei der geographischen Breite. Selbst bei solchen Stationen, die untereinander eine telegraphische oder drahtlose Verbindung und damit die Möglichkeit eines direkten Zeitaustausches haben, läßt sich infolge bestimmter systematischer Fehlerquellen der Längenunterschied nicht mit der Schärfe der Polhöhenwerte ermitteln.

Für rohe Orientierungsmessungen, insbesondere aber für Übungszwecke können als billige und praktische Instrumente zu

Höhenbestimmungen auf ± 2 bis ± 3 Bogenminuten die handlichen Libellenquadranten empfohlen werden. Grundsätzlich gehört ja zu derartigen Messungen nichts weiter als ein geteilter Viertelkreis mit Visierfernrohr und Lot oder Wasserwaage. Soll jedoch ein solches Instrument aus freier Hand gebraucht werden, so ist es nötig, daß der Beobachter auch während des Anvisierens eines Himmelskörpers oder eines irdischen Gegenstandes die Möglichkeit hat, sich über die horizontale bzw. vertikale Lage des einen Quadrantenarmes zu vergewissern. Bei dem Libellenquadranten der Fig. 27 ist diese Bedingung dadurch erfüllt, daß die Blase einer Nivellierlibelle durch eine Öffnung im Fernrohr in das Gesichtsfeld des schwach vergrößernden Okulars gespiegelt und hier gleichzeitig mit dem anvisierten Objekt sichtbar wird.

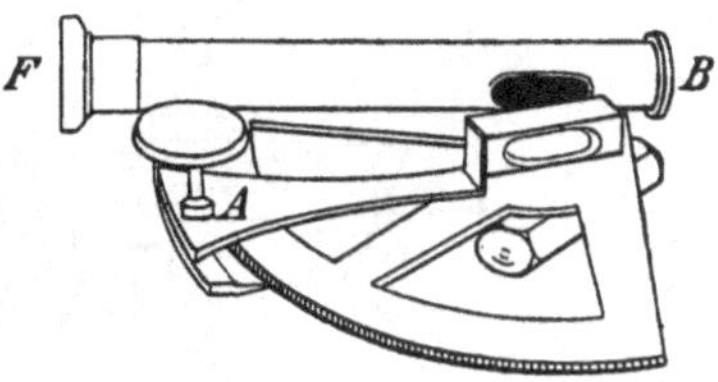

Fig. 27. Libellenquadrant (Butenschön, Hamburg-Altona)

Die Bauart und der Gebrauch dieser Freihand-Winkelmesser wird danach ohne weiteres verständlich erscheinen. An dem oberen Winkelstück eines in ganze Grade geteilten Quadranten ist das Visierfernrohr *BF* fest angebracht, während an der Kreisperipherie ein beweglicher Arm, die Alhidade *A*, die auf der Rückseite der Fig. den Nonius trägt, sich mittels Zahntriebs verstellen läßt. Die Alhidade trägt in der Nähe des Quadrantenmittelpunktes eine feste Libelle, deren Einspielen mit Hilfe einer Spiegelvorrichtung vom Okular aus kontrollierbar ist. Während man das Fernrohr beispielsweise nach Vorschalten eines Blendglases auf die Sonne richtet und diese in die durch ein Fadenviereck bezeichnete Mitte des Gesichtsfeldes einstellt, dreht man gleichzeitig den Alhidadenarm mit der in Fig. 27 sichtbaren Schraube so weit herunter oder herauf, bis die Blase das Beobachtungsobjekt symmetrisch umgibt, die Libelle somit einspielt. Der am Nonius abgelesene Winkel ergibt dann unmittelbar die Höhe der Sonne.

Um sich von der Richtigkeit der Instrumentangaben zu überzeugen, braucht man nur verschiedene Höhen einmal mit dem Quadranten, das andere Mal mit einem Universalinstrument zu messen.

Die Abweichungen ergeben dann den Indexfehler des Quadranten, d. h. eine konstante Korrektion, die fortan ständig an alle gemessenen Höhen anzubringen ist.

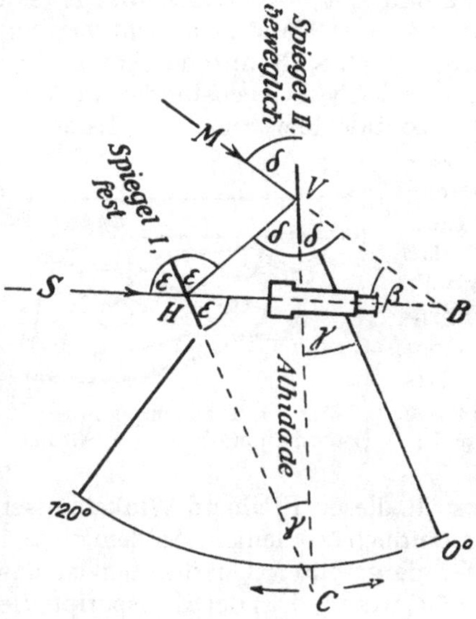

Fig. 28. Schema eines Sextanten

Der in Fig. 27 abgebildete Quadrant stellt die einfachste Form eines freihändig gebrauchten Instruments mit natürlicher Horizontmarke (Libelle) dar. Für die Zwecke der Ortsbestimmung im Flugzeug hat das Gerät allmählich eine Reihe von Verbesserungen erhalten, die ohne wesentliche Änderung des Prinzips eine genauere Ablesung der Kreisteilung, größere Freiheit von Index- und Exzentrizitätsfehler und eine geeignete Beleuchtung zum Zwecke von Nachtbeobachtungen betreffen.

Ein viel älteres, bei Messungen zu Lande nie recht eingebürgertes Instrument zur Ausführung geographischer Ortsbestimmungen ist der von I. Newton 1699 erfundene und wohl von J. Hadley 1731 zuerst gebaute **Spiegelsextant**, noch heute das Universalinstrument der astronomischen Ortsbestimmung zur See. Er wird ebenso wie der Libellenquadrant freihändig und gegenwärtig fast ausschließlich für Gestirnsbeobachtungen gebraucht, obwohl er seiner ganzen Einrichtung nach ebensogut auch auf terrestrische Messungen Anwendung finden könnte und in der niederen Geodäsie in der wesentlich vereinfachten Form von Winkelspiegeln, -prismen und dergleichen auch tatsächlich täglich benutzt wird.

Zur Erklärung der Theorie des Sextanten mag zunächst erwähnt sein, daß er gegenüber allen anderen Winkelmeßinstrumenten einen großen Vorzug hat. Er gestattet nämlich die Messung von Winkeln in verschiedenen Ebenen, eignet sich also nicht nur für Höhen- und Azimutbestimmungen, sondern auch für beliebige Distanzmessungen an der Sphäre.

Es seien beispielsweise (Fig. 28) *BS* die Richtung nach einem Stern, *BM* die Richtung nach dem nächstliegenden Mondrand, und es sei der Winkel *SBM* zu messen. Das Prinzip der Sextantenkonstruktion besteht nun darin, daß man die beiden Strahlenrichtungen *MB* und *SB* mittels zweier Spiegel, eines festen *H* und eines beweglichen *V*, durch meßbare Drehung des letzteren, in eine gemeinsame Richtung *SHB* bringt. Wie leicht ersichtlich, muß es dann möglich sein, den Drehungswinkel des Spiegels *V* zu dem Winkel $SBM = \beta$, den man zu kennen wünscht, in Beziehung zu setzen. Stellt man sich bei *H* einen Spiegel vor, dessen eine Hälfte von der Versilberung befreit ist, durch den man also sowohl *S* unmittelbar anvisieren als auch seitlich auffallende, von der unteren Spiegelfläche reflektierte Strahlen auffangen kann, so ist es offenbar möglich, durch Zuhilfenahme eines zweiten Vollspiegels *V* die von *M* kommenden Strahlen nach *H* und von dort in die Richtung *SB* zu bringen. Bei Berücksichtigung der Tatsache, daß dabei der Einfallswinkel eines Lichtstrahls gleich seinem Ausfallswinkel ist, läßt sich die Möglichkeit einer solchen Anordnung direkt an der Figur ablesen. Nehme man nun an, daß der Winkel γ, den jetzt bei der scheinbaren Deckung von Stern und Mondrand die Spiegel *H* und *V* miteinander bilden, meßbar ist, so läßt sich zeigen, daß der gesuchte Winkel $\beta = 2\gamma$ ist. Betrachtet man nämlich das Dreieck *CHV* mit dem Außenwinkel ε und dem Winkel $CVH = \delta$, ferner das Dreieck *BHV* mit dem Außenwinkel 2ε, so erhält man nach bekannten geometrischen Sätzen:

$$\gamma = \varepsilon - \delta$$
$$\beta = 2\,\varepsilon - 2\,\delta,$$

d. h.

$$\beta = 2\,\gamma.$$

Die Bauart und Verwendung eines Sextanten (Fig. 28) wird jetzt ohne weiteres verständlich sein. Im Mittelpunkte eines geteilten Kreissektors von etwa 60—70° Bogenlänge ist eine Alhidade mit

Nonius drehbar befestigt. Genau im Mittelpunkte des Kreisbogens ist auf der Alhidade ein viereckiger Spiegel *V* so angebracht, daß seine Ebene senkrecht auf dem Kreissektor steht und gleichzeitig durch den Nullpunkt des Nonius geht. Die Visierrichtung ist durch ein schwach vergrößerndes Fernrohr bei *B* festgelegt, während der feste, kleinere und nur zur Hälfte belegte Spiegel *H* sowohl eine direkte Beobachtung in der Richtung *BS* als auch eine indirekte in der Richtung *BM* auf dem Wege *MVHB* zuläßt. Die Stellung des Halbspiegels *H* muß derartig sein, daß bei der 0^0-Stellung der Alhidade seine Ebene parallel derjenigen des Spiegels *V* verläuft, die Neigung beider Spiegel somit Null wird. Eine einfache Überlegung zeigt, daß bei dieser Parallelstellung der Spiegel (d. h. in der Nullstellung der Alhidade) beim Anvisieren von *S* das direkte und gespiegelte Sonnenbild sich decken müssen, womit eine einfache Methode zur Bestimmung dieser Nullage, d. h. des Indexfehlers, gegeben ist.

Bei der eigentlichen Distanzbeobachtung wird die Kreisebene des Sextanten in die Verbindungslinie der zu messenden Objekte gebracht und durch Verschiebung der Alhidade die Stellung des Spiegels *V* so weit geändert, daß im Gesichtsfelde des Fernrohrs das direkte und das gespiegelte Bild zusammenfallen. Der von dem Alhidadenarm beschriebene Winkel ist dann gleich demjenigen, den jetzt die Spiegelebenen miteinander bilden und der vorhin mit γ bezeichnet wurde. Sein doppelter Betrag ergibt den gesuchten Winkel β zwischen den Richtungen *BS* und *BM*. Durch entsprechende Bezifferung der Kreis- und Nonienteilung bleibt dem Beobachter die letzte Rechnung erspart, so daß die abgelesenen Winkel direkt das gesuchte Resultat ergeben. Mit der erforderlichen Numerierung von Halbgraden mit vollen Ziffern hängt auch zusammen, daß man mit dem Instrument, trotzdem es nur den sechsten Teil eines Kreisbogens umfaßt, Winkel bis zu 120^0 messen kann. Die übrigen aus der Fig. 29 ersichtlichen Teile des Sextanten sind Hilfsapparate. Die Schraube am Alhidadenarm dient zur Feineinstellung der Bilddeckung im Fernrohr, die aufklappbaren Rauch- und Farbgläser zwischen den Spiegeln zur Beobachtung der Sonne usw.

Vor der Benutzung muß der Sextant auf seine richtige Spiegel- bzw. Alhidadenstellung untersucht werden. Es geschieht dies, wie bereits angedeutet wurde, zunächst in der Weise, daß man den Alhidadenarm auf die Nullstellung herunterklappt, die Sonne oder den Mond anvisiert und die Bilddeckung durch eine Verschiebung der Alhidade mit Hilfe der Feinbewegung zu erreichen sucht. Die Abweichung der Noniusstellung vom Nullpunkte des Kreises bei der Bilddeckung ergibt den Indexfehler des Instruments. Über das Vorzeichen der Indexkorrektur kann kein Zweifel

Fig. 29. Einfacher Spiegelsextant (C. Plath-Hamburg)

bestehen. Findet z. B. die Bilddeckung bei der Kreisablesung $0^0\ 6'$ statt, so werden offenbar alle Winkel um diesen Betrag zu groß gemessen, der Indexfehler ist also negativ (— 6'), während andererseits eine positive Indexkorrektion erforderlich wäre, wenn bei der Bilddeckung die Stellung der Einstellmarke des Nonius über den Gradstrich Null hinaus, also in den Bereich der überschüssigen, für diesen Zweck besonders angebrachten Teilung gefallen wäre. Als Gedächtnisregel kann man sich also merken, daß der Indexfehler eines Sextanten negativ ist, wenn bei gedeckten Bildern die Noniusmarke links vom Gradstrich Null steht, dagegen positiv, wenn sie rechts von ihm liegt.

Läßt sich eine haarscharfe Deckung der Bilder überhaupt nicht erzielen, so liegt das in erster Linie an einer unrichtigen Stellung der Spiegel. Um deren senkrechte Orientierung auf der Kreisebene zu prüfen, blicke man in den beweglichen Spiegel V so hinein, daß man den geteilten Kreis sowohl direkt als auch im Spiegelbilde sieht. Gehen der Kreis und sein Bild unmittelbar ineinander über, so ist alles in Ordnung, bilden sie dagegen einen Knick, so muß die Lage des Spiegels mit Hilfe seiner Stellschrauben verändert werden, bis die erwähnte Bedingung erfüllt ist. Erfolgt jetzt im Fernrohr noch keine vollkommene Deckung der Bilder, so ist es notwendig, auch den festen Spiegel H entsprechend zu prüfen und zu korrigieren.

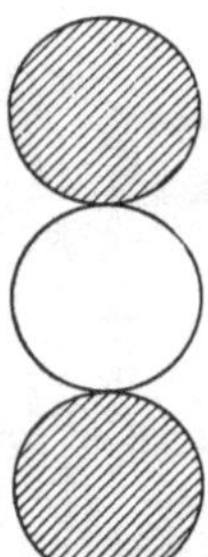

Fig. 30

Selbstverständlich muß auch das Visierfernrohr genau parallel zur Sextantenebene liegen. Da der bewegliche Spiegel nunmehr als korrigiert, d. h. als senkrecht stehend gelten kann, so ist es klar, daß beim Hineinblicken in denselben jetzt nicht nur der Kreislimbus, sondern auch alle Instrumententeile, die parallel zur Sextantenebene liegen, ohne Knick in ihre Spiegelbilder übergehen müssen. Eine unrichtige Stellung des Visierfernrohrs kann auf diese Weise erkannt und ohne Mühe durch geeignete Verstellung der ringförmigen Fassung am Okularende berichtigt werden.

Die Untersuchung der etwaigen Teilungsfehler des Kreisbogens und der Exzentrizität des Drehpunktes der Alhidade gehört sowohl bei den Quadranten wie bei den Sextanten nicht zu den Obliegenheiten des Beobachters und läßt sich auch ohne besondere Hilfsapparate kaum ausführen. Derartige Prüfungen werden in der Regel an nautischen Instituten, im Deutschen Reich insbesondere auf der Deutschen Seewarte in Hamburg, ausgeführt. Es empfiehlt sich daher, nur Instrumente mit einem entsprechenden amtlichen Prüfungszeugnis zu benutzen.

Die Verwendung der Sextanten (je nach dem geteilten Bogen auch der Quintanten, Oktanten usw.) ist recht vielseitig. Am meisten werden sie zu Höhenmessungen auf See gebraucht, wobei der Beobachter direkt die Kimm anvisiert und durch Drehung der Alhidade den Rand der Sonne, einen Planeten oder hellen Fixstern mit der Horizontlinie zur Berührung bringt. Einige andere Aufgaben ergeben sich ganz von selbst. Holt man (Fig. 30) das schwächere, gespiegelte Sonnenbild mit der Alhidade so weit herunter, bis es das direkte Bild gerade tangiert (A) und dreht die Alhidade dann so weit, bis auch eine Berührung von oben (B) erfolgt, so ergibt die Differenz der Nonienablesungen den doppelten Sonnendurchmesser in Winkelmaß. Auch der scheinbare Monddurchmesser könnte auf diese Weise bestimmt werden, wenngleich hier die Phasen die Einstellungen etwas beeinträchtigen. Daß der Sextant die Messung von Winkeln gestattet, die eine beliebige Lage zum Horizont haben, also von Winkeln zwischen hellen Sternen und dem nächstliegenden Mondrand, von Azimutunterschieden irdischer Objekte am Horizont usw., ist bereits erwähnt worden. Da es sich dabei, entgegen anderen astronomischen Instrumenten, nicht um scharfe Einstellungen auf ein Fadenkreuz handelt, sondern lediglich um Herstellung einer Objektdeckung, die nicht einmal genau in der Mitte des Gesichtsfeldes zu erfolgen braucht, so spielt z. B. die Bewegung des Schiffes beim Sextanten eine weit geringere Rolle als bei dem Libellenquadranten. Dazu kommt noch, daß der Sextant in jeder Beziehung als Präzisionsinstrument gebaut werden kann, und daß etwaige Fehler an der mangelhaften Bilddeckung sofort zu erkennen sind. Die Beobachtung von Gestirnshöhen am Sextanten von Bord aus erfordert im übrigen eine sichere Hand und reichliche Übung; die Messungen sind jedenfalls wesentlich schwieriger auszuführen als an festen Instrumenten und ergeben erst nach und nach brauchbare Resultate. Die anfänglichen Mißerfolge dürfen somit keinen Beobachter entmutigen.

Bei Benutzung des Sextanten zu Lande ist man in Ermangelung einer festen, scharfen Horizontmarke gezwungen, die Höhen indirekt zu messen. Es geschieht dies in der Weise, daß man die Gestirne sich in einer ebenen horizontalen Fläche, dem sog. künstlichen Horizont, spiegeln läßt, und dann Gestirn und Bild zur Deckung bringt. Der gemessene Winkel ist dann gleich der doppelten Höhe des Gestirns. Die lästige Kimmtiefenkorrektion kommt dabei in Wegfall, die Beobachtungszeit bleibt nicht wie beim Seehorizont auf die helle Dämmerung beschränkt, und obendrein erzielt man durch die erforderliche Division der Kreisablesung durch 2 die doppelte Genauigkeit. Die Mehrarbeit besteht in der Nivellierung des künstlichen Horizontes, wenn man als solchen ein planes, dunkles Glas, eine polierte Achatplatte oder dergleichen verwendet.

Ist der Beobachtungsplatz gegen Windstöße, Erschütterungen usw. genügend geschützt, so macht man zweckmäßiger von einem Quecksilberhorizont Gebrauch. Ein solcher besteht aus einer amalgamierten flachen Kupferschale, die mit reinem, staubfreiem Quecksilber gefüllt wird. Zum Schutze der empfindlichen Oberfläche dienen Dächer mit Glimmerwänden, doch tut man bei ihrer Verwendung gut, eine Beobachtungsreihe in der einen und eine zweite in der anderen Dachlage auszuführen, um die Fehlerfreiheit der Glimmertafeln zu kontrollieren.

Die Genauigkeit der Sextantenmessungen hat man teils durch Anwendung von Stativen, teils durch Übertragung ihres Prinzips auf Vollkreise zu erhöhen versucht, doch haben diese Instrumente in der veränderten Form wenig Anklang gefunden. Sextant wie Quadrant sind aus besonderen Anforderungen der Beobachtungspraxis hervorgegangen, leisten ihnen Genüge und erscheinen dem Benutzer nur so lange zweckmäßig, als sie ihre Handlichkeit bewahren. In jeder anderen, wenn auch verbesserten Form stellen sie einen recht unvollkommenen Ersatz für das Universalinstrument dar, dessen besondere Vorzüge in den mannigfaltigen strengen Kompensationsmöglichkeiten für fast alle Instrumentalfehler beruhen.

11. Das Universalinstrument

In seiner einfachsten schematischen Form besteht ein Universalinstrument (Fig. 31) aus einer Visiervorrichtung *BF* und aus einem System von zwei senkrecht zueinander stehenden, drehbaren Kreisen, dem horizontalen Azimutkreise *AA* und dem vertikalen Höhenkreise *HH*. An Hilfsinstrumenten ist zum Nivellieren des Universals eine Libelle erforderlich, zum genaueren Einstellen des Beobachtungsobjektes ein mit Fadenkreuz versehenes Fernrohr und zum Ablesen der Kreise mindestens je eine Einstellmarke mit Nonius.

Die konische, vertikale Achse des Instruments ruht in einem Untersatz aus Bronze. Drei Nivellierschrauben, deren scharfe Spitzen in Rinnen oder ausgebohrten Löchern von Fußplatten ruhen, ermöglichen eine entsprechende Justierung des ganzen Systems beim Nivellieren. Unmittelbar über dem Horizontalkreis erweitert sich der um die Vertikalachse drehbare Unterbau zu zwei Lagern für die Horizontalachse des Instruments, die Fernrohr und Höhenkreis trägt. Die beiden Lager haben eine V-förmige Gestalt, so daß jeder der beiden Achsenzapfen nur an zwei Stellen seines kreisförmigen Querschnittes aufliegt. Die gleiche ∧-förmige Gestalt haben auch die Fußenden der abnehmbaren, in der schematischen Darstellung fortgelassenen Reiterlibelle. Wie der Höhenkreis, so ist auch das Visierfernrohr bei dem vorliegenden Modell exzentrisch angebracht. Beide Kreise sind verdeckt und nur an je zwei gegenüberliegenden Stellen frei oder hinter einer Glasüberdachung ablesbar. Die Alhidade der Höhenkreismarke ist noch mit einer weiteren Libelle, dem Höhenkreisniveau, versehen, das zur Kontrolle ihrer horizontalen Stellung bei jeder Ablesung dient. Die sonstigen Instrumententeile, insbesondere die zahlreichen Schrauben und Federbüchsen am Höhen- und am Horizontalkreise, dienen in erster Linie zum Festklemmen bzw. zur Feinbewegung des Fernrohrs in vertikaler und horizontaler Richtung.

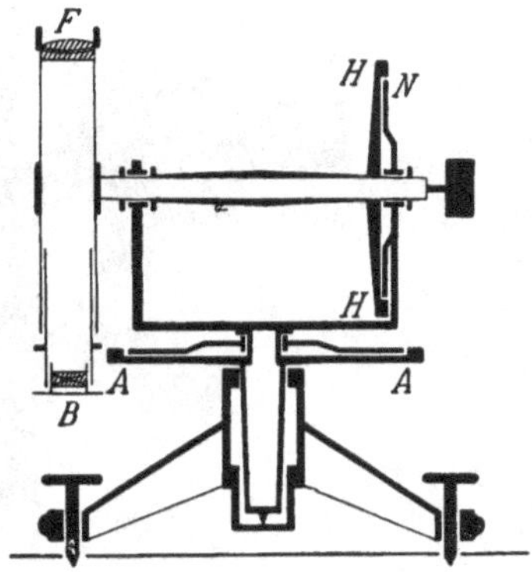

Fig. 31.
Schema eines Universalinstruments

Die wirkliche Bauart eines kleinen, sehr leichten Präzisionsuniversals veranschaulicht Fig. 32.

Instrumente von der hier dargestellten Form sind auf Forschungsreisen sehr bequem mitzuführen, jedoch leicht Beschädigungen ausgesetzt. Die während des Weltkrieges an mitliärischem Meßgerät in dieser Beziehung gemachten Erfahrungen sind auch geodätischen und astronomischen Instrumenten zugute gekommen, so daß einzelne neuzeitliche Universale (Fig. 33 u. 34) kaum noch den älteren ähneln. Neben gesteigerter optischer Leistungsfähigkeit und großem Gesichtsfeld des durchweg zentrisch gehaltenen Fernrohrs haben sie vollkommen eingebaute, ohne Platzwechsel des Beobachters sichtbare Kreise aus Glas, die eine sehr gleichmäßige

Beleuchtung und eine bequeme und dabei sehr genaue Ablesung an Mikroskopskalen ermöglichen. Der Schutz aller empfindlichen

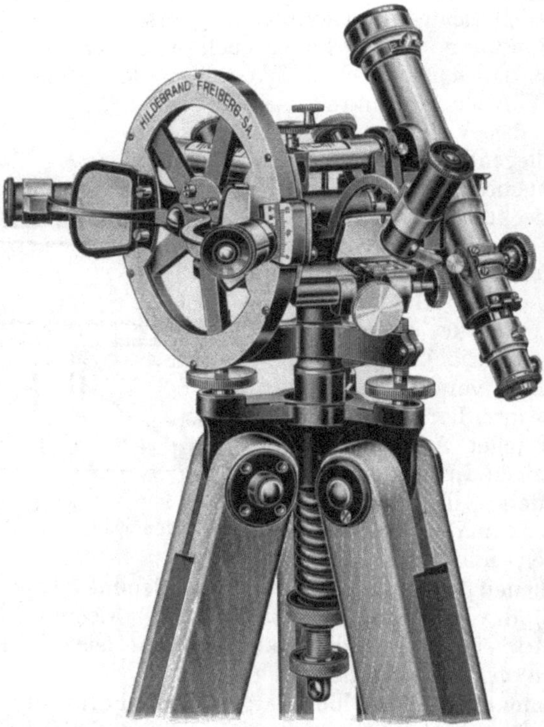

Fig. 32. Kleines Universalinstrument von Hildebrand-Freiberg i. Sa.

Teile gegen Verletzung, Staub usw., der Einbau von Schwachstromlämpchen usw. hat den Universalen ihre leichte Bauart und die alte, überall auch äußerlich von präzisester Arbeit zeugende Form genommen. Trotzdem wird jeder, der weit außerhalb der Heimat mit dem früheren, sehr empfindlichen Gerät gearbeitet hat, die zweckmäßigen Neuerungen ebenso begrüßen, wie er sich daran gewöhnt hat, daß ihm eine Präzisionsuhr nicht offen, sondern in einer sicheren Neusilber- oder Stahlumhüllung geliefert wird.

Die Herstellungstechnik der Universale ist seit langer Zeit so weit vorgeschritten, daß die wichtigsten Bedingungen, die das Instrument erfüllen soll, also die senkrechte Lage der Achsen und

Fig. 33 und 34. Neuere Reiseuniversale von H. Wild-Heerbrugg und C. Zeiss-Jena

Kreise zueinander, die fehlerfreie Teilung der letzteren usw., als erfüllt gelten können und bei kleinen Instrumenten kaum noch in den Untersuchungsbereich des Beobachters fallen. Nur einige beim Transport und Gebrauch oder infolge von Temperaturwechsel veränderliche Fehler erfordern von Zeit zu Zeit eine Neubestimmung und eine entsprechende Berücksichtigung bei der Reduktion der Messungen. Die genauere Untersuchung der Fehlerquellen und ihres Einflusses auf die Resultate, in erster Linie auf die gemessenen Zenitdistanzen, soll den Inhalt der folgenden Betrachtungen bilden.

Es ist zunächst klar, daß auch bei vollständiger Exaktheit der Bauart eines Universals in den Höhenkreisablesungen noch ein Zenitpunktfehler stecken und zu bestimmen sein wird, der von Änderungen der Kreis- und Noniusmontierung abhängt und genau dem Indexfehler des Sextanten entspricht. Ferner wird es notwendig sein, sich öfters zu vergewissern, ob auch die Visierrichtung des Fernrohrs, d. h. die Verbindungslinie Fadenkreuz-Objektivmitte, senkrecht zur Horizontalachse gerichtet ist, das Instrument somit keinen Zielachsen- oder Kollimationsfehler aufweist, und schließlich werden sich durch die unvollkommene Nivellierung des Instruments Fehlerquellen ergeben, die als Achsenneigung bezeichnet und noch näher untersucht werden sollen.

Die Bestimmung des Zenitpunktfehlers am Höhenkreise ist, abgesehen von der Nivellierung, eine der ersten Aufgaben, die der Beobachter vor Beginn seiner eigentlichen Messungen auszuführen hat. Ist das Instrument bei sonstiger Fehlerfreiheit genau nach dem Zenit gerichtet, so weist die Noniusmarke I in der Regel noch keine genaue Koinzidenz mit dem 0^0-Strich und die Noniusmarke II mit dem 180^0-Strich der Kreisteilung auf. Für gewöhnlich wird die Ablesung auf einen Teilstrich vor oder hinter 0^0 führen, und die Zenitdistanzen werden je nach der Lage des Instruments (Kreis links oder Kreis rechts) um die betreffende Abweichung zu groß oder zu klein ausfallen. Durch eine geeignete Anordnung der Beobachtungen kann nun beim Universal ohne besondere Vorbereitungen beides, d. h. Zenitdistanz und Zenitpunktfehler, gleichzeitig ermittelt werden, wenn man irdische Zielmarken benutzt.

Bei einem von 0^0 bis 360^0 durchgeteilten Kreise wird an dem Hauptnonius in einer bestimmten Kreislage (für gewöhnlich bei Kreis links) die Zenitdistanz z selbst abgelesen, in der umgekehrten Lage (Kreis rechts) dagegen $360^0 - z$ (vgl. S. 51). Ist also der Indexfehler des Kreises Null, so muß die gemessene Zenitdistanz z_l eines festen Objekts, z. B. einer fernen Turmspitze, beim Herumdrehen des Instruments um 180° und Durchschlagen des Fernrohrs die Ablesung $360^0 - z_r$ ergeben, und es wird dann genau

$$z_l = z_r$$

sein. Liegt dagegen der Zenitpunkt des Kreises vor dem 0°-Strich, also zwischen 359° und 360°, so wird $z_l < z_r$, liegt er zwischen 0° und 1°, $z_l > z_r$ sein. Da unter allen Umständen bei unveränderlicher Zenitdistanz des anvisierten Objekts der eine Winkel stets um ebensoviel zu klein als der andere zu groß wird, so ist es klar, daß die halbe Summe

$$\frac{z_l + z_r}{2}$$

die richtige, vom Indexfehler freie Zenitdistanz und ihre halbe Differenz

$$\frac{z_l - z_r}{2}$$

den Zenitpunkt selbst ergibt. Ist $z_l < z_r$, so wird der letzte Ausdruck negativ und ist dann von 360° zu subtrahieren.

Rein mechanisch wird also der Zenitpunkt erhalten, wenn man die direkten Kreisablesungen in den beiden Instrumentenlagen (also z_l und $360^0 - z_r$) mittelt und zu 180° addiert, also die Formel

$$\text{(A)}\quad \text{Zenitpunkt} = \frac{\text{Ablesung Kr. links} + \text{Ablesung Kr. rechts} + 360^0}{2}$$

anwendet.

Ist beispielsweise

$$\begin{aligned} \text{Ablesung Kr. links} &= \phantom{360^0 - {}} z_l = 77^0\,15'\,40'' \\ \text{Ablesung Kr. rechts} &= 360^0 - z_r = 282^0\,42'\,40'', \end{aligned}$$

so wird

$$\begin{aligned} &\text{die Zenitdistanz } z = 77^0\,16'\,30'' \\ \text{und}\quad &\text{der Zenitpunkt } = 359\;\;59\;\;10\;\;. \end{aligned}$$

Das betreffende Instrument erfordert somit in der einen Lage die Indexkorrektion + 50″, in der anderen — 50″. Man erkennt aber, daß **bei Benutzung beider Kreislagen zu der gleichen Messung der Zenitpunktfehler aus dem Mittelwert vollständig herausfällt,** ohne Rücksicht auf seine Größe.

Daß der Ermittelung des Zenitpunktes am Universal eine sorgfältige Nivellierung des Instruments vorauszugehen hat und dieser wiederum eine Prüfung bzw. Berichtigung der Reiterlibelle, ist selbstverständlich. Ebenso ist es notwendig, daß das Höhenkreisniveau vor den Ablesungen stets zum genauen Einspielen gebracht wird. Bei Höhenkreisen, an denen man 10″ und weniger ablesen kann, wird man sich nicht mit der einfachen Nivellierung der Nonien-Alhidade begnügen, sondern vor und nach der Kreisablesung beide Blasenenden notieren und die in Winkelwert übertragene Neigung des Nonienträgers an die gemessenen Winkel anbringen. Dasselbe gilt für Instrumente, bei denen das Höhenkreisniveau mit dem Nonienträger fest verbunden ist und keine genauere Einstellung zuläßt. Eine einmalige Feststellung des Sinnes der Niveaukorrektion (z. B.: Blasenmitte zu weit nach links — Kreisablesung zu groß; Blasenmitte zu weit nach rechts — Kreisablesung zu klein) wird über das Vorzeichen keinen Zweifel aufkommen lassen.

Kennt man übrigens den Winkelwert eines Libellenteils noch nicht, so bereitet es keine Schwierigkeiten, ihn mit Hilfe der Kreisteilung selbst zu bestimmen. Man klemme zu diesem Zweck die Horizontalachse des Instruments in einer beliebigen Fernrohrlage fest, bringe mit einer Fußschraube die Blase des zu untersuchenden Höhenkreisniveaus so weit nach links, daß ihre Stellung gerade noch abgelesen werden kann, und notiere die Lage der Blasenenden sowie die Stellung eines der beiden Kreisnonien. Mit Hilfe der Feinbewegung verschiebe man nunmehr die Blase möglichst weit nach rechts und lese wieder Blasenenden und Kreis ab. Der Wanderung der Blasenmitte von links nach rechts um n-Teilstriche entspricht dann eine Neigung der Alhidade, die der Differenz der beiden Kreisablesungen gleich ist. Zur ungefähren Orientierung wird der so erhaltene Teilwert wohl oft genügen; ist eine genauere Kenntnis des betreffenden Winkels erwünscht, so setzt man das Verfahren derart fort, daß man die Blase mit einer Fußschraube (also nicht mit der Feinbewegung) wieder nach links bringt, sie dann mit der Feinbewegung am Nonienträger wieder nach rechts führt usw. unter ständiger Notierung der extremen Blasenstellungen. Die Differenz der Anfangs- und Schlußablesung am Nonius entspricht dann einer bestimmten

Anzahl von Libellenteilen, um die die Blase von links nach rechts gewandert ist. Das jedesmalige Zurückholen der Blase mit einer Fußschraube ist dabei notwendig, um eine fortschreitende Verschiebung des Nonius an der Kreisteilung zu bewirken, und um durch Drehung der Feinbewegung in einem fortlaufenden Sinne den Einfluß eines etwaigen toten Ganges der Schraube unschädlich zu machen.

Bei der Reiterlibelle läßt sich der Teilwert zur Not auf demselben Wege ermitteln, indem man das Niveau an der Höhenkreisalhidade vorsichtig befestigt und das vorhin geschilderte Verfahren wiederholt. Das erzielte genäherte Resultat wird bei dem geringen Einfluß der Neigung der Horizontalachse auf die gemessenen Zenitdistanzen (vgl. S. 78) auf alle Fälle genügen.

Auf die Ablesepraxis der Libellen ist bereits früher des näheren hingewiesen worden. Es mag hier nur daran erinnert werden, daß man etwa noch übrigbleibende Fehler des Niveaus, im besonderen der Reiterlibelle, dadurch kompensieren kann, daß man die Ablesungen in umgekehrter Lage des Niveaus wiederholt. Die mittlere Abweichung der Blasenkuppe von der Röhrenmitte stellt dann, in Winkelwert übertragen, die Neigung i dar, die bei sonst fehlerfreiem Instrument die Ebene seines Höhenkreises mit dem Vertikalkreise am Himmel bildet. Es ist nun klar, daß bei horizontaler Drehung des ganzen unvollkommen nivellierten Instruments um 180^0 und Durchschlagen des Fernrohrs die Visierrichtung des letzteren in der Zenitdistanz nach der entgegengesetzten Richtung genau um den gleichen Betrag abweicht wie vorhin, so daß **bei der Beobachtung ein und desselben Objekts in beiden Kreislagen auch der Einfluß der Neigung des Instruments auf die Zenitdistanzen vollständig kompensiert wird.**

Die dritte vom Beobachter zu untersuchende Fehlerquelle beruht in dem sog. Kollimationsfehler c des Universals, also in der Abweichung der Absehnslinie des Fernrohrs von der Richtung der auf der horizontalen Achse errichteten Senkrechten. Während beim alleinigen Vorhandensein einer Instrumentalneigung die Visierrichtung des Fernrohrs immer noch einen größten Kreis an der Sphäre beschreibt, erfährt die Absehnslinie durch Hinzutreten eines Kollimationsfehlers noch eine konstante Abweichung nach links bzw. nach rechts, so daß die Fernrohrrichtung beim Drehen des Instruments um die horizontale Achse dann streng genommen am Himmel keinen größten Kreis mehr definiert.

Eine einfache terrestrische Methode zur Bestimmung des Kollimationsfehlers ergibt sich, wenn man ein möglichst weit entferntes Objekt scharf in beiden Kreislagen einstellt und dabei den Horizontalkreis an den Nonien abliest. Ist die anvisierte Marke so weit entfernt, daß bei exzentrischem Fernrohr die Länge der Achse des Instruments gegenüber dieser Distanz vernachlässigt werden kann (mindestens 10 km bei 10″ Ablesegenauigkeit), so müssen die beiden Stellungen des Kreises genau um 180° 0′ 0″ abweichen. Stellt sich ein Unterschied heraus, so ist dieser offenbar gleich dem doppelten Kollimationsfehler, und es ist nur noch zu entscheiden, ob das Objektiv- oder Okularende des Fernrohrs mit dem Westende der Achse einen Winkel > 90° bildet. Liegt der anvisierte Punkt in geringerer Entfernung, so werden bei fehlerfreiem Instrument (also ohne Kollimationsfehler) die Azimutablesungen a_r bei Kreis rechts und a_l bei Kreis links um den Winkel ζ von 180° abweichen, unter dem von der Marke aus die Achsenlänge des Instruments erscheint. Bezeichnet man die letztere mit e, die Entfernung dagegen mit E, so ist offenbar

$$\operatorname{tg}\frac{\zeta}{2} = \frac{e}{2E},$$

wofür man bei kleinem Winkel ζ nach (13) setzen kann:

$$\zeta = \frac{e}{E \sin 1''}.$$

Ist ein Kollimationsfehler c vorhanden, so wird offenbar diese Gleichung nicht erfüllt, sondern man wird zu setzen haben:

$$2c + \zeta = a_r - (180^0 + a_l),$$

d. h.

$$\text{(B)} \qquad c = \frac{1}{2}\left(a_r - 180^0 - a_l - \frac{e}{E \sin 1''}\right).$$

Von besonderer Wichtigkeit für das Beobachtungsverfahren ist wieder die Feststellung, daß **bei Benutzung des Instruments in beiden Lagen auch der Kollimationsfehler auf das Resultat unwirksam bleibt.**

12. Berücksichtigung der Instrumentalfehler am Universal

Es ist soeben der Nachweis geführt worden, daß ein mechanisch einwandfreies Universal, dessen Fehler nicht näher untersucht sind, völlig zuverlässige Beobachtungen ermöglicht, wenn diese in beiden Kreislagen ausgeführt und die Resultate gemittelt werden. Daraus geht andererseits hervor, daß Beobachtungen in nur einer Kreislage ohne Kenntnis der Instrumentalfehler unkontrollierbar sind und daher von der weiteren Verwertung ausgeschlossen werden müssen. Bei Gebrauch kleinerer Universale wird man sich in den meisten Fällen auf eine sorgfältige Ermittelung des Indexfehlers beschränken und die beiden anderen Fehler durch Doppelbeobachtungen in der Kreislage links und rechts eliminieren. Ob man dabei sofort die beiden Kreis- und die zugehörigen Uhrablesungen mittelt oder die Resultate getrennt für beide Kreislagen ableitet, wäre bei zeitlich nahestehenden Messungen im Grunde genommen gleichgültig. Das letztere Verfahren ist vorzuziehen (siehe Beispielsammlung), schon deshalb, weil man dann keine Gefahr läuft, durch eine fehlerhafte Beobachtung auch das Resultat der anderen zu verderben.

Angesichts der Möglichkeit, die Ergebnisse der Messungen ohne besondere Mühe frei von Index-, Neigungs- und Kollimationsfehlern zu erhalten, haben die folgenden Erörterungen, in denen der Einfluß dieser Fehler auf die Ablesungen der Kreise näher untersucht wird, für transportable Instrumente kleinerer Dimensionen fast nur noch insofern Interesse, als sie über die für die Messungen günstigste Lage der Gestirne Auskunft geben.

Daß der Zenitpunkts- oder Indexfehler des Höhenkreises nur die Zenitdistanzen beeinflußt und in diese voll eingeht, bedarf kaum einer besonderen Erwähnung. Für Neigung und Kollimation, die, abgesehen von besonderen Spezialfällen, nicht im Sinne einer Kreisteilung wirksam sind, muß dagegen das Abhängigkeitsverhältnis zwischen Fehler und Kreisablesung erst abgeleitet werden.

Lediglich aus Rücksicht auf eine spätere Betrachtung ähnlicher Art soll zunächst angenommen werden, daß das Fernrohr des Universals nach dem Meridian gerichtet ist. Ist das Instrument völlig fehlerfrei, so wird in dieser Lage (Fig. 35) die vertikale Achse genau nach dem Zenit Z des Ortes hinweisen, die horizontale Achse wird genau in die Richtung Ost-West (OW) fallen, und alle das Fadenkreuz passierenden Sterne werden vom Punkte W den Abstand 90° haben. Hat das Instrument jedoch eine merkliche Neigung i und einen Kollimationsfehler c, so gestalten sich die Verhältnisse anders. Wir wollen annehmen, daß das Westende der Achse, das gleichzeitig das Kreisende sein möge, um den Winkel i zu hoch steht, ferner, daß das Objektivende des Fernrohrs mit der Westhälfte der horizontalen Achse den Winkel $90^0 + c$ bildet. Beide Fehlerquellen verschieben die Blickrichtung nach Osten und sollen für diesen Fall als positiv angenommen werden. Die Achse weist jetzt nicht mehr nach W, sondern nach einem Punkte W' oberhalb von W hin, und beim Anvisieren eines Gestirns G umfaßt der Bogen GW' nicht mehr genau 90°, sondern $90^0 + c$.

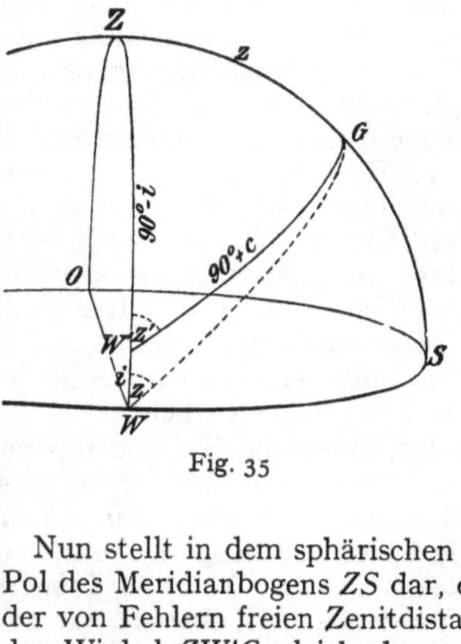

Fig. 35

Nun stellt in dem sphärischen Dreieck ZWG der Punkt W den Pol des Meridianbogens ZS dar, der Winkel ZWG ist somit gleich der von Fehlern freien Zenitdistanz z. Aus demselben Grunde ist der Winkel $ZW'G$ gleich der mit Neigungs- und Kollimationsfehler behafteten Zenitdistanz z'. Die gesuchten Beziehungen zwischen der abgelesenen, nur vom Zenitpunktfehler befreiten Zenitdistanz z' und der gesuchten z ergeben sich aus dem Dreieck $ZW'G$. Nach (3) ist nämlich

$$\cos z = -\sin i \sin c + \cos i \cos c \cos z'$$

oder, was dasselbe ist,

$$\cos z' - \cos z = \cos z' - \cos i \cos c \cos z' + \sin i \sin c$$

bzw. nach (11)

$$2 \sin \frac{z + z'}{2} \sin \frac{z - z'}{2} = \cos z' \, (1 - \cos i \cos c) + \sin i \sin c \, .$$

Nach dem Satze (10) ist aber

$$\begin{aligned} 1 - \cos i \cos c &= 1 - \left[\left(1 - 2 \sin^2 \frac{i}{2}\right)\left(1 - 2 \sin^2 \frac{c}{2}\right)\right] \\ &= 2 \sin^2 \frac{i}{2} + 2 \sin^2 \frac{c}{2} - 4 \sin^2 \frac{i}{2} \sin^2 \frac{c}{2} \, . \end{aligned}$$

Das Glied vierter Ordnung

$$4 \sin^2 \frac{i}{2} \sin^2 \frac{c}{2}$$

ist praktisch gleich Null, kann somit ohne weiteres vernachlässigt werden. Ferner darf man näherungsweise annehmen

$$\frac{z + z'}{2} = z \, ,$$

$$\cos z' = \cos z$$

und $\sin i$, $\sin c$ sowie $\sin (z - z')$ nach (13) proportional den betreffenden kleinen Winkeln setzen. Man erhält dann

$$(z - z') \sin z \sin 1'' = \frac{\cos z \sin^2 1''}{2} (i^2 + c^2) + i \, c \sin^2 1''$$

und schließlich

$$\text{(C)} \qquad \boldsymbol{z - z' = \frac{i^2 + c^2}{2} \operatorname{cotg} z \sin 1'' + ic \operatorname{cosec} z \sin 1''.}$$

Dieser letzte Ausdruck stellt die Verbesserung der Zenitdistanz z' infolge des Einflusses von Neigungs- und Kollimationsfehler dar. Addiert man ihn zu der gemessenen Zenitdistanz z', so erhält man den berichtigten Wert z. Daß man für z auf der rechten Seite der Gleichung die direkt gemessene Zenitdistanz z' setzen kann, ist angesichts der Kleinheit von $z - z'$ bei ausnivellierten Instrumenten ohne weiteres klar. Man überzeugt sich übrigens leicht davon, daß $(z - z')$ erst in unmittelbarer Nähe des Zenits merkliche Beträge annehmen kann, also dort, wo man mit gewöhnlichen Universalinstrumenten kaum je Messungen zum Zwecke der Zeit- und Ortsbestimmung ausführen wird.

Daß übrigens auch da erst sehr große Beträge von i und c die Resultate verfälschen, ersieht man am besten, wenn man für eine kleine Zenitdistanz, z. B. $z = 1^0$, unter Annahme bestimmter Werte von i und c die Korrektion $z - z'$ ausrechnet:

$z = 1^0$

i	c	$z - z'$
1′	1′	2″
2	2	8
3	3	18
4	4	32

Da man für die ersten 10^0 oder 20^0 Zenitdistanz für den vorliegenden Zweck annehmen kann, daß die Cotangente und die Cosekante in demselben Maße abnehmen wie die Winkel wachsen, so ersieht man, daß beispielsweise schon für 10^0 Zenitdistanz, selbst eine Neigung von 3′ und ein ebenso großer Kollimationsfehler die Ablesungen am Höhenkreise noch nicht um 2″ verfälschen. Für die Zuverlässigkeit der Zenitdistanzmessungen am Universalinstrument ist damit die beste Gewähr gegeben.

Um nunmehr auch den Einfluß von i und c auf Azimutmessungen kennenzulernen, sollen die beiden Fehlerquellen einzeln betrachtet und zunächst $c = 0$ angenommen werden. Steht wieder das Westende der Achse um den Winkel i zu hoch, so wird, wenn man, wie bisher, von der Meridianstellung des Instruments ausgeht (Fig. 36), die Visierrichtung einen Bogen SZ' beschreiben, der östlich vom Meridian SZ verläuft und gegen diesen die Neigung i hat. Ist G wieder ein im Fadenkreuz eingestelltes Gestirn, so führt der Bogen $Z'G$ auf ein zu großes Azimut ($a' > a$); in dem Dreieck ZGS ist somit der Winkel $GZS = a' - a$. Setzt man nun

$$ZG = Z'G,$$

so erhält man für die gesuchte, von i abhängige Korrektion nach (4):

$$\sin(a - a') = -\sin i \operatorname{cotg} z$$

und weiter nach (13):

$$a - a' = -i \operatorname{cotg} z.$$

Wird umgekehrt $i = 0$ gesetzt und c als merklich groß angenommen, so beschreibt die Visierrichtung (Fig. 37) östlich von ZS den kleinen Kreis $Z'S'$, der aber dem Meridian ZS parallel verläuft. Fällt man nun von G aus das sphärische Perpendikel GL auf den Meridian und verbindet G mit Z, so ist wieder $a' > a$

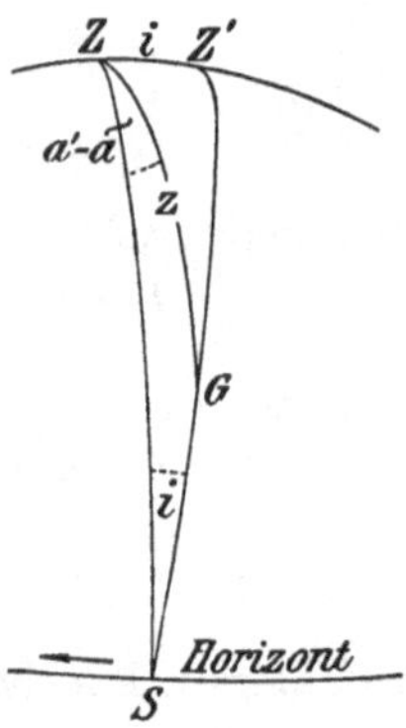

Fig. 36

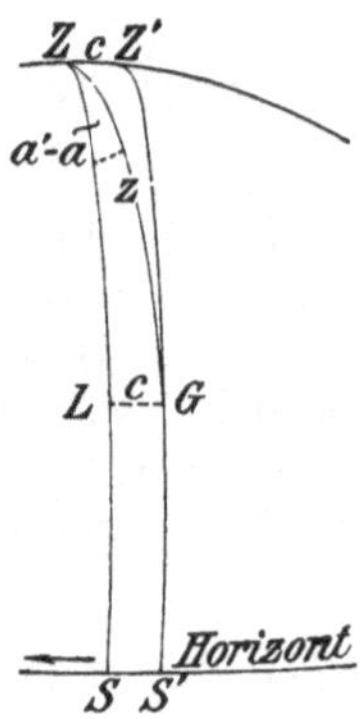

Fig. 37

und $\sphericalangle GZL = a' - a$. Man erhält somit den Einfluß des Kollimationsfehlers aus dem sphärischen Dreieck ZLG ähnlich wie oben nach

$$\sin (a - a') = - \sin c \operatorname{cosec} z$$

$$a - a' = - c \operatorname{cosec} z.$$

Vereinigt man die beiden Fehlerquellen zu einem gemeinsamen Ausdruck, so wird schließlich:

$$\text{(D)} \qquad \boldsymbol{a - a' = \mp (i \operatorname{cotg} z + c \operatorname{cosec} z)} \left(\frac{\text{Kreis rechts}}{\text{Kreis links}}\right).$$

Gegenüber der Einwirkung auf die Zenitdistanzen wird der Einfluß von i und c auf die Azimute bei Sternen unweit des Zenits sehr groß. Die Abhängigkeitstabelle, die vorhin für $z - z'$ aufgestellt wurde, lautet für die Azimutkorrektion $a - a'$ bei $z = 1^0$ wie folgt:

$z = 1^0$

i	c	$a - a'$
1′	1′	$1^0.9$
2	2	3 .8
3	3	5 .7
4	4	7 .6

d. h. die Azimute von zenitnahen Sternen werden durch die Instrumentalfehler derartig verfälscht, daß die Ergebnisse selbst für einfache terrestrische Zwecke völlig unbrauchbar werden. Je weiter man sich vom Zenit entfernt, desto kleiner werden die Koeffizienten von i und c, bis sie am Horizonte die Grenzwerte 0 bzw. 1 erreichen. Für $z = 90^0$ wird dann

$$a - a' = c,$$

woraus hervorgeht, daß der Kollimationsfehler auch im günstigsten Falle mindestens mit seinem vollen Betrage in die Azimutmessungen eingeht. Durch Beobachtung in beiden Kreislagen kann er wieder eliminiert werden, doch dürfte es nach dem Obigen klar sein, daß bei größerer Höhenlage der Visierlinie zuverlässige horizontale Winkel nur bei genauer Kenntnis der Instrumentalfehler zu erzielen sind. Schon aus diesem Grunde beschränken sich alle Azimutmessungen, mögen sie astronomische, geodätische oder nautische Aufgaben betreffen, auf Beobachtungen in der Nähe des Horizontes.

Zur Technik der Sterneinstellungen am Universal, die erfahrungsgemäß dem Anfänger Schwierigkeiten bereitet, sei bemerkt, daß zur Fixierung der Richtung am Fernrohr Visier und Korn angebracht sind (Fig. 32), die das angepeilte Objekt zunächst grob einzustellen gestatten. Hat man sich davon überzeugt, daß der richtige Stern im Gesichtsfelde steht, so erleuchtet man ein wenig das Feld und stellt ihn mit der Feinbewegung derart ein, daß das Fadenkreuz der scheinbaren Bewegung voraus ist, d. h., daß der Stern unterhalb des Horizontalfadens steht, wenn er im Gesichtsfeld steigt, und oberhalb, wenn er von oben nach unten läuft. Da bei richtiger Fadenstellung nicht nur der Kreuzungspunkt, sondern der ganze horizontale Faden eine bestimmte Zenitdistanz definiert, so braucht der Durchgang in diesem Falle nicht genau durch die Mitte des Gesichtsfeldes zu erfolgen. Man wird jedoch der Sicherheit halber den Stern dem eigentlichen Fadenkreuz möglichst nahebringen.

Zum Schluß mögen noch einmal die Punkte zusammengefaßt werden, die der Beobachter vor und während der Benutzung des Universals, des allgemeinsten Instruments für Ortsbestimmungsaufgaben, zu beachten hat:

1. Die Reiterlibelle ist zu prüfen und eventuell zu korrigieren, bis sie in beiden Lagen die gleiche Neigung der horizontalen Achse anzeigt.
2. Das Instrument ist vor jeder Benutzung sorgfältig zu nivellieren.
3. Die Orientierung des Fadenkreuzes bzw. der Fadenplatte auf horizontale und senkrechte Stellung der Fäden ist zu kontrollieren.
4. Alle Ablesungen des Höhenkreises sind auf die horizontale Lage des Nonienträgers zu beziehen.
5. Die Lage des Zenitpunktes am Höhenkreise ist des öfteren zu bestimmen.
6. Sämtliche Beobachtungen sind symmetrisch in beiden Kreislagen auszuführen, der Sicherheit halber auch dann, wenn die Instrumentalfehler bekannt sind und in Rechnung gezogen werden können.

13. Das Durchgangs- oder Passageninstrument

Abgesehen vom Universalinstrument, das die Beobachtung von horizontalen und vertikalen Winkeln im Bereiche der ganzen sichtbaren Himmelshalbkugel gestattet, verwendet man in der astronomisch-geodätischen Praxis noch Meßgeräte, die im wesentlichen auf demselben Prinzip beruhen, aber entsprechend ihren speziellen Aufgaben nur in einem bestimmten Vertikal benutzt werden. Von Interesse für die allgemeineren Zwecke der geographischen Ortsbestimmung ist hiervon nur das Passagen- oder Durchgangsinstrument, das zu Beobachtungen im Meridian benutzt wird und dort am Platze ist, wo bei längerem Aufenthalt auf einer Station genaueste Zeitbestimmungen, z. B. zur Bestimmung der geographischen Länge des Beobachtungsortes, erwünscht sind. Auf Sternwarten ist das Passageninstrument infolge der Einfachheit seiner Theorie und der hohen Genauigkeit der mit ihm erlangten Zeitwerte nach und nach unentbehrlich geworden, und der reinen astronomischen Forschung hat es in der Form des Meridiankreises im Laufe der Zeit unschätzbare Dienste geleistet.

Schon bei der Erläuterung der Bestimmungsstücke des Poldreiecks ist auf die überaus einfachen Beziehungen zwischen der Ortssternzeit und der Rektaszension der kulminierenden Gestirne hingewiesen worden. Ein Instrument, das derartig aufgestellt ist, daß es die Beobachtung des Meridiandurchganges der Gestirne gestattet, gewährt somit im Prinzip die Möglichkeit, ohne nennenswerte Rechnung die Sternzeit und damit auch die Ortszeit zu bestimmen.

Ein nach dem Meridian gerichtetes und in der Horizontalbewegung geklemmtes Universalinstrument stellt bereits ein Durchgangsinstrument dar und könnte dementsprechend auch als solches Verwendung finden. Für den speziellen Gebrauch zu Zeitbestimmungen im Meridian hat jedoch das Universal noch zu viel unnötiges Beiwerk. Der Horizontalkreis kann vollständig entbehrt werden und an Stelle des Höhenkreises mit genauer Teilung ein kleiner Orientierungskreis treten, der dem Beobachter nur die Möglichkeit bieten soll, die Kulminationshöhe eines bestimmten Sternes schon vor dessen Durchgang einzustellen und das Überschreiten des Mittelfadens im Gesichtsfelde des Fernrohrs in Ruhe abzuwarten (Fig. 38). Somit bleibt beim Durchgangsinstrument von dem Universal nur ein festes, in der Regel sehr massiv gehaltenes Lagersystem mit einem um eine horizontale Achse drehbaren Fernrohr übrig. Aus später zu besprechenden Gründen ist für die Möglichkeit eines leichten Umlegens der Achse in ihren Lagern Sorge getragen. Zur Nivellierung, die hier nur in der Ostwest-Richtung zu erfolgen braucht, dienen, wie beim Universal, die Fußschrauben und ein Achsenniveau, das nur, dem vorliegenden Zweck entsprechend, empfindlicher gehalten ist.

Die ältere, durch Fig. 38 gekennzeichnete Form der Durchgangsinstrumente, die auch bei Verwendung von Zenitprismen vor dem Okular in größeren Höhen eine sehr unbequeme Augenlage des Beobachters mit sich bringt, ist nur noch selten in Gebrauch. Man pflegt gegenwärtig die optische Anordnung gebrochen auszuführen, d. h. die Okularhälfte des Fernrohrs fortzulassen, die Lichtstrahlen durch ein total reflektierendes Prisma in die Achsenrichtung zu leiten und hier Fadennetz und Okular anzubringen. Auch die ganze Achse wird zuweilen als Beobachtungsfernrohr ausgebildet, wobei das Objektiv am Kreisende mit Hilfe eines davorgeschalteten Prismas den horizontalen Strahlengang vermittelt.

Fig. 38. Kleines Durchgangsinstrument (Otto Fennel Söhne-Cassel)

Das Durchgangsinstrument soll, wenn möglich, auf einem festen, gemauerten Backsteinpfeiler, mindestens aber auf einem kräftigen, in den Boden eingelassenen Holzbock, auf einem Baumstumpf oder dergleichen aufgestellt werden. Eine vorläufige Orientierung nach dem Ortsmeridian wird man selbst ohne Kenntnis der genaueren Zeit mit Hilfe eines Kompasses, des Polarsterns oder auf anderem Wege leicht erzielen und sich die Kenntnis der schließlichen Abweichung des Instruments von der Nord-Süd-Richtung durch entsprechend angeordnete Beobachtungen von Sterndurchgängen (S. 92) verschaffen.

Die Verwendbarkeit des Durchgangsinstruments wäre zu eng begrenzt, wollte man bei jedem Stern sich lediglich auf die Beobachtung seines Antrittes an den Mittelfaden beschränken. Man nutzt vielmehr nach Möglichkeit einen größeren Teil des Fernrohrgesichtsfeldes für die Beobachtungen aus, indem man links und rechts vom Mittelfaden noch eine Anzahl meist symmetrisch angeordneter senkrechter Fäden anbringt und die Antritte eines Sterns an diese gleichfalls notiert und mitberücksichtigt. Kennt man einmal den Abstand dieser Seitenfäden vom Mittelfaden, so ist es leicht, alle Antritte auf diesen zu reduzieren und damit die Beobachtungsgenauigkeit des Durchgangsmomentes eines Sterns durch den Meridian wesentlich zu erhöhen. Andererseits ist man imstande, einen Durchgang, den man wegen eintretender Bewölkung u.dgl. nicht mehr am Mittelfaden erhalten hat, zu verwerten, was besonders bei polnahen Sternen, die sich sehr langsam bewegen, von Wert ist.

Zur Ermittelung der Fadendistanzen in Zeitsekunden geben die Durchgänge selbst ein Mittel an die Hand. Man brauchte z. B. nur eine Reihe von helleren Sternen mehrmals im Meridian zu beobachten, um für diese dann ein für allemal die gewünschten Fadendistanzen zu erhalten. In Wirklichkeit verfährt man so, daß man an einem ruhigen, klaren Abend eine größere Reihe polnaher, also langsam durchgehender Sterne die Fäden passieren läßt und die Durchgänge dann sämtlich auf den größten Kreis, d. h. auf den Äquator reduziert.

Ist F ein zwischen dem Mittel- und einem anderen Faden gelegenes Stück der scheinbaren Bahn eines Sterns am Himmelsäquator, ausgedrückt in Zeitsekunden, f der entsprechende Bogen eines Parallelkreises von der Deklination δ, so ist streng

$$\sin F = \sin f \cos \delta .$$

Nun umfaßt das Bogenelement f auch bei recht großen Fadenabständen stets nur einen so kleinen Teil der scheinbaren Bahn eines Sterns, daß man bis zu einem Äquatorabstand von etwa 80^0 den im Gesichtsfelde beschriebenen Bogen als geradlinig annehmen, ihn somit seiner Sehne gleichsetzen darf. Die Formeln zur Reduktion der Fadenintervalle auf den Äquator lauten somit:

$$F = f \cos \delta \qquad (\text{für } \delta = 0^0 \text{ bis } 80^0)$$

$$\sin F = \sin f \cos \delta \qquad (\text{für } \delta = 80^0 \text{ bis } 90^0).$$

Sind einmal aus einer größeren Reihe von Sterndurchgängen die äquatorialen Fadendistanzen F festgelegt, so ergibt sich umgekehrt für jeden Stern von der Deklination δ der zugehörige Fadenabstand f aus

$$f = F \sec \delta \tag{A}$$

bzw. von 80⁰ an aus

$$\sin f = \sin F \sec \delta\,. \tag{A'}$$

Soll ein Durchgangisnstrument mehrere Jahre hindurch zu Zeitbestimmungen auf einer festen Station dienen, so ist es zweckmäßig, für die 40 bis 50 helleren Sterne der ersten beiden Größenklassen, die in mittleren Breiten für diesen Zweck in Frage kommen, zur Abkürzung der an sich schon sehr einfachen Rechnung je eine Fadendistanztafel anzulegen, der man noch die für die gegebene Breite und Deklination gültigen Instrumentalkonstanten (S. 89f.) beifügen wird.

14. Berücksichtigung der Instrumentalfehler am Passageninstrument

Ist das Passageninstrument als solches sowie seine Aufstellung fehlerfrei, so muß offenbar die horizontale Achse genau in die Richtung Ost-West fallen, die Blickrichtung des Fernrohrs muß genau senkrecht zur horizontalen Achse liegen, und es muß der von der Visierrichtung beschriebene Kreis das Azimut Null haben. Diese Bedingungen werden nie streng erfüllt sein; man wird notgedrungen auch hier mit Fehlern zu rechnen haben, die sich als N e i g u n g s-, K o l l i m a t i o n s- und A z i m u t f e h l e r zusammenfassen lassen. Ihr Einfluß auf die Beobachtung der Sterndurchgänge soll zunächst untersucht werden.

Bezeichnet man wieder mit α die Rektaszension des kulminierenden Gestirns, mit ϑ' die Angabe einer Sternzeituhr und mit $\Delta\vartheta$ den gesuchten Uhrstand, so wird für den Idealfall

$$\Delta\vartheta = \alpha - \vartheta',$$

während beim Vorhandensein der obigen Instrumentalfehler, die nacheinander mit i, c, k bezeichnet werden sollen, die Beobachtung strenggenommen nicht im Meridian, sondern in einem Stundenwinkel τ erfolgt, der von i, c und k abhängig ist.

Es soll zunächst im Interesse einer klareren Darstellung vorausgesetzt werden, daß die Instrumentalfehler, die natürlich nur klein sein dürfen, bereits numerisch vorliegen. Nach der früheren Vereinbarung (vgl. S. 76) sollen i, c, k positiv gerechnet werden, wenn das Westende der Achse zu hoch steht, der Winkel, den das Objektivende des Fernrohrs mit dem Westende der Achse bildet, größer als 90^0 ist, und wenn bei Abwesenheit von c und i die Horizontalachse derartig von der Ostwest-Richtung abweicht, daß der von der Visierlinie des Fernrohrs beschriebene Kreis den Horizont östlich vom Südpunkte trifft. Auf Grund dieser Voraussetzungen verschieben die positiven Fehler i, c, k bei Sternen südlich vom Zenit die Visierrichtung ohne Ausnahme nach Osten, d. h. entgegen der täglichen Bewegung der Gestirne. Dadurch gewinnt man den Vorteil, daß später, beim Übergange von dem Instrumental- auf den wahren Meridian, die Vorzeichen von i, c, k unmittelbar auch die Vorzeichen der an die meisten Sterndurchgänge anzubringenden Verbesserungen ergeben. Zur Vermeidung von Mißverständnissen bezüglich der Achsenlage sei noch verabredet, daß in der Ausgangsstellung des Instruments der Einstellkreis sich im Westen befinden soll.

Wir bezeichnen wieder (Fig. 39) mit Z das Zenit, mit P den Pol, mit W' die wegen der Neigung i und des Azimutfehlers k vom Westpunkte W ein wenig abweichende Stelle des Himmels, nach der das Westende der Instrumentalachse gerichtet ist. Da der eine dieser Fehler in vertikalem, der andere in horizontalem Sinne wirkt, liegt W' nicht unmittelbar über W, sondern ein wenig, und zwar um den Azimutfehler k, in der Richtung nach dem Südpunkte S zu verschoben. Verbindet man W' mit P und Z

durch größte Kreise, so erhält man ein Poldreieck, in dem zwei Seiten, ZW' und PW', und zwei Winkel, PZW' und ZPW', von 90^0 nur wenig abweichen: die Zenitdistanz von W' ist $= 90^0 - i$ und die Poldistanz desselben Punktes $90^0 - n$, wenn man mit n die Deklination von W' bezeichnet. Der Winkel bei Z ist entsprechend den bisherigen Definitionen $= 90^0 + k$ und der Stun-

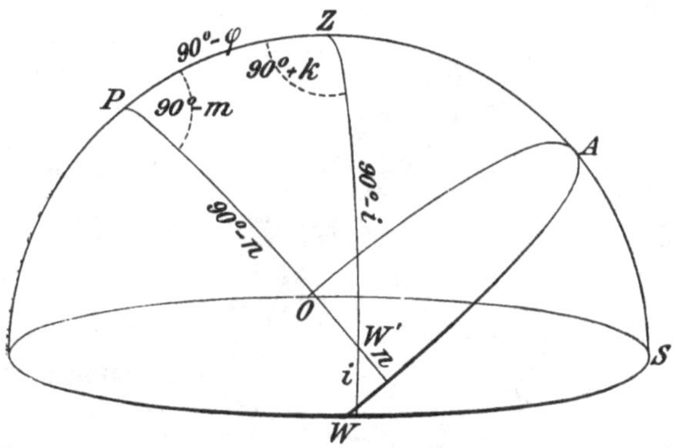

Fig. 39

denwinkel bei P um eine kleine Größe m kleiner als 90^0. Der Polabstand PZ des Zenits ist, wie bisher $= 90^0 - \varphi$.

Es erscheint zunächst zweckmäßig, die als bekannt vorausgesetzten, im Horizontalsystem wirkenden Fehler i und k auf das Äquatorialsystem zu übertragen, d. h. die Beziehungen von n und m zu i und k festzustellen. Zu diesem Zweck wenden wir die sphärischen Sätze (3) und (5) auf die Seite PW' an und erhalten:

$$\sin n = \sin i \sin \varphi - \cos i \cos \varphi \sin k$$
$$\cos n \sin m = \sin i \cos \varphi + \cos i \sin \varphi \sin k.$$

Da es sich bei einem nahezu richtig aufgestellten Instrument in beiden Gleichungen, abgesehen von φ, lediglich um kleine Winkel handelt, so dürfen nach (13) die Sinusfunktionen von n, m, i und k proportional den Winkeln und die Cosinusfunktionen gleich 1 gesetzt werden. Man kann somit die gesuchten Beziehungen einfacher und doch mit ausreichender Genauigkeit durch

$$n = i \sin \varphi - k \cos \varphi$$

$$m = i \cos \varphi + k \sin \varphi$$

ausdrücken.

Um auch noch den Kollimationsfehler c einzuführen, sei angenommen (Fig. 40), daß ein Gestirn G gerade den Instrumentalmeridian PG in oberer Kulmination passiert. Verbindet man wieder G mit P und W', so wird

$$PW' = 90^0 - n$$

$$PG = 90^0 - \delta$$

$$W'G = 90^0 + c.$$

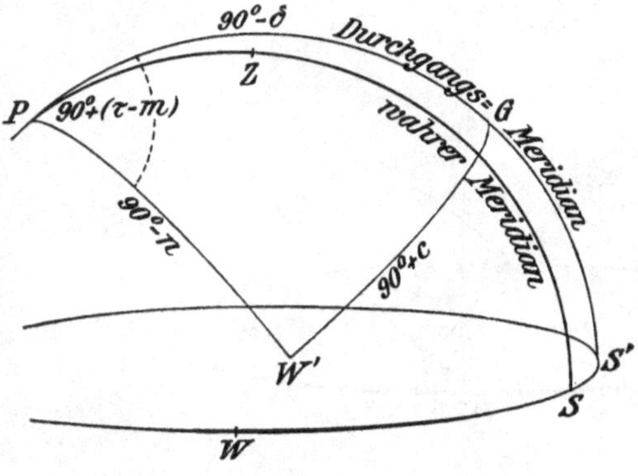

Fig. 40

Zu beachten ist dabei, daß der Stundenkreis PG der Blickrichtung mit dem Meridian PZS nicht genau zusammenfällt sondern um den gesuchten Winkel τ von diesem nach Osten zu abweicht. Der Winkel bei P ist somit $90^0 - m + \tau$, und das Dreieck PGW' bietet jetzt die Möglichkeit, τ durch die Instrumentalfehler n, m, c und weiterhin durch i, k und c auszudrücken. Durch Anwendung von Satz (3) auf GW' erhält man nämlich

$$-\sin c = \sin \delta \sin n - \cos \delta \cos n \sin (\tau - m)$$

oder
$$c = -n \sin \delta + (\tau - m) \cos \delta,$$

d. h.
$$\tau = m + n \operatorname{tg} \delta + c \sec \delta.$$

Setzt man für m und n die vorhin gefundenen Ausdrücke ein so wird

$$\tau = + i (\cos \varphi + \sin \varphi \operatorname{tg} \delta) + k (\sin \varphi - \cos \varphi \operatorname{tg} \delta) + c \sec \delta$$

Multipliziert man beide Seiten der Gleichung mit $\frac{\cos\delta}{\cos\delta}$, so erhält man definitiv

$$\tau = i\frac{\cos(\varphi - \delta)}{\cos\delta} + k\frac{\sin(\varphi - \delta)}{\cos\delta} + c\sec\delta.$$

Dieser einfache Ausdruck, die sog. Mayersche Reduktion auf den Meridian (Tobias Mayer, † 1762), ermöglicht es, aus den numerischen Werten der Instrumentalfehler den Winkel zu bestimmen, um den ein Sterndurchgang zu früh (τ positiv) oder zu spät (τ negativ) beobachtet worden ist. Um die Korrektion gleich in Zeit zu erhalten, ist es nur nötig, i, k und c von vornherein durch 15 zu dividieren, d. h. in Zeitsekunden anzusetzen.

Eine einfache Überlegung zeigt, daß die für τ aufgestellte Formel zunächst nur für die obere Kulmination der Gestirne und für die vorausgesetzte Achsenlage (Kreis West) des Instruments gilt. Legt man das Fernrohr in den Lagern um (Kreis Ost), so bleibt bei absoluter Gleichheit der Achsenzapfen offenbar der Einfluß der Fehler i und k ungeändert, da dieselben gewissermaßen dem in ursprünglicher Stellung verbliebenen Lagersystem anhaften. Dagegen bildet jetzt das Ostende der Achse mit dem Objektivende des Fernrohrs den Winkel $90^0 + c$, es wird somit eine Verschiebung der Blickrichtung nach Westen, also in der Bewegungsrichtung der Gestirne, hervorgerufen. Das Vorzeichen von c kehrt sich um, man erhält also unter Berücksichtigung dieses Umstandes als vollständigen Ausdruck zur Ableitung der Uhrkorrektion für

die obere Kulmination:

$$\Delta\vartheta = \alpha - \left(\vartheta' + i\frac{\cos(\varphi - \delta)}{\cos\delta} + k\frac{\sin(\varphi - \delta)}{\cos\delta} \pm c\sec\delta\right)\text{Kr.}\frac{\text{West}}{\text{Ost}}.$$

Für den Fall der unteren Kulmination ist zu beachten, daß in der Kreislage West ein positiver Fehler c die Absehnslinie des Fernrohrs nicht wie bei der oberen Kulmination gegen, sondern mit der Drehungsrichtung der Sphäre verschiebt. Für die untere Kulmination ist also gerade umgekehrt die Korrektion τ dann positiv, wenn die Visirrichtung des Fernrohrs zu weit nach Westen abweicht, nach der bisherigen Verabredung somit c

negativ ist. In dem Dreieck PGW' (Fig. 41) wird jetzt der Winkel bei $P = 90^0 + (m - \tau)$ und dementsprechend

$$c = -n \sin\delta + (m - \tau)\cos\delta$$

d. h.
$$\tau = i\,\frac{\cos(\varphi + \delta)}{\cos\delta} + k\,\frac{\sin(\varphi + \delta)}{\cos\delta} - c\sec\delta,$$

also der Ausdruck für die Uhrkorrektion bei Kreis West bzw. Ost

in unterer Kulmination:

$$\Delta\vartheta = \alpha + 12^h - \left(\vartheta' + i\,\frac{\cos(\varphi + \delta)}{\cos\delta} + k\,\frac{\sin(\varphi + \delta)}{\cos\delta} \mp c\sec\delta\right).$$

Vergegenwärtigt man sich, daß in der für die obere Kulmination, also für den häufigsten Fall abgeleiteten Formel der Winkel $\varphi - \delta$ die Meridianzenitdistanz des beobachteten Sterns darstellt, so erkennt man leicht, daß die Koeffizienten von i und k in bestimmten Fällen Null werden. Ist nämlich ein Stern in der Nähe des Horizontes beobachtet, so wird die Äquatorhöhe $90 - \varphi = -\delta$

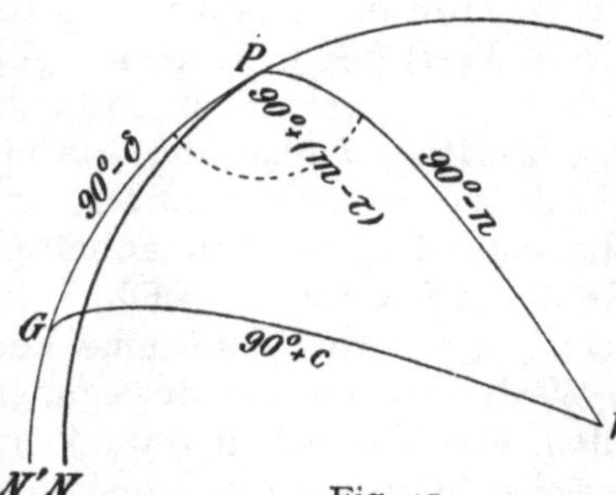

Fig. 41

somit
$$i\,\frac{\cos(\varphi - \delta)}{\cos\delta} = 0.$$

Im Zenit dagegen ist $\varphi = \delta$, somit

$$k\,\frac{\sin(\varphi - \delta)}{\cos\delta} = 0.$$

Der Koeffizient $\sec\delta$ von c ist dagegen im günstigsten Falle, und zwar bei Äquatorsternen, gleich 1, d. h. der Fehler c geht bei allen Beobachtungen mindestens mit seinem vollen Betrage in das Resultat ein. Außerdem lassen die Koeffizienten erkennen, daß wegen des gemeinsamen Faktors $\sec\delta$ der Einfluß eines jeden der drei Fehler bei $\delta = 90^0$, also am Pol, unendlich groß wird.

Es folgt aus diesen Betrachtungen, daß man bei der Auswahl der Sterne zu genauen Zeitbestimmungen nicht willkürlich über den ganzen Meridian verfügt, sondern in dieser Beziehung seine Anordnungen schon vorher, je nach der Zuverlässigkeit der Zahlenwerte i, c und k, treffen muß. Je weniger die Hauptfehlerquelle, die horizontale Abweichung k der Blickrichtung vom Meridian, gesichert ist, desto näher muß man an das Zenit, je unsicherer die Neigung i, desto näher an den Horizont und, je unsicherer c, desto näher an den Himmelsäquator herangehen.

Was nun die Bestimmung der Instrumentalfehler i, c, k anbetrifft, so wird die **Neigung i** genau wie beim Universal mit Hilfe des Achsenniveaus festgestellt. Ist also die Libelle von der Mitte aus nach links und rechts geteilt, so braucht man bei bekanntem Teilwert nur die beiden Blasenenden zu notieren, die Ablesung nach Umsetzen des Niveaus zu wiederholen, die östlichen Blasenstellungen negativ, die westlichen positiv zu setzen und das arithmetische Mittel zu bilden. Dieser Mittelwert der vier Libellenablesungen in beiden Lagen der Achsenlibelle multipliziert mit dem in Zeitsekunden ausgedrückten Winkelwert eines Libellenteils ergibt direkt die Neigung i mit dem richtigen Vorzeichen.

Zur Ermittelung des **Kollimationsfehlers c** beobachtet man einen polnahen Stern, am besten den Polarstern selbst, in der Kulminationsstellung so, daß man ihn an einigen Fäden in der einen Lage durchgehen läßt, das Instrument dann umlegt und den Rest der Fadenantritte in der anderen Lage notiert. Reduziert man beide Gruppen auf den Mittelfaden und korrigiert die Zeiten wegen eventueller Neigungsänderung, so müssen offenbar bei vollkommener Kollimation beide Durchgangsmomente gleich sein. Sind sie voneinander verschieden, und ist ϑ'_o die Zeit des oberen Durchgangs bei Kreis Ost, ϑ'_w diejenige bei Kreis West, so ist der gesuchte Kollimationsfehler gleich ihrer halben, auf den Äquator reduzierten Differenz, d. h.

$$c = \frac{\vartheta'_o - \vartheta'_w}{2} \cos \delta . \tag{B}$$

Da der Ausdruck ein positives c voraussetzt, wenn ϑ'_o zu groß und ϑ'_w zu klein ist, so erhält man den Kollimationsfehler hier bereits mit dem richtigen Vorzeichen.

Etwas umständlicher gestaltet sich die Ableitung des **Azimutfehlers *k***, d. h. der Abweichung des Instrumentalmeridians von der wahren Mittagslinie am Himmel bzw. der Achsenrichtung des Instruments von der Verbindungslinie Ost-West. Während die Neigung sehr rasch, fast im Handumdrehen bestimmt ist, und der einmal zahlenmäßig vorliegende Kollimationsfehler für längere Zeit als konstant gelten kann, muß der Azimutfehler (falls man sich nicht auf die Beobachtung zenitnaher Objekte beschränkt, was praktisch nicht immer durchführbar ist) jedesmal durch eine besondere Beobachtungsanordnung ermittelt werden. Es geschieht dies am einfachsten dadurch, daß man an die Zeitbestimmung den Durchgang eines oder zweier polnaher Sterne unmittelbar anschließt.

Am besten werden zur Ermittelung von k die Durchgangszeiten eines Polsterns in oberer und eines zweiten in unterer Kulmination bei unveränderter Kreislage miteinander vereinigt. Verbessert man die Zeitmomente für Neigungs- und Kollimationsfehler, so erhält man offenbar zwei Daten ϑ'_o und ϑ'_u, die mit der gesuchten Uhrkorrektion in der Beziehung stehen:

$$\Delta\vartheta = \alpha - (\vartheta'_o + kK_o)$$

$$\Delta\vartheta = \alpha' + 12^h - (\vartheta_u + kK_u)$$

oder

$$\Delta\vartheta + kK_o = \alpha - \vartheta'_o = \Delta\vartheta_o$$

$$\Delta\vartheta + kK_u = \alpha' + 12^h - \vartheta'_u = \Delta\vartheta'_u.$$

Die ohne Rücksicht auf k aus den beiden Polsternen abgeleiteten Uhrkorrektionen $\Delta\vartheta_o$ und $\Delta\vartheta_u$ lassen nunmehr eine einfache Bestimmung von k zu, denn man erhält aus den beiden Gleichungen, die nur k als Unbekannte enthalten:

$$\text{(C)} \qquad k = \frac{\Delta\vartheta_o - \Delta\vartheta_u}{K_o - K_u}.$$

Ist nur ein Polstern beobachtet, so bildet man zunächst wieder ohne Rücksicht auf k aus den Sternen mit geringem Äquatorabstand einen Mittelwert $\Delta\vartheta_a$ und vereinigt ihn mit dem entprechenden $\Delta\vartheta_p$, den der Polstern ergibt. Sind K_a und K_p die ugehörigen Azimutkoeffizienten, so ist wieder

$$\text{C}') \qquad k = \frac{\Delta\vartheta_a - \Delta\vartheta_p}{K_a - K_p}.$$

Der Azimutfehler ergibt sich demnach durch einfache Division ler Differenz der ohne ihn erhaltenen Uhrkorrektionen durch die Differenz der K-Faktoren für die benutzten Sterne. Die Formel gilt ganz allgemein für zwei Sterne verschiedener Deklinationen, sie ergibt jedoch praktisch nur dann ein sicheres Resultat, wenn Zähler und Nenner nicht zu kleine Zahlen sind. In der Nähe des Pols erreicht K einen hohen Wert und ist hier außerdem bei oberer Kulmination negativ, bei unterer positiv. $K_o - K_u$ wird somit eine große Zahl, desgleichen der Unterschied $\Delta\vartheta_o - \Delta\vartheta_u$, und die Fehler in der Bestimmung von $\Delta\vartheta_o$ und $\Delta\vartheta_u$ üben den geringsten Einfluß auf das Ergebnis aus. Bei der Verbindung eines Polsterns mit äquatornahen Objekten liegen die Verhältnisse weniger günstig, doch erhält man auch hier ein ausreichendes Ergebnis, da der Koeffizient K bei Sternen in der Nähe des Äquators die Einheit nicht erreicht, jedenfalls gegenüber dem Koeffizienten K der Polsterne klein bleibt.

Bezüglich der näheren Einzelheiten, die bei den Beobachtungen selbst in Frage kommen, muß auf einen später folgenden Teil des Abschnitts, der von der Bestimmung der Uhrkorrektion handelt, sowie auf das Beispiel 10 des Anhangs verwiesen werden. Daß man bei genäherten Zeitbestimmungen mit kleinen Instrumenten die Neigung i nahezu auf Null halten und den Kollimationsfehler c durch Umlegen der Achsenenden und symmetrische Verteilung der Beobachtungen auf beide Kreislagen praktisch unschädlich machen kann, braucht kaum besonders erwähnt zu werden. Der Azimutfehler k läßt sich nur bei fest aufgestellten Durchgangsinstrumenten für längere Zeit sichern, und zwar durch eine in möglichst weiter Ferne im Süden oder Norden angebrachte feste Meridianmarke oder sog. Mire, die mit einem der Vertikalfäden genau zusammenfällt und die Azimutlage der Absehnslinie in bezug auf ihre etwaigen Änderungen kontrollieren läßt.

Die Ableitung der Uhrkorrektion mit Hilfe des Durchgangsinstruments stellt jedenfalls die genaueste und, was Ökonomie der

Rechnung anbelangt. entschieden einfachste Methode der Zeit bestimmung dar. Da die Ableitung der geographischen Läng lediglich auf guten Zeitbestimmungen in Verbindung mit eine zuverlässigen Uhr beruht, so können Durchgangsinstrument un das noch näher zu besprechende Chronometer als spezielle In strumente zur Längenbestimmung gelten, während Universal instrument und Chronometer in erster Linie für die Breiten bestimmung in Frage kommen.

15. Uhren und Chronometer

Da die Feststellung der jeweiligen Lage der Gestirne zu be stimmten Punkten und Kreisen der sichtbaren Himmelskugel die Grundlage aller Orts- und Zeitbestimmungen für geographische Zwecke bildet, und die Sphäre zu diesen ideellen Punkten und Linien, soweit sie im Horizontalsystem liegen, in jedem Zeitmoment eine andere Stellung einnimmt, so ist die Zuhilfenahme eines zuverlässigen Zeitmessers bei allen astronomischen Beobachtungen unbedingt erforderlich. Wohl gibt es einige wenige, später an erster Stelle zu besprechende Fälle, in denen man auch ohne Uhr leidliche Polhöhenwerte erhalten kann, die meisten Aufgaben der Ortsbestimmung erfordern jedoch zu ihrer Lösung neben den Winkelmessungen am Instrument auch noch eine genaue Notierung der zugehörigen, wenn auch zunächst vielleicht noch nicht richtigen Zeit. Da es nun bekanntlich ein unbedingt zuverlässiges Zeitmeßinstrument, das tage-, ja, wochenlang seinen Gang unveränderlich beibehält, nicht gibt, so muß man sich mit Uhren behelfen, die dem erstrebten Idealfall möglichst nahekommen und wenigstens für kürzere Zeitabschnitte, zum mindesten für die Stunden der Beobachtung, eine sichere Kontrolle ihres Ganges gestatten.

Für den hier in Betracht kommenden Genauigkeitsgrad der Breitenresultate genügt es bei zweckmäßiger Auswahl der Einstellobjekte, wenn man über Zeitangaben verfügt, die innerhalb einiger weniger Sekunden richtig sind. Anforderungen der genannten Art lassen sich unter normalen Verhältnissen durch Anwendung von Boxchronometern, wie sie auf Schiffen benutzt werden (Fig. 42), und durch Präzisionstaschenuhren ohne Schwierigkeit erfüllen. Zu genaueren Längenbestimmungen auf Reisen sind schon mehrere Chronometer oder Taschenuhren erforderlich, während auf Sternwarten und anderen festen Stationen als normale Zeitmeßinstrumente sorgfältig aufgestellte, womöglich in luftdichten Gehäusen untergebrachte Präzisionspendeluhren in Frage kommen. Die letzteren nebst den zu ihrer präzisester Kontrolle heute verwendeten sog. „Quarzuhren" interessieren hier schon deswegen nicht, als ihre Aufstellung, Prüfung und Behandlung besondere räumliche Einrichtungen und langjährige Erfahrungen des Beobachters erfordern.

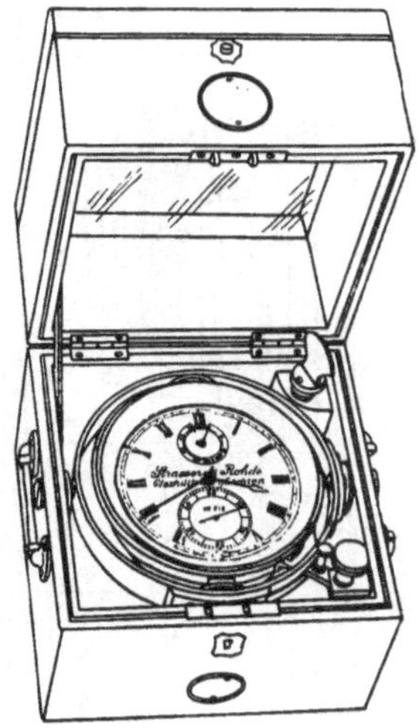

Fig. 42. Box- oder Schiffschronometer

Aber auch bezüglich der Taschenuhren und Chronometer wird sich der Forschungsreisende mit einigen allgemeinen Kenntnissen begnügen müssen.

Zwischen dem Werk eines Taschen- und demjenigen eines Boxchronometers besteht kein sehr wesentlicher Unterschied. Bei beiden bildet (Fig. 43) eine kräftige elastische Zugfeder die Triebkraft. Das eine Ende der Feder ist an einer festen Achse, das andere an der Innenwand eines Metallzylinders F befestigt. Der Druck der zusammengerollten (aufgezogenen) Feder gegen die drehbare Zylinderwand wird bei Chronometern auf die sog. Schnecke S und von hier aus auf das eigentliche Räderwerk übertragen, dessen Bewegungen sich schließlich in der Drehung des Sekunden-, Minuten- und Stundenzeigers der Zifferblätter Z widerspiegeln. Das plötzliche Ablaufen des Werkes wird durch die Hemmung verhindert, die bewirkt, daß nur in ganz bestimmten regelmäßigen Zeitintervallen, z. B. alle $0^s.5$, $0^s.4$ oder $0^s.2$ der Zahn eines von der Schnecke aus betätigten Steigrades von einem Anker oder einer sinnreichen Sperrklinke (Anker- bzw. Chronometerhemmung) freigegeben wird. Die Regulierung dieser

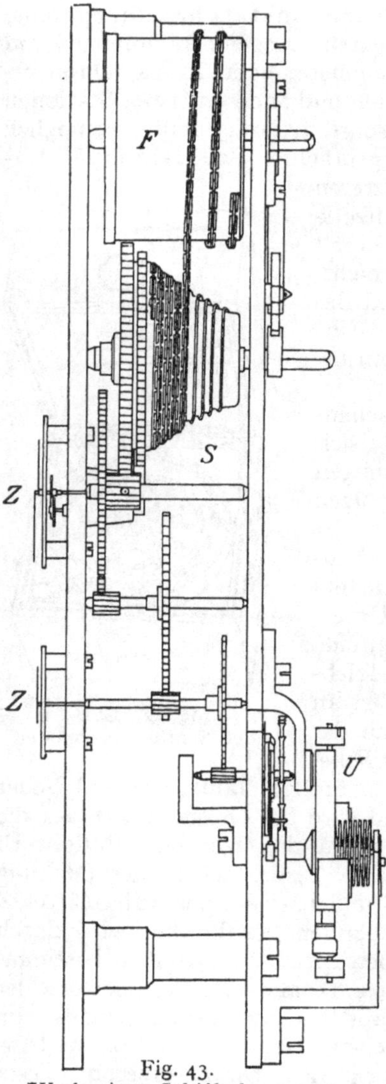

Fig. 43.
Werk eines Schiffschronometers

Zeitintervalle besorgt die Ur ruhe *U*, ein horizontales M tallrädchen, dem durch de Druck des hin und her pendeln den Ankers eine leichte Ve drehung um die vertikale Achs erteilt wird. Nach Freigabe de eingreifenden Klaue des Anker wird die Unruhe durch ein dünne Spiralfeder sofort wiede in die ursprüngliche Stellun zurückgedreht.

Dieses Hinundherschwinge der nach besonderen Prinzipie hergestellten und gebogener mit der Unruhe fest verbundene Spiralfeder ist im Idealfalle, als bei gleichbleibender Tempera tur, bei unveränderlicher Mo lekularstruktur der Feder usw **isochron**, d. h. die Schwingungen folgen einander in genau gleichen Zwischenzeiten, unabhängig davon, ob die Schwingungsweite der Unruhe kleine oder größer wird. Die Spiralfede mit der Unruhe bildet somit de Regulator des ganzen sonst rech einfachen Uhrwerks und stell daher den feinsten und die sorg samste Ausführung fordernde Teil der Uhr dar. Nur bei gan einfachen, billigen Taschenuhren gewöhnlichster Art besteht de Unruhreifen aus einem glatte Metallrädchen, bei Präzisionswerken dagegen ist eine kompliziertere Anordnung an der Unruhe getroffen. Da die Schwingungsdauer eines einfachen Metallringes bei steigender Temperatur wegen der wachsenden Entfernung des Unruhreifens vom Drehungsmittelpunkte, wegen der Erschlaffung der Spiralfeder usw. zunimmt, so muß gegen diese Einflüsse[1]) eine Kompensation vorgesehen sein. Sie besteht darin, daß man den Unruhreifen aus zwei miteinander zusammengeschweißten Metallstreifen, innen Stahl und außen Messing (neuerdings durchweg aus einer gegen Temperatureinflüsse fast unempfindlichen Legierung von Nickelstahl), herstellt und außerdem, um eine freie Ausdehnung der Metallteile zu ermöglichen, die Unruhe an zwei gegenüberliegenden Stellen durchbricht (Fig. 44). Da Messing sich bei steigender Temperatur stärker ausdehnt als Stahl, so krümmen sich dabei die Reifenenden nach innen, so daß eine Änderung des Trägheitsmoments des Ringes verhindert wird. Die zahlreichen Schrauben an den Unruhreifen haben in erster Linie den Zweck, das Gleichgewicht innerhalb der schwingenden Masse herzustellen, d. h. ihren Schwerpunkt genau in die Achse zu verlegen, zum Teil ermöglichen sie auch noch nachträgliche kleine Änderungen der Schwingungsdauer der Unruhe.

Fig. 44. Einfache kompensierte Unruhe älterer Art

Die Form der Spiralfeder, die meist aus gehärtetem, blau angelaufenem Stahl (auch Nickelstahl, Palladium und Gold wird hierzu verwendet) hergestellt wird, ist sehr verschieden. Soll die Spirale beim Öffnen und Schließen keinen seitlichen Zug auf die Unruhachse ausüben, so ist die übliche Befestigung der letzten Federwindung an einem außerhalb der Unruhachse liegenden Kloben nicht statthaft. Bei guten Taschenuhren wird daher heute fast allgemein die sog. Breguetspirale verwendet, deren letzte Windung umgebogen und in möglichster Nähe der Unruhachse oberhalb der Spiralebene befestigt ist. Bei Boxchronometern, bei denen ein Raummangel nicht vorliegt, werden die Windungen der

[1]) Ein unkompensiertes Chronometerwerk würde täglich bei 1^0 Temperaturzunahme im Gang etwa 11^s verlieren, also für wissenschaftliche Zwecke völlig unbrauchbar sein.

Spirale schraubenförmig angeordnet, so daß diese die Form eines Zylinders oder eines Tönnchens erhält. Jedenfalls ist es oft schon bei oberflächlichem Einblick in den Mechanismus eines Chronometers oder einer Uhr möglich, an der Form der Unruhe und der Spirale ihren größeren oder geringeren Wert zu erkennen. Der reine, scharfe Schlag einer Uhr, wie ihn eine massige, gut äquilibrierte Unruhe beim Auslösen des Ankers erzeugt, bildet gleichfalls das untrügliche Zeichen eines guten Werkes.

Eine vollständige Beseitigung des Wärmeeinflusses an Uhren und Chronometern ist auch durch die geschilderte Kompensierung nicht möglich. Bei größeren Temperaturunterschieden erleiden die Ausdehnungs- und Elastizitätskoeffizienten der Feder und der schwingenden Metalle Änderungen, die eigentlich noch weitere Hilfskompensationen erfordern. Erfahrungsgemäß läßt sich jedoch ein Teil dieser Einflüsse zweiter Ordnung in einen mathematischen Ausdruck kleiden. Die Gangänderungen eines kompensierten Chronometers verlaufen nämlich für längere Zeiträume den Temperaturänderungen und deren Quadrat proportional; sie sind durch die Formel

$$g = g_0 + a(t - t_0) + b(t - t_0)^2$$

darstellbar, wobei g_0 den täglichen Gang bei einer mittleren Temperatur t_0, für gewöhnlich bei 15° C, g den gesuchten Gang für eine Temperatur t, a und b schließlich nur für das betreffende Chronometer geltende, auf einer Prüfungsstelle zu ermittelnde konstante Größen bedeuten. Die Erfahrung zeigt jedenfalls, daß eine einfachen Ansprüchen genügende Vorausberechnung des Ganges eines guten, keinen Störungen ausgesetzten Chronometers auf einige Zeit hinaus durchaus möglich ist. Der in Fig. 45 dargestellte sehr auffällige Zusammenhang zwischen Temperatur und Uhrgang darf allerdings nicht irreführen, insofern, als er einen aus vielen Kurven ausgewählten, fast idealen Fall veranschaulicht. Gegenwärtig hat eine scharfe Vorausberechnung des Chronometerganges nur dann Sinn, wenn es sich um Verwertung der Uhrangaben zur Längenbestimmung handelt und der drahtlose Zeitempfang versagt.

Da das Chronometer das empfindlichste bei astronomischen Beobachtungen benutzte Instrument darstellt und, einmal beschädigt, vom Beobachter selbst nicht repariert werden kann, so muß es auch besonders sorgfältig behandelt werden. Vor raschen Temperaturänderungen schützt der jedem Boxchronometer mitgegebene gepolsterte Kasten das Werk, und Lageänderungen werden durch die zweiachsige sog. kardanische Aufhängung des Uhrgehäuses unschädlich gemacht. Die Unruhe schwingt dann zwar dauernd in horizontaler Lage, vor Stößen, Drehungen usw.

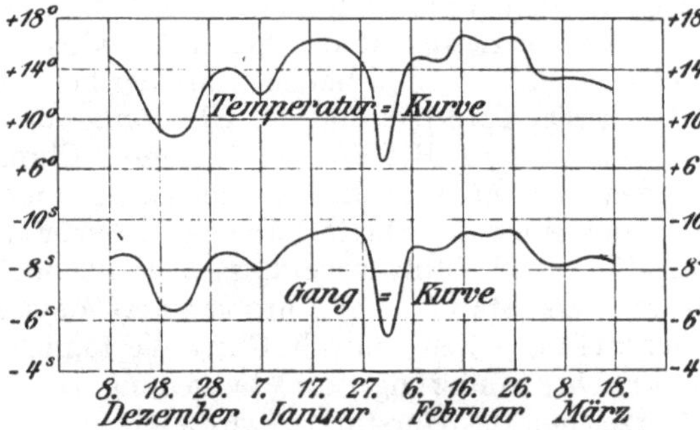

Fig. 45. Temperatur- und Gangkurve eines unvollständig kompensierten Chronometers (beobachtete Werte aus älterer Zeit)

ist sie jedoch dadurch noch keineswegs geschützt. Jedes plötzliche Hochheben, Beiseiteschieben, besonders aber ein Drehen der Chronometer, ist daher aufs sorgfältigste zu vermeiden. Bei längeren Land- oder Schiffsreisen, bei denen unterwegs die Verwendung des Instruments nicht in Frage kommt und die mechanischen Störungen womöglich unvermeidlich erscheinen, ist es dringend anzuraten, die Unruhe nach fast völligem Ablaufen des Chronometers mit einem staubfreien Pinsel anzuhalten und durch untergelegte, keilförmig zugeschnittene saubere Korkstreifen festzustellen. Auch vollständiges Aufziehen des Werkes vor dem Anhalten der Unruhe wird empfohlen. Es ist ferner nicht zu vergessen, daß jede Feuchtigkeit der größte Feind des Chronometerwerkes, insbesondere der Stahlachsen und der Unruhfeder ist und daher unbedingt von dem Instrument ferngehalten werden muß. Bei feuchter Witterung sollte man daher die Uhrangaben nur durch den Glasdeckel des Chronometerkastens hindurch ablesen. Daß magnetisch gewordene Uhren kaum wieder in Ordnung zu bringen sind, ist bekannt; so manche gute Taschenuhr ist bei Besichtigung von elektrischen Anlagen, Fahrten auf elektrischen Bahnen u. dgl. gänzlich verdorben worden.

Eine jede Uhr mit Federantrieb, mag es sich um ein Boxchronometer oder eine Taschenuhr handeln, soll täglich zu derselben Zeit, also in einer ganz bestimmten Stellung des Uhrmechanismus aufgezogen werden, wenn sich nicht neue Fehlerquellen, die in Änderungen der Antriebskraft der Schnecke, kleinen Fehlern der Zahnräder usw. ihren Grund haben, einschleichen sollen, und wenn eine zuverlässige Interpolation der Uhrstände für die Beobachtungen gewünscht wird. Bei Box- und anderen Chronometern wird die seit dem letzten Aufziehen verflossene Stundenzahl an einem besonderen kleinen Zifferblatt durch einen Zeiger angegeben.

Zur Vermeidung von Mißverständnissen muß noch betont werden, daß man als **Stand** eines Chronometers dessen Abweichung von der richtigen Zeit und als **Gang** die tägliche, also in 24 Stunden erreichte Änderung der Abweichung zu bezeichnen pflegt. Das Vorzeichen des Uhrstandes wird stets so gewählt, daß der betreffende Zahlenwert, zur abgelesenen Uhrangabe addiert, die richtige Zeit ergibt, also +, wenn die Uhr nachgeht, und —, wenn sie voreilt. Eine Uhr, die am 1. Juli $2^m\,15^s.4$, am 2. Juli $2^m\,16^s.5$ und am 3. Juli $2^m\,17^s.8$ hinter der richtigen Zeit zurück war, hatte somit täglich den Stand:

Juli 1 . . .	$+ 2^m\,15^s.4$	
		$+ 1^s.1$
„ 2 . . .	$+ 2^m\,16^s.5$	
		$+ 1^s.3$
„ 3 . . .	$+ 2^m\,17^s.8$	

und, wie man aus den Differenzen ersieht, einen mittleren täglichen Gang von $+ 1^s.2$. Für die Güte eines Uhrwerkes ist lediglich die Konstanz des Ganges von Bedeutung. Ein großer Stand läßt sich jederzeit durch vorsichtige Zeigerverschiebung, ein größerer Gang durch Neuregulierung des Werkes beseitigen. Kleine Gänge von 0^s bis etwa 5^s läßt man an Chronometern am besten nicht wegregulieren, sondern berücksichtigt sie entsprechend bei den Beobachtungen; wird der Gang jedoch merklich größer, so ist ein Eingriff in den Regulierungsmechanismus der Unruhe seitens eines erfahrenen Uhrmachers kaum zu umgehen. Selbstverständlich sind im Notfall, also beispielsweise auf Expeditionen, auch Chronometer mit großen, aber wenig veränderlichen Gängen verwendbar.

Jedes nach mittlerer Zeit gehende Chronometer kann von einem Uhrmacher auf Sternzeit einreguliert werden und umgekehrt. Bei den astronomischen Arbeiten am Abend erspart die Benutzung eines Sternzeitchronometers dem Beobachter mancherlei Rechnungen, während für den sonstigen Gebrauch auf Reisen, also für Routenaufzeichnungen, meteorologische Beobachtungen usw. die Verwendung einer nach mittlerer Zeit regulierten Taschenuhr mehr am Platze ist. Schon aus diesem Grunde sollte man auf Expeditionen mindestens zwei Uhren, und zwar ein nach mittlerer und ein nach Sternzeit reguliertes Werk bei sich führen und bei Sternbeobachtungen stets das letztere benutzen. Es gibt bereits Taschenchronometer, die beide Zeitarten anzeigen und dadurch gewisse Bequemlichkeiten mit sich bringen, doch ersparen sie nicht die Mitnahme eines Reservechronometers, da sie für Stern- und mittlere Zeit nur ein einziges Werk besitzen.

Die Vergleichung der beiden verschieden einregulierten Chronometer gestaltet sich sehr einfach. In einer Stunde eilt das Sternzeitwerk der mittleren Zeit um rund 10^s (Tafel 1 u. 2, Anhang II) voraus. Die Sekunden- bzw. Halbsekundenschläge der beiden Uhren fallen somit etwa alle 6^m bzw. alle 3^m zusammen. Man achtet also beim Vergleichen lediglich auf die Koinzidenz der Schläge beider Uhren und notiert die zugehörigen Zeitangaben. Ist der Stand $\Delta\vartheta$ der Sternzeituhr durch Beobachtungen ermittelt, so kann man durch Umwandlung der bekannten richtigen Sternzeit

$$\vartheta = \vartheta' + \Delta\vartheta$$

auch die Korrektion der anderen Uhr gegen Ortszeit ableiten. Die näheren Einzelheiten der Uhrvergleichung und deren Ausrechnung sind aus dem Beispiel 3 des Anhangs I zu ersehen.

Bei den Beobachtungen selbst wird man nach Überwindung der ersten Schwierigkeiten danach streben, die zu einer Sterneinstellung im Fadenkreuz gehörige Zeitablesung nicht nur auf volle, sondern möglichst auf halbe oder noch kleinere Bruchteile der Sekunden zu notieren. Es gehört überhaupt schon eine gewisse

Übung dazu, eine Erscheinung im Fernrohr zu verfolgen und gleichzeitig die Schläge der Uhr weiterzuzählen, und zwar so, daß über die Koinzidenz von Fadendurchgang und Sekundenschlag kein Zweifel besteht. Bald überzeugt man sich jedoch, daß innerhalb der scharfen, abgerissenen Chronometerschläge eine Schätzung von Unterabteilungen bis zu etwa $0^s.2$ durchaus keine Schwierigkeit bietet. In Fig. 46 ist z. B. die anvisierte und am Höhenkreise angezeigte Zenitdistanz von dem Stern zwischen A und B erreicht worden; prägt man sich die Lage A und B des Sterns gegenüber dem Horizontalfaden bei den beiden Schlägen ein, so fällt es nicht schwer, den Sekundenschlag $(A + 0^s.8)$ bzw. $(B - 0^s.2)$ als den Moment des Fadendurchganges aufzufassen.

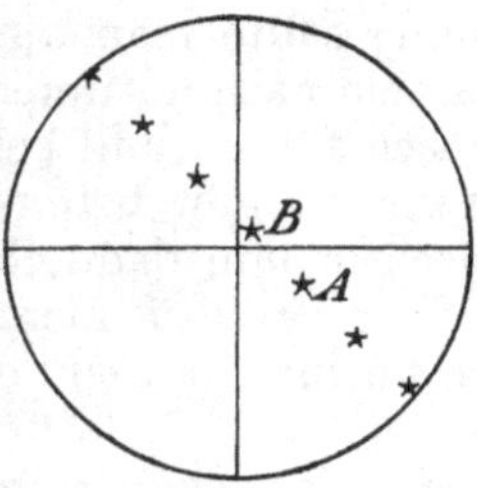

Fig. 46

Bei Arbeiten ohne Hilfe, d. h. solchen, bei denen der Beobachter gleichzeitig das Gesichtsfeld erleuchten, die Feinbewegungen in Azimut und Höhe bedienen, die Fadenantritte verfolgen, die Sekunden zählen und Notizen machen muß, kann ihm nicht noch zugemutet werden, dauernd vom Okular nach dem Chronometer und umgekehrt zu blicken, um die Sekundenzahl nicht zu verlieren. Es ist dann zweckmäßig, den Antritt des Sterns an das Fadenkreuz unter Zählung der Anfangssekunde: Null, Null, Null usw. abzuwarten und dann mit der weiteren Zählung 1, 2, 3 usw. nach den Uhrschlägen fortzufahren. Entspricht zum Beispiel die 10. gezählte Sekunde der Uhrzeit $10^h\,4^m\,38^s$, so fand der beobachtete Durchgang im Moment $10^h\,4^m\,28^s$ statt, hatte man um die abgelesene Zeit dagegen schon bis 20 gezählt, so wäre die Uhrablesung $10^h\,4^m\,18^s$ zu notieren usw. Gewöhnt man sich von Anfang daran, mit der Zählung der Sekunden nur bei vollen Zehnern und nicht eher abzubrechen, als bis man sich über die Chronometerzeit genau vergewissert hat, so wird man später bei der Reduktion nur selten falschen Uhrangaben begegnen.

Diese sog. Auge- und Ohrmethode der Beobachtung erfährt eine wesentliche Vereinfachung, wenn das Ablesen des Chronometers sowie die Aufzeichnung der Beobachtungsnotizen von einem

Gehilfen übernommen wird, oder wenn man sich einer gut kontrollierten Stoppuhr bedient. In ihrer einfachsten, aber für den vorliegenden Zweck geeignetsten Form besitzt eine solche Taschenuhr zwei große, das Hauptzifferblatt gemeinsam und gleichzeitig durchlaufende Sekundenzeiger, von denen der untere durch einen Fingerdruck auf die Bügelkrone momentan festgestellt werden kann. Ist der derart fixierte Zeitmoment nach Sekunden und deren Bruchteilen notiert, so genügt ein weiterer Druck auf die Krone, um den Stoppzeiger wieder in die ursprüngliche Lage, d. h. unter den normalen Sekundenzeiger springen zu lassen usw.

Die Stoppvorrichtung ist ein reiner Beobachtungsbehelf. Man sollte daher mit ihr eine Präzisionsuhr ebensowenig belasten wie mit einem Spezialwerk für Kalenderdaten, Wochentage, Mondphasen usw.

16. Die drahtlosen Zeitsignale und ihr Empfang

Seit der Einführung der drahtlosen Telegraphie und Telephonie und durch die Entwicklung und Vervollkommnung der Empfangsgeräte ist dem Forschungsreisenden ein beträchtlicher Teil der Chronometersorgen abgenommen. Nicht nur die, daß es selbst bei größter Gewissenhaftigkeit einmal vorkommen konnte, daß die Uhren nicht aufgezogen wurden und damit die Zeit des Nullmeridians verloren ging, sondern auch die andere, die in der dauernden Mühe um die täglichen Gänge bestand, die nicht anders als durch fortlaufende, recht lästige, da nur zu diesem Zweck ausgeführte Zeitbestimmungen zu kontrollieren waren. Hat man die Möglichkeit eines Signalempfanges, so genügt an einem festen Ort eine einzige Längenbestimmung, um Weltzeit, Ortszeit und bei häufigerem Empfang auch den täglichen Gang der Chronometer ohne Beobachtung von Sternen und ohne Rechnung zu erhalten und darüber ständig zu verfügen. Eine weitere Bequemlichkeit erwächst daraus, daß mit der Kenntnis der genauen Ortszeit neben der Breite φ und der Deklination δ eine dritte Größe, nämlich der Stundenwinkel τ, in das sphärische Dreieck als bekannt eingeführt wird, der seine gesonderte Bestimmung, z. B. im Falle von Azimutmessungen unter Zuhilfenahme von Zenitdistanzen, überflüssig macht (vgl. S. 164f.).

Es ist allgemein bekannt, daß fast alle Rundfunksender der Welt im Bereiche ihres Sprech- und Musikprogrammes zu bestimmten Stunden Zeitzeichen in Form eines für den betreffenden Sender charakteristischen Lautes oder einer Reihe von solchen, bzw. durch mündliche Ansage abgeben. Da dies zwar stets nach einer kontrollierten, mit einer Sternwarte zwangsläufig verbundenen, sogenannten sympathetischen Pendeluhr geschieht, aber Auge und Taster, bzw. Auge und Stimme die Vollsekunden weitergeben, garantieren diese Zeitzeichen in der Regel wohl höchstens $\pm$ 0.3 Sekunden, was für die Anforderungen der einfachsten Ortsbestimmung allerdings vollkommen ausreicht.

Weit zuverlässiger und den höchsten Anforderungen genügend sind die eigentlichen Zeitsignale, die gegenwärtig von etwa 160 Stationen, die über die ganze Erdkugel verteilt sind, durch selbsttätige Vorrichtungen an besonderen Pendeluhren zu verschiedenen Zeiten, meist Vollstunden Weltzeit (Ortszeit Greenwich), ausgegeben werden. (Vgl. Anhang II, Tafel 10 u. 11.) Die dabei verwerteten Uhrangaben entstammen Sternwarten, Marineobservatorien oder geodätischen Instituten, an denen die Zeit mit den vollkommensten zur Verfügung stehenden Durchgangsinstrumenten unter Anwendung unpersönlicher Meßverfahren aus Sternbeobachtungen im Meridian erhalten und an die Landessender durch Kabel weitergeleitet wird. Die Bemühungen um ein einheitliches internationales Zeitsignal, dessen Einführung für den Weltverkehr von großer Wichtigkeit wäre, haben bisher nur zu einem Teilerfolg geführt. Gegenwärtig werden verwendet:

1. das „Onogo“-Signal,
2. das Internationale Signal,
3. das Amerikanische Signal,
4. das Koinzidenzsignal.

Das „Onogo“-Signal, so benannt, weil es aus telegraphischen Zeichen besteht, die den Buchstaben o, n, o, g, o entsprechen, ist bereits 1913 vorgeschlagen worden und war bis 1925 allein im Gebrauch. Es wird um Mitternacht und Mittag von $57^m\ 5^s$

bis $0^m,0^s$ ausgegeben. Nach der in der Telegraphie üblichen Aufnahme der Verbindung durch Wiederholung des Zeichens — · · — — · · — usw. gestaltet sich das Schema der Sendung wie folgt:

Funkstille	Zeichen
57^m 50^s bis 57^m 54^s	55^s 56^s 57^s 58^s 59^s 60^s
58 1 „ 58 7	8 9 10
11 „ 17	18 19 20
21 „ 27	28 29 30
31 „ 37	38 39 40
41 „ 47	48 49 50
51 „ 54	55 56 57 58 59 60
59 1 „ 59 5	6 7 8 9 10
11 „ 15	16 17 18 19 20
21 „ 25	26 27 28 29 30
31 „ 35	36 37 38 39 40
41 „ 45	46 47 48 49 50
51 „ 54	55 56 57 58 59 60

Das Onogo-Signal geben die Stationen in Deutschland, Schweden, Spanien, Indien, auf Ceylon und Java und in Australien.

Das Internationale Zeitsignal entspricht vollkommen dem „Onogo"-Schema, nur sind die Striche der ersten, siebenten und dreizehnten Reihe in Punkte aufgelöst, also:

Funkstille	Zeichen
57^m 50^s bis 57^m 54^s	55^s 56^s 57^s 58^s 59^s 60^s
58 1 „ 58 7	8 9 10
11 „ 17	18 19 20
21 „ 27	28 29 30
31 „ 37	38 39 40
41 „ 47	48 49 50
51 „ 54	55 56 57 58 59 60

usw.

Das Internationale Signal geben die Stationen in Frankreich, Südafrika, Argentinien und Brasilien.

Abweichend von dieser Strich- und Punktordnung besteht das Amerikanische Zeitzeichen, das um die gleiche Zeit gesandt wird und von $55^m 0^s$ bis $60^m 0^s$ dauert, nur aus Punkten, von denen der 29. stets ausgelassen wird, während andere Lücken zur Charakteristik der Minuten dienen. Es genügt, wenn hier das Schema für die letzten Signale einer jeden Minute mitgeteilt wird:

	48^s	49^s	50^s	51^s	52^s	53^s	54^s	55^s	56^s	57^s	58^s	59^s	60^s
55^m …	•	•	•		•	•	•	•					•
56 …	•	•	•	•		•	•	•					•
57 …	•	•	•	•	•		•	•					•
58 …	•	•	•	•	•	•		•					•
59 …	•	•	•										—

Außer dem 29. Punkt einer jeden Minute fällt demnach der 51. Punkt der Minute 55, der 52. der Minute 56 usw. fort. Jedem Minutenbeginn gehen außerdem 5, der Vollstunde 10 Sekunden Funkstille voraus.

Die sogenannten Koinzidenzsignale werden von einigen Großsendern, wie Nauen, Paris, Moskau, Taschkent, Tokio, im Anschluß an die normale mittägliche Zeitabgabe gesendet. Sie dauern, abgesehen von den Abstimmungszeichen, 5 Minuten und bestehen aus je einem ½ Sekunde langen Minutenstrich, dem 60 Punkte folgen. Das Zeichenschema ist für die genauesten Uhrvergleichungen, bei Chronometern bis auf $0^s.01$, bestimmt und stellt eine Art Zeitnonius dar. Wie aus der eben erwähnten Anordnung ersichtlich, entfallen nämlich auf die Minute nicht 60, sondern 61 Signale, so daß sie statt des üblichen Abstandes von 1^s nur einen solchen von $0^s.984$ haben. Von den 306 Zeichen einer jeden Sendung kennzeichnen demnach die Striche 1, 62, 123, 184, 245 und 306 den vollen Minutenbeginn. Der Uhrvergleich besteht in der Beobachtung der genauen Koinzidenz zwischen Signal und Sekunden- bzw. Halbsekundenschlag des Chronometers, ähnlich, wie das beim Vergleich von mittlerer Zeit mit Sternzeit üblich ist (S. 101). Bei Koinzidenzbeobachtungen von Halbsekundenschlägen bietet die Zeitabgabe von 5 Minuten Dauer Gelegenheit zu 10 Vergleichen, die also sehr bequem vorgenommen werden können. Wegen weiterer Einzelheiten muß auf die entsprechende Literatur[1]) verwiesen werden.

Eine genauere Einführung in die Technik des drahtlosen Empfanges, in die Konstruktion der Apparate usw. ist nicht Aufgabe dieses Buches, ebensowenig wie Angaben über etwaige Selbstherstellung eines Aufnahmegerätes. Im letzteren Falle käme wohl nur die Verwendung eines Detektors in Frage, der zwar für den Empfang einer benachbarten Zeitansage, nicht aber für die oben erwähnten Zeitsignale genügen würde. Die Sendungen der letzteren beruhen nämlich auf ungedämpften Wellen, d. h. Wellenzügen von dauernd gleicher Schwingungsweite, auf die die Detektorapparate nicht ansprechen.

---

[1]) Zeitsignale, Sonderdruck aus „Nautischer Funkdienst" (1939).

III. ABSCHNITT

ERMITTELUNG GENÄHERTER WERTE VON POLHÖHE, ZEIT, LÄNGE UND AZIMUT

17. Bestimmung der genäherten Breite ohne Kenntnis der Uhrkorrektion

Die grundlegenden Aufgaben der geographischen Ortsbestimmung, also die Ableitung der Breite, Zeit und Länge, lassen sich nur in einigen wenigen Fällen ganz unabhängig voneinander lösen. Es liegt dies daran, daß im Poldreieck die gemessene Zenitdistanz z sowie die Deklination δ des Gestirns zwar direkt (als z bzw. $90^0 - \delta$) vorkommen, dagegen die dritte gegebene Größe, nämlich die Rektaszension α, nur in der Verbindung mit der Sternzeit ϑ ein Bestimmungsstück, und zwar den Stundenwinkel τ, ergibt. Somit muß bei einer Polhöhenbestimmung die Zeit, bei einer Zeitbestimmung die Polhöhe vorausgesetzt werden; andererseits steht die Länge, die im Poldreieck direkt nicht vorkommt, mit der Zeit in innigstem Zusammenhange, kurz, ohne Voraussetzung von genäherten Werten der Polhöhe und der Zeit ist die allgemeine Aufgabe, für einen beliebigen Ort beide geographischen Koordinaten genau zu ermitteln, praktisch nicht unmittelbar lösbar. Es genügt aber zu bemerken, daß irgendwelche Schwierigkeiten daraus nicht entstehen, da man sich gerade von der Polhöhe und von der Zeit leicht ausreichende Näherungswerte verschaffen kann, wenn man nur bei den Messungen ganz bestimmte Lagen des beobachteten Gestirns zur Meridianlinie abwartet (vgl. S. 122f.).

Infolge der täglichen Bewegung der Fixsternsphäre erreichen z. B. alle Gestirne einmal in 24^h ihren geringsten und — bei sichtbarer unterer Kulmination — einmal ihren größten Abstand vom Scheitelpunkte des Beobachters. Eine einfache Überlegung zeigt, daß diese kleinsten bzw. größten Zenitdistanzen nur noch von dem Äquatorabstand des Sterns am Himmel und des Beobachters auf der Erde, also von Sterndeklination und geographischer Breite des Beobachtungsortes, abhängen. Für den Meridiandurchgang eines Sterns hat man nämlich bei oberer Kulmination:

$$\varphi = z + \delta \text{ (}\ast\text{ südlich vom Zenit)}$$

$$\varphi = \delta - z \text{ (}\ast\text{ nördlich vom Zenit),}$$

wobei, wie bisher, südliche Deklinationen mit dem Minuszeichen zu versehen sind. Für die untere Kulmination wird

$$z = (90^0 - \varphi) + (90^0 - \delta),$$

also

$$\varphi = 180^0 - (\delta + z).$$

Man braucht somit allgemein nur die Zenitdistanz z eines Sterns in oberer oder unterer Kulmination mit einem geeigneten Instrument zu messen, um ohne jede nennenswerte Rechnung die Breite zu erhalten. An einem Universal würde eine solche Beobachtung so auszuführen sein, daß man das Instrument nivelliert, den Nullpunkt am Höhenkreise ermittelt und dann in einer bestimmten Kreislage einen bekannten Stern einstellt, der kurz vor seiner Kulmination steht, dessen Zenitdistanz also noch abnimmt. Diesen Stern verfolgt man so lange, bis er das Gesichtsfeld längs eines Horizontalfadens passiert, somit sich in einer Stellung befindet, in der seine Zenitdistanz weder ab- noch zunimmt. Die nunmehr ausgeführte Ablesung am Höhenkreise, korrigiert für Zenitpunktfehler und Strahlenbrechung, ergibt die Meridianzenitdistanz z des Sterns, die, mit seiner scheinbaren Deklination δ vereinigt, nach einer der obengenannten Formeln unmittelbar auf die Breite φ führt (Anhang I, Beispiel 4).

Ein solches Verfahren ist naturgemäß recht ungenau, da eine Kompensierung der Instrumentalfehler durch Umlegen und Wiederholung der Beobachtung in der anderen Kreislage nicht möglich ist. Will man schärfere Resultate erzielen, so ist es schon notwendig, unter dauerndem Umlegen des Instruments eine ganze Reihe von Zenitdistanzen des Sterns um die Zeit seines Meridiandurchganges zu messen und diese dann graphisch auszugleichen, wie das in dem Beispiel 5 des Anhangs geschehen ist. Messungen dieser letzteren Art sind so einfach auszuführen und ergeben bei einigermaßen geschickter Handhabung des Instruments so brauchbare Resultate, daß sie auf Forschungsreisen häufiger angewendet werden sollten. Die genauere Zeitnotierung (M. Z. oder St. Z.) ist dabei, wenn man nur das Minimum der Zenitdistanz erlangen will, streng genommen nicht notwendig, sie ist aber nützlich zur Nachprüfung etwaiger Ablesefehler, vor allen Dingen aber deshalb, weil dann die graphische Darstellung auch die Korrektion der benutzten Uhr abzuleiten gestattet und weiterhin die rechnerische Verwertung jeder einzelnen Höhenmessung für die Breite ermöglicht. Der Nachteil der Methode liegt darin, daß die Beobachtung eine längere Zeit (kaum weniger als $\frac{1}{2}^h$) erfordert, und daß Lücken in der Beobachtungsreihe, wie sie z. B. durch vorübergehende Bewölkung hervorgerufen werden, unter Umständen das Resultat in Frage stellen.

Wie aus den Meridianformeln für φ ersichtlich, gehen die gemessenen Zenitdistanzen mit ihrem vollen Betrage, also auch mit allen ihren Fehlern, ungekürzt in die Breite ein. Bei entsprechender Anordnung der Messungen läßt sich aber dieser Einfluß wesentlich herabdrücken. Beobachtet man nämlich einen Stern (δ_s, z_s) südlich und einen anderen (δ_n, z_n) nördlich vom Zenit in oberer bzw. unterer Kulmination, so wird

$$\begin{array}{ll} \varphi = z_s + \delta_s & \text{(südl. Stern)} \\ \varphi = \delta_n - z_n & \text{(nördl. Stern in ob. Kulmination)} \\ \hline \varphi = \frac{z_s - z_n}{2} + \frac{\delta_s + \delta_n}{2} & \end{array}$$

bzw.

$$\begin{array}{ll} \varphi = z_s + \delta_s & \text{(südl. Stern)} \\ \varphi = 180^0 - \delta_n - z_n & \text{(nördl. Stern in unt. Kulmination)} \\ \hline \varphi = 90^0 + \frac{z_s - z_n}{2} + \frac{\delta_s - \delta_n}{2}. & \end{array}$$

Hierbei beeinflussen, wie man sieht, nicht mehr die vollen Zenitdistanzen die Breite, sondern nur ihre halbe Differenz, ja, wenn es gelingt, $z_s = z_n$ zu wählen, so wird φ von den Zenitdistanzen unabhängig und beruht dann allein auf der halben Differenz der mit jeder beliebigen Genauigkeit zur Verfügung stehenden scheinbaren Deklination (S. 32) der benutzten Sterne. Die Bedingung der völlig gleichen Zenitdistanz wird sich kaum je erfüllen lassen, doch ist dabei schon angenäherte Gleichheit von Vorteil. Bei Verwendung stabiler und sorgfältigst gearbeiteter Instrumente ermöglicht das geschilderte Meßverfahren heute überhaupt die genauesten Polhöhenmessungen. Bei dieser sog. Horrebow-Talcott-Methode werden die übrigbleibenden Zenitdistanzunterschiede der Süd- und Nordsterne nicht mehr an Kreisen, sondern an sehr empfindlichen, mit der Drehungsachse des Fernrohrs fest verbundenen Niveaus gemessen (vgl. S. 145).

Da die Polhöhe gleich der geographischen Breite und die Zenitdistanz des Pols gleich dem Komplement der Breite ist, so eignen sich Zenitdistanzmessungen eines polnahen Sterns, z. B. des Polarsterns (α Ursae min.), um die Zeit seiner Kulmination besonders gut zur Breitenbestimmung. Stünde der Polarstern genau im nördlichen Pol, so brauchte man nur seine Zenitdistanz zu messen, um das Komplement der Polhöhe zu erhalten. Da jedoch sein Polabstand gegenwärtig etwa 1^0 beträgt, so läßt sich die Aufgabe ohne Rechnung und ohne Benutzung entsprechender Tafeln nur in der Weise lösen, daß man den Stern in der oberen und nach 12 Stunden in der unteren Kulmination beobachtet. Das Mittel der Zenitdistanzen, korrigiert für Indexfehler und Strahlenbrechung, liefert dann nach Subtraktion von 90^0 unmittelbar die Polhöhe. Da auch hier die gemessenen Winkel in der Form der halben Summe in das Resultat eingehen, so kann man auf diesem Wege ohne Zweifel ein günstiges Resultat erzielen; die lange Zwischenzeit und die ausschließliche Anwendbarkeit der Methode in einer Jahreszeit, in der beide Kulminationen des betr. Polsterns in die Nachtstunden fallen, verleihen jedoch dem Verfahren kein besonderes praktisches Interesse.

Die vorangehenden Anleitungen zur Breitenbestimmung können durchweg nur als Notbehelfe gelten, etwa in den Fällen, in denen der Beobachter die Berechnung seiner Messungen scheut oder den Uhrangaben mißtraut. Es gibt aber ein Verfahren, das mit geringem Rechenaufwand die Breite ebenfalls ohne Uhr zu bestimmen gestattet, und zwar durch Beobachtung der Zenitdistanzen von zwei Sternen G und G_1 im gleichen Vertikal. Die zugehörigen beiden Poldreiecke ZPG und ZPG_1 (vgl. Fig. 6) haben dann

$90^0 - \varphi$ und $180^0 - a$ gemeinsam, und es folgt aus dem Cosinussatz (3):

$$\text{(A)} \qquad \begin{aligned} \sin\delta &= \sin\varphi\cos z - \cos\varphi\sin z\cos a \\ \sin\delta_1 &= \sin\varphi\cos z_1 - \cos\varphi\sin z_1\cos a \end{aligned}$$

$$\frac{\sin\varphi\cos z - \sin\delta}{\sin z} = \frac{\sin\varphi\cos z_1 - \sin\delta_1}{\sin z_1}$$

d. h.

$$\sin\varphi = \frac{\sin z\sin\delta_1 - \sin z_1\sin\delta}{\sin z\cos z_1 - \cos z\sin z_1}$$

$$\text{(B)} \qquad \sin\varphi = \frac{\sin z\sin\delta_1 \mp \sin z_1\sin\delta}{\sin(z \mp z_1)}$$

wobei das obere Zeichen für das gleiche, das untere für ein um 180^0 verschiedenes Azimut der beiden Sterne gilt. Die Formel erfordert, daß $z \mp z_1$ groß, also $\sim 90^0$ gewählt, und daß angesichts der Möglichkeit einer gleichzeitigen Azimutbestimmung aus $\cos a$ (Formel A) in der Nähe des Ostwest-Vertikals beobachtet wird.

18. Ermittelung der genäherten Zeit aus Stern- und Sonnenkulminationen

Die S. 108f. skizzierte Methode der Bestimmung der Polhöhe durch fortgesetzte Messung der Zenitdistanzen eines bekannten Himmelsobjektes um die Zeit seiner Kulmination kann auch unmittelbar dazu dienen, die Korrektion der benutzten Uhr, mit anderen Worten die Zeit des Stationsortes, bis auf wenige Sekunden zu bestimmen.

Die Beobachtung der Meridianstellung eines Gestirns würde hier allerdings nicht recht zum Ziele führen. Die Kulmination eines Himmelsobjektes ist zwar nur eine Augenblickserscheinung, die Höhen- bzw. Zenitdistanzänderung in der unmittelbar vorangehenden und folgenden Zeit (siehe Beispiel 4 und 5) ist jedoch so geringfügig, daß es selbst bei schärfster Beobachtung unmöglich ist, auf diesem Wege den genaueren Zeitpunkt der Kulmination eines Gestirns anzugeben. Da jedoch die Bewegung eines Sterns vor und nach seinem Meridiandurchgange vollkommen symmetrisch ist, so kann der Augenblick der Kulmination auch durch

Beobachtung von gleichen Zenitdistanzen ein und desselben Gestirns vor und nach dem Meridiandurchgange auf Grund einer einfachen Mittelbildung der Beobachtungszeiten bestimmt werden.

Selbstverständlich werden die Messungen um so schärfer ausfallen, je weiter man vom Meridian abgeht, d. h. je größer die Abhängigkeit der Zenitdistanzänderungen von der Zeit ist. Die Genauigkeit, die man dabei erreicht, läßt sich schon während der Beobachtung einigermaßen beurteilen, denn man braucht nach der Einstellung eines Sterns nur zu beachten, wieviel Sekunden vergehen, bis er deutlich vom Horizontalfaden abweicht. Die betreffende Zeit kann dann ungefähr als Anhalt dafür dienen, innerhalb welcher Genauigkeitsgrenzen die Uhrkorrektion sich schließlich ergeben wird.

Sind ϑ_o bzw. ϑ_w die zu gleichen Zenitdistanzen östlich und westlich vom Meridian gehörenden, am besten aus mehreren aufeinanderfolgenden Messungen graphisch oder rechnerisch abgeleiteten Angaben einer Sternzeituhr, so ist offenbar

$$\vartheta' = \frac{\vartheta_0 + \vartheta_w}{2}$$

die Chronometerzeit der Kulmination des Sterns, und der Uhrfehler wird dementsprechend

$$\Delta\vartheta = \alpha - \vartheta'.$$

Für diese Methode lassen sich unter Umständen auch Theodolite, d. h. Instrumente ohne Höhenkreis, verwenden, und zwar dann, wenn man sich darauf beschränkt, nur zwei gleiche Höhen zu kombinieren. Man kann in diesem Falle nach Einstellung eines Sternes vor seinem Meridiandurchgange den Zeitmoment notieren, in dem der Stern das Fadenkreuz passiert, und nach vorsichtiger horizontaler Drehung des Instruments nach einigen Stunden im Westen die Überschreitung derselben Höhe durch den Stern abwarten.

Ausgezeichnet eignet sich für die Methode der gleichen Höhen der Sextant. Man überzeugt sich zunächst, bei Landbeobachtungen natürlich unter Verwendung eines künstlichen Horizonts, von der Geschwindigkeit der Höhenänderung des emporsteigenden Gestirns, am besten der Sonne, stellt den Nonius auf nächstliegende volle oder halbe Grade der Teilung ein und notiert die Zeiten, zu denen das Gestirn die eingestellten Höhen erreicht, d. h. die Momente, in denen sich z. B. die Sonne und ihr Spiegelbild decken. Wird das Verfahren am Nachmittag wiederholt, so erhält man am Westhimmel zu den korrespondierenden Höhen wieder entsprechende Uhrzeiten, deren Vereinigung ohne jede Nebenrechnung (also ohne Berücksichtigung von Refraktion, Parallaxe, Indexfehler usw.) die Uhrzeit des wahren Mittags ergibt.

Bei Benutzung der Sonne wäre höchstens zu beachten, daß infolge ihrer Ortsverschiebung in der Ekliptik, d. h. in einer z. T. schrägen Bahn, Vor- und Nachmittagsbogen im allgemeinen keine absolute Symmetrie aufweisen. Da die scheinbare Bewegung vom Aufgang bis zum Untergang bei unveränderter Stellung des Beobachters nur von der Deklination der Sonne abhängt, so ist die erwähnte Unsymmetrie dann am größten, wenn auch die tägliche Deklinationsänderung der Sonne den größten Betrag erreicht, d. h. im März und September. Näheres über die Berücksichtigung dieser Bewegung wird später mitzuteilen sein (S. 128); für genäherte Zeitbestimmung darf bei nicht allzu großen Zwischenzeiten die kleine Änderung ganz außer acht gelassen werden.

Ist also wieder U_0 die Uhrzeit vor und U_w die Uhrzeit nach dem Meridiandurchgange der Sonne, bezogen auf gleiche Zenitdistanzen, so ist die genäherte Uhrzeit der Sonnenkulmination gegeben durch

$$U' = \frac{U_0 + U_w}{2}$$

und die Korrektion der benutzten M.Z.-Uhr:

$$\Delta U = 12^h\,0^m\,0^s - \text{Zeitgleichung} - U'.$$

Da die Bestimmung der Zeit auch in Fällen, in denen ein besonderer wissenschaftlicher Zweck nicht vorliegt, von Bedeutung ist, hat man diesem Bedürfnis durch Herstellung einfacherer Apparate und Vorrichtungen als sie hier bisher behandelt wurden, entgegenzukommen versucht. Einige dieser unter besonderen Namen patentierten Instrumente sind nichts weiter als genauer gearbeitete Sonnenuhren mit Schattenzeiger; doch fehlt es dabei auch nicht an recht sinn- und lehrreichen Apparaten, unter denen das englische Dipleidoskop, das Wiener Chronodeik, das Steinheilsche Passagenprisma u. a. sich gut eingeführt haben. Da die meisten dieser Vorrichtungen in erster Linie für eine feste

Station berechnet sind, kommen sie für die allgemeinere Aufgabe der Ortsbestimmung nur beiläufig in Frage. Zu bemerken wäre jedoch, daß die mit ihnen erzielten Beobachtungen die Zeit bis auf wenige Sekunden, zum Teil bis auf weniger als 1^s ergeben. In geeigneten Fällen kann somit die Verwendung dieser Instrumente ohne Bedenken empfohlen werden.

19. Bestimmung der genäherten Länge eines Beobachtungsortes

Durch die Möglichkeit, täglich zu mehreren Terminen die Greenwicher Zeit, also die Zeit des Nullmeridians, mit jeder gewünschten Genauigkeit auf dem Wege des Rundfunks zu erhalten, sind die Längenbestimmungen auf der ganzen Erde außerordentlich vereinfacht worden, so daß das, was darüber hier und in einigen späteren Abschnitten gesagt wird, mit den Fällen rechnet, in denen die Einrichtung für den drahtlosen Empfang versagt oder aus besonderen Gründen eine Kontrolle erheischt.

Während es im allgemeinen keine Schwierigkeiten bereitet, mit Hilfe der vorhin angegebenen Verfahren die Breite bis auf Bruchteile einer Bogenminute und die Zeit bis auf wenige Sekunden genau zu ermitteln, muß sich der Beobachter, wenn er rasch in den Besitz der geographischen Länge gelangen will, mit einem wesentlich dürftigeren Ergebnis begnügen. Zur Ableitung der Breite und der Zeit stehen ihm des Tages die Sonne, des Abends eine große Anzahl Sterne zur Verfügung, deren Meridianhöhen zur Breite und deren Kulminationsmomente zur Sternzeit äußerst einfache Beziehungen haben. Man sucht dagegen vergeblich unter den Kreisen an der scheinbaren Himmelskugel nach irgendwelchen Winkeln, die mit der geographischen Länge des Beobachtungsortes unmittelbar zusammenhängen. Wollte man diese durch die bisher betrachteten Kreise an der Himmelskugel ausdrücken, so könnte man sie nur definieren als den Unterschied der Stundenwinkel eines und desselben Gestirns in Greenwich und am Beobachtungsorte. Da weder der eine noch der andere Winkel unmittelbar zu beobachten ist, so ist die Bestimmung der Länge durch direkte Messungen am Himmel unmöglich. Hat man jedoch ein Chronometer zur Verfügung, das den Stundenwinkel der mittleren

Sonne (mittlere Zeit) oder den Stundenwinkel des Frühlingspunktes (Sternzeit) für den Meridian von Greenwich genau genug angibt, und ist außerdem die Ortszeit durch sorgfältige Zeitbestimmungen gesichert, so stellt der Unterschied: Ortszeit minus Greenwicher Zeit die geographische Länge dar. Da sowohl der bürgerliche Tag wie der Sterntag je 24 Stunden umfassen und einer Erdumdrehung um volle 360° entsprechen, ist es dabei gleichgültig, ob die erwähnte Zeitdifferenz in Sternzeit oder in mittlerer Zeit ausgedrückt ist.

Wird das Chronometer mit seinen sorgfältig geführten Uhrstandsangaben nach einem anderen Ort übertragen, so liefert wieder jede Zeitbestimmung einen Längenwert. Es ist klar, daß diese einfache Methode der Längenbestimmung durch Chronometerübertragung alle anderen Verfahren überflüssig machen würde, wenn es möglich wäre, die Zeitmesser so zu regulieren, daß sie für Wochen oder gar für Monate einen regelmäßigen, von Temperaturwechsel, Stößen und dergleichen unabhängigen Gang zeigten. Da dies sich nur in sehr beschränktem Maße erzielen läßt, so bietet die Übertragung nur dann Aussicht auf Erfolg, wenn man nicht nur mehrere Chronometer mitnimmt, sondern auch deren täglichen Gang durch möglichst häufige Zeitbestimmungen dauernd unter Kontrolle hält. Die Methode kann somit, wenigstens praktisch, nicht gerade zu den einfachen Verfahren der Längenbestimmung gezählt werden und soll daher erst in einem späteren Abschnitt näher behandelt werden.

Sieht man hiervon ab, so kommen für genäherte Längenbestimmungen fast ausschließlich einige Himmelserscheinungen in Betracht, die sich für alle Punkte der Erde ohne Rücksicht auf die geographische Lage des Beobachtungsortes gleichartig abspielen. Ist der Zeitmoment einer solchen Erscheinung außer an dem Beobachtungsorte mit zweifelhafter Länge auch noch auf Stationen mit gesicherter geographischer Lage beobachtet oder im Jahrbuch für den Meridian von Greenwich berechnet, so ergibt der Zeitunterschied wiederum die Längendifferenz zwischen dem Beobachtungsort und dem betreffenden Vergleichsmeridian.

Wenn man von den seltenen, stets unvorhergesehenen Erscheinungen der Feuerkugeln oder helleren Sternschnuppen absieht, eignen sich von den himmlischen Erscheinungen lediglich die Verfinsterungen der Planetentrabanten durch den

Schatten der Hauptkörper und hiervon wiederum nur die Verfinsterungen des Erdmondes und der vier hellen Satelliten des Jupiter für den vorliegenden Zweck.

Es ist zunächst klar, daß sowohl der Eintritt in den Schatten als auch der Austritt aus demselben als eine rein physische Erscheinung für jeden Punkt der Erdoberfläche in dem gleichen Moment stattfinden muß. Ist also der Himmel klar und steht der Mond bzw. der Planet Jupiter nicht gerade unter dem Horizont, so kann ein im Jahrbuch angezeigter Schattenantritt oder -austritt überall gleichzeitig und gleichartig beobachtet werden. Ist also U_g der in der Ephemeride gegebene Moment für Weltzeit, U dagegen die durch eine vorangegangene und nachfolgende Zeitbestimmung gesicherte Ortszeit der Erscheinung, so ist die Länge λ gegeben durch

$$\lambda = U_g - U.$$

Die Optik der Universalinstrumente reicht für die sichere Auffassung der Trabantenverfinsterungen des Jupiter nicht aus, doch verfügt heute wohl jede Expedition über ein Stativfernrohr von 8—10 cm Objektivöffnung, mit dem das Unsichtbarwerden und Wiedererscheinen der Monde in aller Bequemlichkeit beobachtet werden kann.

Der erste, am häufigsten verfinsterte Jupitermond bewegt sich in seiner Bahn so rasch, daß bei einiger Aufmerksamkeit und Übung die in Frage kommenden Momente bis auf wenige Bruchteile einer Minute zu erfassen sind. Die Genauigkeit der Beobachtungen nimmt natürlich stark ab, je mehr man zu den entfernteren Jupitermonden übergeht, was schon aus der nachstehenden Zusammenstellung der sog. synodischen Umlaufszeiten der vier großen Satelliten hervorgeht:

I. Trabant	$1^d\ 18^h\ 28^m$	III. Trabant	$7^d\ 4^h\ 0^m$
II. „	$3^d\ 13^h\ 18^m$	IV. „	$16^d\ 18^h\ 5^m$.

Der vierte, übrigens nur zeitweise in den Jupiterschatten eindringende Trabant wird am besten gar nicht verwertet, und auch bei den übrigen Monden wird man gut tun, sowohl den Eintritt als auch den Austritt zu erhalten. Gegenüber der Vorausberechnung des Jahrbuchs wird bei Anwendung lichtschwacher Optik der erste Moment zu früh, der zweite zu spät beobachtet. Verwendet man beide, so kann das arithmetische Mittel im wesentlichen als richtig gelten.

Da alle Erscheinungen, die mit den Trabantenbewegungen im Sonnensystem verknüpft sind, in der Vorausberechnung kleine Unsicherheiten enthalten, wird man sich mit den Verfinsterungszeiten des benutzten Jahrbuchs nicht begnügen, sondern nach Ausführung der Beobachtungen an einer astronomischen Zentralstelle nach etwaigen auf Sternwarten erhaltenen Verbesserungen der vorausberechneten Momente vorfragen.

Im allgemeinen geben die Jupitertrabanten, vereinzelt beobachtet, nur unsichere Längen. Da sie jedoch so überaus einfach zu beobachten und zu verwerten sind und nur sehr genäherte Zeitbestimmungen erfordern, sind sie hier erwähnt worden.

Zur Beurteilung der Genauigkeit, mit der Längenbestimmungen durch dieses oder jenes Verfahren zu erhalten sind, sei daran erinnert, daß der Tag, d. h. eine volle Erdumdrehung, 86400 Sekunden umfaßt. Bei einem Erdumfang von 40000 km entspricht somit 1^s rund 460 m, was mit der früheren Feststellung ($4^s = 1' = 1850$ m $= 1$ Seemeile) übereinstimmt. Eine Unsicherheit in der Zeitbestimmung von $\pm 2^s$ bedingt am Erdäquator bereits die bedeutende Ungewißheit in Länge von $\pm 0.'5$ oder ± 1 km, woraus bereits die Schwierigkeit aller Längenmessungen gegenüber den viel einfacheren Breitenbestimmungen hervorgeht. Infolge der Konvergenz der Meridiane nach den Polen zu verringert sich jedoch der Fehler bei 42^0 Breite auf $^3/_4$, bei 60^0 auf $\frac{1}{2}$ und bei 75^0 sogar auf $^1/_4$ des angegebenen Betrages, so daß für höhere Breiten, also insbesondere für die Polarforschung, die genäherten Methoden der Längenbestimmung durchaus noch die Beachtung verdienen, die man ihnen früher geschenkt hat.

20. Bestimmung des genäherten astronomischen Azimuts eines terrestrischen Punktes

Weniger für astronomische als für geodätische Messungen und für nautische Aufgaben kommt die Bestimmung des Azimuts, also des horizontalen Winkelabstandes eines Gestirns von der Nordsüd-Richtung in Frage. Das Azimut eines Sterns zu erhalten, ist dabei nur selten Selbstzweck der betreffenden Messung. In der Regel handelt es sich um astronomische Azimute von terrestrischen Punkten, die in ihrer gegenseitigen Lage durch eine Routenaufnahme, eine Kleintriangulation, durch ein photogrammetrisches Verfahren oder dergleichen bereits bestimmt sind und eine mehr oder weniger scharfe Orientierung nach den vier Weltrichtungen erhalten sollen. Selbst in denjenigen Fällen, in denen die Geländeaufnahme durch die Kenntnis der Deklination der Magnetnadel gesichert erscheint, wird der gewissenhafte Beobachter auf eine selbständige Prüfung der astronomischen Ausgangsrichtung seiner Vermessungen nicht verzichten.

Es braucht kaum besonders darauf hingewiesen werden, daß zur astronomischen Orientierung irgendeines Vermessungsprogramms das Azimut eines einzigen, scharf einstellbaren fernen Objektes, d. h. einer Mire (S. 93), genügt. Die Azimute aller anderen Punkte ergeben sich dann aus der geodätischen Vermessung oder durch einfachen Anschluß von Horizontalkreisablesungen an den astronomisch bestimmten Normalpunkt. Die Ermittelung eines astronomischen Azimutes hat dann gewissermaßen nur den Zweck, den Indexfehler des Horizontalkreises, d. h. die Abweichung seines Nullpunktes von der Südrichtung, zu bestimmen. Daß dieser Indexfehler je nach der Aufstellung des Instruments viele Grade betragen kann, ist für die Messungen belanglos.

Da die astronomische Azimutbestimmung in den geschilderten Fällen zunächst nur kartographischen Zwecken dient, so sollen hier zuerst einige einfache Methoden mitgeteilt werden, bei denen die Orientierung am Tage, also mit Hilfe der Sonne, erfolgen kann.

Zur Kontrolle der magnetischen Deklination der Kompaßnadel am Beobachtungsorte genügt es vollkommen, wenn die Bestimmung des astronomischen Azimuts m. a. W. der Lage des Südpunktes etwa innerhalb eines Viertelgrades gelingt.

Die Symmetrie der scheinbaren Gestirnsbahnen gegenüber der Meridianlinie kann auch hier wieder sinngemäß verwertet werden, indem man z. B. zwei zu dem gleichen östlichen und westlichen Stundenwinkel gehörige Azimute eines Sterns mittelt. Für eine rohe Terrainskizze wird es dabei genügen, an einem klaren Tage einfach die auf- und die untergehende Sonne (nicht den Mond!) mit dem Kompaß anzupeilen und durch Bildung des arithmetischen Mittels der Ablesungen das magnetische Azimut der Meridianrichtung abzuleiten. Besser ist es, jede derartige Beobachtung, z. B. die Anpeilung des Sonnenunterganges, zur Bestimmung der astronomischen Nord-Süd-Richtung getrennt zu verwenden. In dem betreffenden Moment ist nämlich in unserem Poldreieck *PZG* (vgl. Fig. 6) die Seite *ZG*, d. h. die Zenitdistanz des Sonnenmittelpunktes $= 90^0$, und man erhält somit durch Anwendung des Cosinussatzes (3) auf die Seite $PG = 90^0 - \delta$

$$\sin\delta = -\cos\varphi\cos a_0,$$

somit

$$\cos a_0 = -\frac{\sin\delta}{\cos\varphi}.$$

Ein Vergleich der Peilung a' mit a_0 ergibt dann Sinn und Betrag der magnetischen Deklination am Beobachtungsorte.

Die soeben abgeleitete Azimutformel für den Auf- bzw. Untergang eines Gestirns nimmt keine Rücksicht auf die Wirkung der Strahlenbrechnng, deren Einfluß es zuzuschreiben ist, daß die Gestirne bei ihrem Aufgang sich in Wirklichkeit noch $0^0.6$ (vgl. S. 33) unter dem Horizont befinden. Wartet man jedoch ab, bis der untere Rand der Sonne sich etwa um ihren Halbmesser über die Horizontlinie erhoben hat, so entspricht die obige Formel fast genau dem Aufgang der wahren Sonnenmitte und kann ungeändert Anwendung finden. Übrigens ist die Berücksichtigung der Refraktion sehr leicht ausführbar, wenn man bedenkt, daß der Seite *ZG* eigentlich ein Bogen $= 90^0 +$ Horizontalrefraktion zukommt. Es ist also

$$ZG = 90^0 + R = 90^0.6.$$

Die strenge Formel für $\sin\delta$ lautet dann:

$$\sin\delta = -\sin\varphi\sin R - \cos\varphi\cos R\cos a_0.$$

Im Bereiche einer vierstelligen Rechnung ist

$$\cos R = 1, \qquad \sin R = \sin 0^0.6 = 0.01,$$

so daß

$$\cos a_0 = -(\sin\delta\sec\varphi + 0.01\,\mathrm{tg}\,\varphi)$$

gesetzt werden kann.

Sowohl aus der Formel als auch aus der Tatsache, daß die Gestirne in äquatorialen Gegenden senkrecht aufgehen, ist ersichtlich, daß der Korrektionsausdruck für Refraktion nur in höheren Breiten nennenswerte Beträge erreicht, zuletzt sogar, wie auch die Anschauung lehrt, unendlich wird.

Die Messungen zum Zwecke der Zeitbestimmung aus zwei gleichen Höhen vor und nach dem Meridiandurchgang eines Gestirns (S. 113) lassen sich auch unmittelbar zur Ableitung der Meridianrichtung und damit auch der Azimute verwerten. Es ist dann nichts weiter nötig, als für die von dem Gestirn (Planet, Fixstern) überschrittenen gleichen Höhen außer den Uhrzeiten auch noch die Stellung des Horizontalkreises abzulesen. Da zu gleichen Höhen auch gleiche Meridianabstände gehören, so ergibt das Mittel der korrespondierenden Ablesungen am Horizontalkreise die Lage der Meridianlinie auf diesem.

So einfach sich diese Verfahren auch rechnerisch gestalten, so ist doch zu bedenken, daß die Verwertung besonderer Gestirnstellungen, wie Auf- und Untergang, gleiche Höhen, Meridiandurchgang, für irgendwelche allgemeinen Messungszwecke stets unökonomisch ist, weil sie ein zeitraubendes Abwarten der Erscheinungen erfordert. Man sollte daher auf solche Sonderstellungen der Gestirne nur im Notfalle zurückgreifen und im übrigen die Auflösung der sphärischen Formeln für genauere Azimute (S. 161f.) nicht scheuen, deren einfachste sich durch Anwendung des Sinussatzes (4) auf das sphärische Poldreieck ergibt und nur für Azimute um $\pm 90^0$ ungeeignet ist. Tatsächlich kann durch den Ausdruck

$$\sin a = \frac{\cos \delta \sin \tau}{\sin z}$$

bei bekannter Deklination, Zeit und Zenitdistanz das Azimut auf der Südseite des Horizontes etwa zwischen 290^0 und 70^0, auf der Nordseite zwischen 110^0 und 250^0 auf mindestens $1'$ genau bestimmt werden, wenn die Grunddaten zuverlässig vorliegen.

IV. ABSCHNITT

STRENGERE VERFAHREN ZUR BESTIMMUNG DER UHRKORREKTION UND DER POLHÖHE

21. Bestimmung der Uhrkorrektion aus Zenitdistanzen in der Nähe des Ostwest-Vertikals

In dem vorangehenden Abschnitt ist gezeigt worden, wie sich der Beobachter an einem unbekannten Orte rasch in den Besitz von genäherten Werten der Zeit, Polhöhe und Länge setzen kann. Aufgabe der nächsten Kapitel ist es nun, die strengeren Vorschriften zur Ableitung dieser Ortskonstanten zu entwickeln, wobei also das Hauptgewicht weniger auf die rasche und bequeme Gewinnung des Resultates, als auf eine möglichst ausgiebige Ausnutzung der instrumentellen Hilfsmittel gelegt werden soll.

Aus dem Poldreieck ist ersichtlich, daß man nach Ausschaltung des Azimuts a und des parallaktischen Winkels q, die sich, wie bereits mehrfach erwähnt wurde, nicht unmittelbar am Himmel mit der erforderlichen Genauigkeit messen lassen, direkte Beziehungen nur zwischen den vier Stücken

$$\varphi,\ \delta,\ z \text{ und } \tau$$

aufstellen kann, und zwar so, daß je drei gegebene Größen die vierte bestimmen. Ist somit die Breite φ gesucht, so müssen die Deklination δ, die Zenitdistanz z und der Stundenwinkel τ bekannt sein, wobei die letzte Größe erst aus der Rektaszension α und der Sternzeit ϑ nach

$$\tau = \alpha - \vartheta \ (\overline{\ast} \text{ östlich vom Meridian})$$
$$\tau = \vartheta - \alpha \ (\ast \text{ westlich vom Meridian})$$

abgeleitet werden muß. Es ist also eine genaue Bestimmung von φ aus dem Poldreieck ohne Kenntnis der richtigen Zeit nicht möglich, und umgekehrt, erfordert die Bestimmung von τ mindestens eine genäherte Kenntnis der Breite. Verfügt man, wie dies auf Expeditionen häufiger vorkommen wird, weder über die eine noch über die andere der beiden Größen, so ist die Aufgabe strenggenommen nicht lösbar. Nun ist aber, wie gleich gezeigt werden soll, der Einfluß eines Breitenfehlers bei Stundenwinkeln, die in der Nähe von 90⁰ liegen, sehr gering, so daß bei Berücksichtigung dieses Umstandes auch mit beträchtlich unsicheren Werten der Polhöhe doch brauchbare Zeitbestimmungen erzielt werden. Genügt hierzu die ungefähre Kartenposition des Beobachtungsortes nicht, so wird jedenfalls eines der im dritten Abschnitt mitgeteilten genäherten Verfahren dem Beobachter genügende Grundlagen für seine weiteren genaueren Berechnungen bieten.

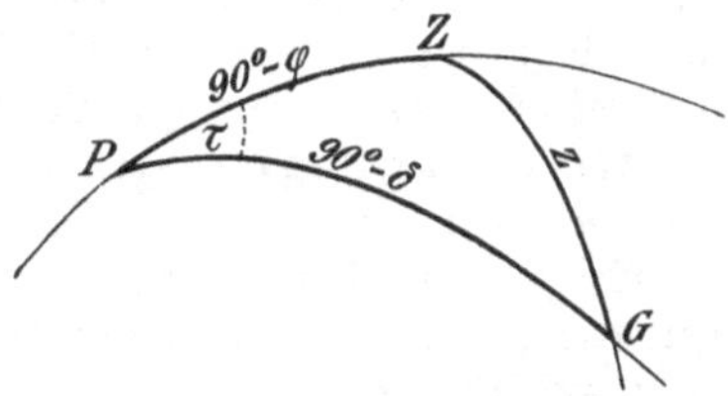

Fig. 47

Zur Ermittelung des Stundenwinkels τ seien im Poldreieck somit wieder δ, z und φ, letzteres mehr oder weniger genähert, gegeben, dann hat man nach (3)

$$\cos z = \sin \varphi \sin \delta + \cos \varphi \cos \delta \cos \tau$$

und hieraus

$$\cos \tau = \frac{\cos z - \sin \varphi \sin \delta}{\cos \varphi \cos \delta}$$

oder

$$\text{(A)} \qquad \boldsymbol{\cos \tau = \frac{\cos z}{\cos \varphi \cos \delta} - \operatorname{tg} \varphi \operatorname{tg} \delta}\,.$$

Diese für die logarithmische Berechnung anscheinend unvorteilhafte, aber nicht unbequeme Formel — bei mehreren Einstellungen ein und desselben Sterns bleiben $\cos \varphi \cos \delta$ und $\operatorname{tg} \varphi \operatorname{tg} \delta$ unverändert — gestattet verschiedene Umformungen. Um zu einem Tangens-Ausdruck zu gelangen, wäre Formel (6) anzuwenden. Setzt man dementsprechend

$$\text{(B)} \qquad \left\{ \begin{aligned} s &= 90^0 - \left(\frac{\varphi + \delta - z}{2}\right) \\ \sigma &= \frac{\varphi + \delta + z}{2}\,, \end{aligned} \right.$$

so wird, wenn man nach S. 18 $a = z$, $b = 90^0 - \delta$, $c \mp 90^0 - \varphi$ setzt,

$$s = 90^0 - (\sigma - z) \qquad s - b = \sigma - \varphi$$
$$s - a = 90^0 - \sigma \qquad s - c = \sigma - \delta$$

und

$$\text{(C)} \qquad \operatorname{tg}\frac{\tau}{2} = \sqrt{\frac{\sin(\sigma - \varphi)\sin(\sigma - \delta)}{\cos(\sigma - z)\cos\sigma}}.$$

Betrachtet man die Formel (A) genauer, so erkennt man zunächst, daß sie die genauesten Werte in der Nähe von $\tau = 90^0$ liefert, also dort, wo die Cosinus-Funktionen die stärksten Änderungen aufweisen. Schon aus diesem Grunde ist es erforderlich, zu Zeitbestimmungen aus Zenitdistanzmessungen Sterne zu verwenden, deren Stundenkreis möglichst rechtwinklig zur Meridianlinie steht. Da man dabei überhaupt nur rasch auf- bzw. absteigende, d. h. äquatornahe Sterne benutzt, so wird man demnach die günstigsten Beobachtungsobjekte in der Nähe des Ostwest-Vertikals zu suchen haben. Auf den geringen Einfluß des Polhöhenfehlers auf die Zeit in der gleichen Stellung der Gestirne ist bereits auf S. 123 hingewiesen worden.

Um beides noch näher zu begründen, soll mit Hilfe der Formel (12) das Abhängigkeitsverhältnis zwischen dem Stundenwinkel τ und einer kleinen Zenitdistanz- bzw. Breitenänderung dz und $d\varphi$ geprüft werden. Man erhält zunächst:

$$\cos\varphi \sin a \, d\tau = dz - \cos a \, d\varphi + \cos q \, d\delta.$$

Bei ungeändertem δ fällt der hiervon abhängige Ausdruck fort, so daß

$$\text{(D)} \qquad d\tau = \frac{1}{\cos\varphi \sin a} dz - \frac{1}{\cos\varphi \operatorname{tg} a} d\varphi$$

wird. Hieraus ist ersichtlich, daß der Einfluß der Fehler dz bzw. $d\varphi$ auf den Stundenwinkel am geringsten ist, wenn die Nenner der Koeffizienten möglichst groß werden, und das ist dann der Fall, wenn das Azimut a nahe an 90^0 gewählt wird. Da

$$\operatorname{tg} 90^0 = \infty,$$

verschwindet sogar der Einfluß eines Polhöhenfehlers im Ostwest-Vertikal ganz, so daß man in dieser Lage mit ganz rohen

Annahmen von φ auskommt. Selbst in einem Azimut, das um 10^0 vom Ost- bzw. Westpunkte abweicht, wird in unseren Breiten ($\varphi = 50^0$, $a = 80^0$)

$$\frac{1}{\cos\varphi \operatorname{tg} a} = \frac{1}{0.6 \cdot 5.7} = 0.3,$$

d. h. ein Fehler $d\varphi$ geht dann nur noch mit kaum $^1/_3$ seines Betrages in das Resultat ein. Nimmt man also für diesen Fall den möglichen Breitenfehler

$$d\varphi = 3'$$

an, so wird hierdurch τ in unseren Breiten nur um $1' = 4^s$ verfälscht. Aus dem Ausdruck ist auch ersichtlich, daß die Verhältnisse in der Nähe des Äquators, wo $\cos\varphi$ nahezu $= 1$ wird, sich günstiger gestalten als in höheren Breiten, wo die Methode zuletzt, wie schon die bloße Anschauung lehrt, in der Nähe der Pole ganz versagt.

Der Koeffizient $\dfrac{1}{\cos\varphi \sin a}$

von dz erreicht, wie man sich leicht überzeugt, nirgends den Wert Null. Der Ausdruck kann günstigstenfalls am Äquator ($\varphi = 0^0$) und bei strenger Innehaltung des Ostwest-Vertikals ($a = 90^0$) gleich 1 werden, d. h. ein Fehler in der Zenitdistanz wird in der Regel mit einem vergrößernden Faktor in den Stundenwinkel eingehen. Selbst wenn es gelingt, den genannten Vertikal bis auf $\pm 10^0$ innezuhalten, so wird doch in unseren Breiten

$$\frac{1}{\cos\varphi \sin a} = \frac{1}{0.6 \cdot 1.0} = 1.67,$$

mit anderen Worten, der Zenitdistanzfehler geht bei uns günstigstenfalls mit dem $1^2/_3$fachen Betrage in das Ergebnis ein. Ein Sextant oder ein Universal, die vertikale Winkel bis auf $\pm 1'$ abzulesen gestatten, ermöglichen somit durch Benutzung einer Einzelmessung bei uns im günstigsten Falle Zeitbestimmungen bis auf $\pm 7^s$; die vorliegende Methode liefert also bei einer einzelnen Zenitdistanzmessung bis auf $\pm 10''$ noch nicht die volle Sekunde.

Was die Ausführung der Messungen anbetrifft, so bedarf es hierzu nach dem Vorangehenden kaum einer besonderen Anleitung. Um möglichst alle zufälligen und systematischen Fehler zu vermeiden, benutze man zwei Sterne, einen im Osten und einen im Westen und beobachte jeden von ihnen mehrere Male in beiden Lagen des Instruments.

In dem Beispiel 9 des Anhangs ist neben der direkten Auflösung der Aufgabe (Beispiel 8) noch eine differentielle Reduktion der Einzelmessungen angegeben. Da nämlich die Rechnungen für alle Reihen mit einem unveränderlichen Wert φ durchgeführt werden, so ist $d\varphi = 0$. Der Ausdruck (D) lautet somit

$$d\tau = \frac{1}{\cos\varphi \sin a} dz$$

oder, da im Poldreieck nach (4) die Beziehung

$$\sin a = \frac{\cos\delta \sin\tau}{\sin z}$$

besteht, so wird

$$\text{(F)} \qquad d\tau = \frac{\sin z}{\cos\varphi \cos\delta \sin\tau} dz,$$

wobei der Koeffizient von dz für jede zusammenhängende Messungsreihe als konstant angenommen werden kann. Die Änderung des Stundenwinkels zwischen den einzelnen Beobachtungen ergibt sich dann unmittelbar durch Multiplikation der Zenitdistanzänderung mit einem konstanten Faktor.

Ist der Stundenwinkel $\tau > 90^0$, so wird in der Formel (A) (S. 123) $\cos\tau$ negativ. Man hat dann, da

$$-\cos\tau = \sin(\tau - 90^0)$$

ist, in der Logarithmentafel an Stelle von τ den Wert von $\tau - 90^0$ aus der Reihe der Sinus-Funktionen zu entnehmen.

Ist die Sonne beobachtet, so muß für jeden Moment die Deklination des eingestellten Randpunktes aus den Angaben des Jahrbuchs bestimmt werden. Für die Reduktion empfiehlt sich hier die Anwendung der vorhin abgeleiteten Formel (C), umsomehr, als man bei Sonnenbeobachtungen vielfach gezwungen sein wird, merklich vom Ostwest-Vertikal abzuweichen und sich dem Meridian bis auf 2^h oder 3^h zu nähern. Das resultierende τ stellt bei der Sonne wieder den wahren Stundenwinkel dar. Wurde also nach einer Uhr beobachtet, die für M.Z. reguliert war (U'), so wird die richtige Zeit durch eine der Gleichungen:

$U = 12^h$ — Zeitgleichung $+ \tau$ (Nachmittagsbeobachtung)
$U = 12^h$ — Zeitgleichung $- \tau$ (Vormittagsbeobachtung)

bestimmt. Wie bei den genäherten Zeitbestimmungen ergibt sich auch hier die Uhrkorrektion aus

$$\Delta U = U - U'.$$

Eine besondere Bedeutung erhalten die Bestimmungsgleichungen für τ, wenn man $z = 90^0$ setzt. Das aus

$$\cos \tau_0 = - \operatorname{tg} \varphi \operatorname{tg} \delta$$

folgende τ_0 stellt dann den Stundenwinkel für das Erscheinen und Verschwinden des Gestirns am Horizont dar. Bei bekannter Kulminationszeit ergibt somit die letzte Gleichung den Auf- und Untergangsmoment eines Sterns, allerdings zunächst ohne Berücksichtigung der Strahlenbrechung. Wünscht man letztere mitzunehmen, so ist $z = 90^0.6$ (vgl. S. 120) zu setzen und τ_0 aus

$$\cos \tau_0 = - \frac{\sin 0^0.6}{\cos \varphi \cos \delta} - \operatorname{tg} \varphi \operatorname{tg} \delta$$

($\sin 0^0.6 = 0.01$) streng zu berechnen.

Bei Fixsternen und Planeten ist dann

$\vartheta_0 = \alpha - \tau_0$ die Sternzeit des Aufganges

$\vartheta_w = \alpha + \tau_0$ die Sternzeit des Unterganges;

dagegen bei der Sonne

$U_0 = 12^h - \text{Zeitgl.} - \tau_0$ die mittlere Zeit des Aufganges des Sonnenmittelpunktes

$U_w = 12^h - \text{Zeitgl.} + \tau_0$ die mittlere Zeit des Unterganges des Sonnenmittelpunktes.

Die Formel für die Sterne gilt auch für den Mond, doch beeinflußt hier die Parallaxe und die beträchtliche Eigenbewegung das Resultat so merklich, daß genauere Auf- und Untergangstermine des Erdtrabanten nur bei strenger Berücksichtigung dieser Faktoren zu erzielen sind.

22. Ermittelung des Uhrstandes aus korrespondierenden Zenitdistanzen

In dem Kapitel über genäherte Zeitbestimmungen ist bereits auf die Ausnutzung gleicher Zenitdistanzen vor und nach der Kulmination zur Bestimmung der Durchgangszeit eines Gestirns durch den Meridian und damit zur Ableitung der Uhrkorrektion hingewiesen worden. Die daselbst (S. 113) mitgeteilte Formel

$$\Delta\vartheta = \alpha - \vartheta',$$

wo

$$\vartheta' = \frac{\vartheta_0 + \vartheta_w}{2}$$

das arithmetische Mittel der zu den gleichen Zenitabständen gehörenden Uhrablesungen darstellt, ist völlig streng, kann also unter der Voraussetzung, daß ϑ_0 und ϑ_w gehörig weit auseinanderliegen, ohne weiteres auch für genaue Zeitbestimmungen verwendet werden. Hier soll nur noch gezeigt werden, in welcher Weise die Methode in strengerer Form auch auf die Sonne, die in der Zwischenzeit ihre Deklination geändert hat, ausgedehnt werden kann.

Um den Einfluß der Deklinationsänderung auf den Stundenwinkel zu ermitteln, gehe man wieder von der Differentialformel (S. 124)

$$\cos\varphi \sin a\, d\tau = dz - \cos a\, d\varphi + \cos q\, d\delta$$

aus. Bei unverändertem z und φ erhält man

$$d\tau = \frac{\cos q}{\cos\varphi \sin a} d\delta.$$

Multipliziert man Zähler und Nenner mit $\sin z$ und wandelt darauf den ersteren nach dem dritten Hauptsatz (5) um, so wird

$$d\tau = \frac{\sin\varphi \cos\delta - \cos\varphi \sin\delta \cos\tau}{\sin z \cos\varphi \sin a} d\delta$$

oder, da im sphärischen Dreieck

$$\sin z \sin a = \cos\delta \sin\tau$$

ist,

$$d\tau = \left(\frac{\operatorname{tg}\varphi}{\sin\tau} - \frac{\operatorname{tg}\delta}{\operatorname{tg}\tau}\right) d\delta.$$

Wünscht man $d\tau$ in Zeitsekunden zu erhalten, während $d\delta$ für die Zeit $U_w - U_0$ in Bogensekunden einem Jahrbuch entnommen ist, so wäre zu setzen:

$$d\tau^s = \frac{1}{15}\left(\frac{\operatorname{tg}\varphi}{\sin\tau} - \frac{\operatorname{tg}\delta}{\operatorname{tg}\tau}\right) d\delta.$$

Ist U' wieder die gesuchte Uhrzeit der Sonnenkulmination, aber verbessert für die Deklinationsänderung $d\delta$, so ist offenbar diese Zeit definiert durch die beiden Gleichungen:

$$U' = U_o + \tau$$
$$U' = U_w - (\tau + d\tau).$$

Somit ist

$$U' = \frac{U_o + U_w}{2} - \frac{d\tau}{2}$$

oder in der definitiven Form:

$$U' = \frac{U_o + U_w}{2} - \frac{1}{30}\left(\frac{\operatorname{tg}\varphi}{\sin\tau} - \frac{\operatorname{tg}\delta}{\operatorname{tg}\tau}\right) d\delta.$$

Die Uhrkorrektion ΔU ist dann gegeben durch

$$\Delta U = 12^h - \text{Zeitgleichung} - U'.$$

Die Methode der gleichen Sonnenhöhen wird zu Lande wie zur See noch zuweilen angewendet, obgleich sie die bereits auf S. 121 erwähnten Nachteile, insbesondere Zeitverlust durch Abwarten der gleichen Höhe oder gar durch Mißlingen der Nachmittagsbeobachtung infolge Bewölkung, besitzt. Im übrigen findet man den Klammerausdruck

$$\left(\frac{\operatorname{tg}\varphi}{\sin\tau} - \frac{\operatorname{tg}\delta}{\operatorname{tg}\tau}\right)$$

in jedem nautischen Tafelwerk tabuliert vor, so daß die Reduktion der korrespondierenden Beobachtungen fast gar keine Rechnung erfordert, zumal angesichts der Symmetrie der Gestirnslage alle Korrektionen (Refraktion, Sonnenhalbmesser, Parallaxe) in Fortfall kommen. Bezüglich der Strahlenbrechung gilt das letztere nur insofern, als eine Vernachlässigung der Thermometer- und Barometeränderung statthaft erscheint. Da das Temperaturmaximum auf dem Lande nicht um die Mittagszeit, sondern erst gegen 2^h nachmittags eintritt, ist jedenfalls eine Symmetrie der Wärmekurve zum Meridiandurchgang der Sonne nicht ohne weiteres zu erwarten.

Der vorsichtige Beobachter wird sich bei den Beobachtungen nicht mit je einer korrespondierenden Zenitdistanz begnügen. sondern das Instrument — der Sextant eignet sich hierzu am besten — nach einer rohen Orientierungsmessung auf volle Noniusteile, also z. B. auf

$$\left.\begin{array}{l} h^0 \\ h^0 + 10' \\ h^0 + 20' \end{array}\right\} \text{vor der Kulmination} \qquad \left.\begin{array}{l} h^0 + 20' \\ h^0 + 10' \\ h^0 \end{array}\right\} \text{nach der Kulmination}$$

usw. einstellen, das Überschreiten der betreffenden Zenitdistanzen durch die Sonne abwarten und die Uhrzeiten notieren. Je zwei korrespondierende Durchgänge eines Sonnenrandes durch die eingestellte Höhenlage ergeben dann je einen Moment für die Uhrzeit der Sonnenkulmination am Beobachtungsorte und müssen nach Berücksichtigung der Korrektion für $d\delta$ untereinander übereinstimmen.

23. Bestimmung des Uhrstandes mit Hilfe des Passageninstruments

Auf die zuweilen nicht ausreichende Genauigkeit der Zeitbestimmung aus Zenitdistanzmessungen ist bereits S. 125 aufmerksam gemacht worden. Schon äußerlich liegt ein Nachteil der Methode darin, daß der Zeitmoment des Sternantritts an den horizontalen Faden bei dem mehr oder weniger schrägen Durchgang des Gestirns sich nicht sehr genau erfassen läßt, besonders aber darin, daß die Zeit der gemessenen Sternlage auf dem Umwege über die Zenitdistanzmessung berechnet werden muß, womit erst recht eine größere Anzahl von Fehlerquellen verbunden ist.

Die Schattenseiten der bisher besprochenen Zeitbestimmungsmethoden fallen nun sämtlich fort, wenn man die Uhrkorrektion aus Sternkulminationen mit Hilfe des Durchgangsinstruments bestimmt. Beim Überschreiten der Mittagslinie kreuzen die Sterne in allen Deklinationen und in allen Breiten die vertikalen Fäden des Gesichtsfeldes unter einem rechten Winkel; die Schärfe der Beobachtung hängt also lediglich von der Geschwindigkeit ab, mit der die eingestellten Objekte je nach ihrem Äquatorabstand die Fäden überschreiten. Zur völligen Ausnutzung des Instruments ist es allerdings notwendig, die Fehler der Neigung, der Kollimation und des Azimuts, also die Größen i, c, k, des öfteren zu bestimmen und zu berücksichtigen, wofür auf S. 85ff. die notwendigen Weisungen erteilt worden sind.

An dieser Stelle sei nur daran erinnert, daß die für ein völlig fehlerfrei gebautes und genau im Meridian stehendes Instrument gültige Zeitformel

$$\Delta\vartheta = \alpha - \vartheta'$$

bei Berücksichtigung des Neigungs-, Kollimations- und Azimutfehlers die Form annimmt:

$$\Delta\vartheta = \alpha - [\vartheta' + iI + kK \pm cC] \left(\text{ob. Kulm., Kr. } \frac{\text{West}}{\text{Ost}}\right)$$

$$\Delta\vartheta = \alpha + 12^h - [\vartheta' + iI + kK \mp cC] \left(\text{unt. Kulm., Kr. } \frac{\text{West}}{\text{Ost}}\right),$$

wo

$$\left.\begin{aligned} I &= \frac{\cos(\varphi - \delta)}{\cos\delta} \\ K &= \frac{\sin(\varphi - \delta)}{\cos\delta} \\ C &= \sec\delta \end{aligned}\right\}\text{obere Kulm.} \qquad \left.\begin{aligned} I &= \frac{\cos(\varphi + \delta)}{\cos\delta} \\ K &= \frac{\sin(\varphi + \delta)}{\cos\delta} \\ C &= \sec\delta \end{aligned}\right\}\text{untere Kulm.}$$

Die Reduktion der Zeitbestimmungen wird sehr vereinfacht, wenn man in die Manuskripttafel für die Fadendistanzen der helleren Sterne (S. 85) noch die Koeffizienten I, K, C für die obere, bei Zirkumpolarsternen auch für die untere Kulmination aufnimmt, was um so leichter geschehen kann, als die betreffenden Werte in fast allen größeren Tafelwerken enthalten sind und aus ihnen durch lineare Interpolation entnommen werden können.

Die Instrumentalfehler selbst, also die Neigung i der horizontalen Drehungsachse, der Kollimationsfehler c und das Azimut k der Visierrichtung, werden in der Weise bestimmt, daß zunächst die Neigung in beiden Lagen des Achsenniveaus ermittelt wird (positiv wenn das Westende der Achse zu hoch liegt). Ein polnaher Stern, am besten der Polarstern selbst, während dessen Durchgangs man das Instrument umlegt, ergibt dann zwei Kulminationszeiten für den Mittelfaden ϑ'_o und ϑ'_w, deren Kombination zu

$$c = \pm \frac{\vartheta'_o - \vartheta'_w}{2} \cos\delta \left(\begin{matrix}\text{obere}\\ \text{untere}\end{matrix}\ \text{Kulmination}\right)$$

den Kollimationsfehler bestimmt (positiv, wenn beim Anvisieren des Gestirns der Winkel: Gestirn—Fernrohrmitte—westliches

Achsenende > 90° ist). Der Azimutfehler k ist schließlich nach

$$k = \frac{\varDelta\vartheta_p - \varDelta\vartheta_a}{K_p - K_a}$$

durch Verbindung der aus einem oder mehreren Polsternen folgenden Uhrkorrektion $\varDelta\vartheta_p$ mit dem entsprechenden für die Äquatorgegend gültigen Wert $\varDelta\vartheta_a$ nebst den zugehörigen Azimutkoeffizienten K_p und K_a zu berechnen (vgl. S. 89ff.).

Bei fest und sicher aufgestellten Durchgangsinstrumenten bleiben erfahrungsgemäß die Fehler k und c, insbesondere der letztere, längere Zeit konstant, so daß bei fortlaufenden Arbeiten nur i jedesmal am Horizontalniveau abzulesen, die Fehler c und k dagegen nur in bestimmten Zeitintervallen neu zu ermitteln wären. Kommt es weniger auf eine völlige Ausnutzung des Instruments als auf eine rasche Erledigung der Zeitbestimmungen an, so ist es ratsam, die mangelhafte Kollimation durch Beobachtung von zwei Sterngruppen in beiden Achsenlagen zu kompensieren und die Unveränderlichkeit der Azimutkonstante k durch die feste Lage einer Fernmire im Bereiche des Fadennetzes zu kontrollieren. Auf die jedesmalige Ablesung der Neigung am Achsenniveau wird man selbstverständlich nicht verzichten.

Eine vollständige Zeitbestimmung setzt sich jedenfalls, wie aus dem Obigen ersichtlich, nicht aus einer Reihe beliebiger Sterndurchgänge zusammen. Da die Uhrkorrektion desto genauer ausfällt, je rascher die Sterne den Meridian passieren, so muß die Beobachtung einiger Sterne in der Nähe des Himmelsäquators (δ etwa zwischen $+ 20^0$ und $- 20^0$) stets den Grundstock einer jeden Zeitbestimmung bilden. Zur Ermittelung des Azimutfehlers k ist die Beobachtung mindestens eines Polsterns erforderlich, und zur Bestimmung des Kollimationsfehlers eine Polsternbeobachtung in beiden Achsenlagen. Da k auf Durchgänge von zenitnahen Objekten keinen merklichen Einfluß hat (der Koeffizient K wird im Zenit selbst Null), empfiehlt es sich, zur Kontrolle des Resultates noch den Durchgang von ein oder zwei Sternen, deren Deklination nahe gleich φ ist, zu beobachten. Das mitgeteilte Beispiel (Anhang I, Beisp. 10) veranschaulicht im übrigen alle bei kleinen Durchgangsinstrumenten vorkommenden Beobachtungs- und Reduktionsvorschriften besser als eine umständliche Beschreibung.

24. Bestimmung der Polhöhe aus Zenitdistanzen von Südsternen

Die Breite oder Polhöhe ist die einzige geographische Koordinate, die unmittelbar aus dem Poldreieck berechnet werden kann. Sind nämlich wieder α und δ die scheinbaren Koordinaten eines Gestirns G, dessen Zenitdistanz z zur korrekten Sternzeit ϑ gemessen worden ist, so hat man, da der Stundenwinkel τ durch eine der beiden Gleichungen:

$$\tau = \alpha - \vartheta \quad (\ast \text{ östlich vom Meridian})$$
$$\tau = \vartheta - \alpha \quad (\ast \text{ westlich vom Meridian})$$

definiert ist, zur Berechnung von φ in dem erwähnten Dreieck die Stücke z, δ und τ zur Verfügung.

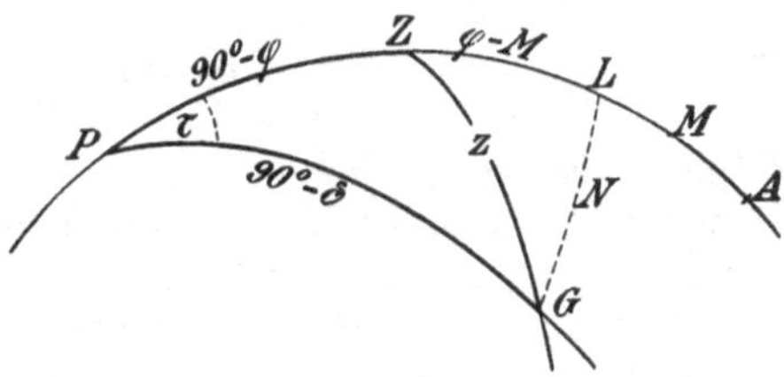

Fig. 48

Die Anwendung eines der drei Hauptsätze der sphärischen Trigonometrie auf die Seite $90^0 - \varphi$ ist dabei nicht zweckmäßig, da der gegenüberliegende Winkel q unbekannt ist. Man muß daher, wie bei der Auflösung der gleichartigen Zeitbestimmungsaufgabe, zunächst von der gemessenen Zenitdistanz z ausgehen, die mit φ, δ und τ durch die mehrfach zitierte Formel

$$\cos z = \sin \varphi \sin \delta + \cos \varphi \cos \delta \cos \tau$$

zusammenhängt.

Zur bequemeren Umformung fälle man (Fig. 48) das Perpendikel $GL = N$ von dem Gestirn aus auf den Meridian und bezeichne den Äquatorabstand oder die Deklination von L mit M. Die Seite PL des rechtwinkligen Dreiecks PGL wird dann $90^0 - M$, und man erhält durch Anwendung der Sätze (3) und (5) auf die Seite PG für die Hilfsgrößen N und M die Bestimmungsgleichungen

$$\cos N \sin M = \sin \delta$$
$$\text{(A)} \qquad \cos N \cos M = \cos \delta \cos \tau .$$

Setzt man diese beiden Ausdrücke in die Gleichung für $\cos z$ ein oder, was dasselbe bedeutet, drückt man jetzt in dem rechtwinkligen Hilfsdreieck ZGL die Funktion $\cos z$ durch die Seiten N und $\varphi - M$ aus, so erhält man

$$\cos z = \cos N \cos(\varphi - M)$$

d. h. nach Eliminierung von $\cos N$,

$$\cos z = \frac{\sin\delta\cos(\varphi - M)}{\sin M},$$

somit

$$\text{(B)} \qquad \cos(\varphi - M) = \frac{\cos z \sin M}{\sin\delta},$$

wobei M durch

$$\text{(A)} \qquad \operatorname{tg} M = \frac{\operatorname{tg}\delta}{\cos\tau}$$

definiert ist. Die Endgleichung (B) ergibt $\varphi - M$ und nach Addition des Hilfswinkels M unmittelbar die Polhöhe.

Auch ohne Benutzung eines Hilfsdreiecks gelangt man rein analytisch zu demselben Ausdruck für φ, wenn man nach (8) ür die beiden bekannten, auf der rechten Seite der Gleichung ür $\cos z$ stehenden Größen $\sin\delta$ und $\cos\delta\cos\tau$

$$\text{(A)} \qquad \begin{aligned} x &= \sin\delta &&= n\sin M \\ y &= \cos\delta\cos\tau &&= n\cos M \end{aligned}$$

einsetzt. Dann wird

$$\cos z = n(\sin\varphi\sin M + \cos\varphi\cos M)$$
$$\cos z = n\cos(\varphi - M),$$

d. h. wieder

$$\text{(B)} \qquad \cos(\varphi - M) = \frac{\cos z \sin M}{\sin\delta}.$$

Da in der Nähe des Meridians $M \sim \delta$, obendrein hier $\cos\tau$ stets positiv ist, kann über das Vorzeichen von M kein Zweifel entstehen.

Die Formel (B) gilt, wie man sich leicht überzeugt, zunächst nur für Südsterne. Ist ein Objekt in der Nähe der nördlichen Meridianhälfte beobachtet, so tritt an Stelle von $(\varphi - M)$ der Winkel $(M - \varphi)$, man erhält also allgemein:

(B)
$$\cos(\varphi - M) = \frac{\cos z \sin M}{\sin \delta} \quad \text{(Stern südlich vom Zenit)}$$
$$\cos(M - \varphi) = \frac{\cos z \sin M}{\sin \delta} \quad \text{(Stern nödlich vom Zenit).}$$

Zur Aufsuchung der günstigsten Beobachtungsbedingungen möge in dem Poldreieck nach (12) wieder die Differentialformel

$$\cos\varphi \sin a\, d\tau = dz - \cos a\, d\varphi + \cos q\, d\delta$$

herangezogen werden. Da bei Fixsternen δ konstant, $d\delta$ also wieder $= 0$ ist, und ein Fehler in φ untersucht werden soll, so kann man den Ausdruck schreiben:

(C)
$$d\varphi = \sec a\, dz - \cos\varphi \operatorname{tg} a\, d\tau .$$

Hieraus ersieht man zunächst, daß der Einfluß eines Fehlers in der Zenitdistanzmessung am kleinsten ist, wenn $\sec a$ den kleinsten Wert erreicht, d. h. $= 1$ wird, mit anderen Worten, wenn die Messungen möglichst in kleinen Azimuten, d. h. in der Nähe des Meridians, vorgenommen sind. Ähnliches gilt für den Fehler $d\tau$ im Stundenwinkel bzw. in der Uhrangabe, der die Breite proportional $\operatorname{tg} a$ verfälscht, somit gleichfalls in der Meridiangegend auf das Polhöhenresultat am wenigsten einwirkt.

Daß auch die Auswahl der Sterne für die Methode nicht ganz willkürlich ist, zeigt die Endgleichung (B) selbst. Um $\varphi - M$ aus der Cosinus-Funktion möglichst genau zu ermitteln, muß man danach streben, den Winkel groß zu erhalten. Da die geographische Breite φ des Beobachtungsortes eine unveränderliche Größe darstellt, so läßt sich die Bedingung nur in der Weise erfüllen, daß man M möglichst klein, womöglich negativ wählt. Nun ist, wie aus Fig. 48 und der Gleichung (A) unmittelbar folgt, in kleinen Stundenwinkeln M von derselben Größenordnung wie die Deklination des Gestirns; die günstigsten Ergebnisse wird man somit in unseren Breiten dann erzielen, wenn man für die Methode Sterne mit negativer (südlicher) Deklination um die Zeit ihrer oberen Kulmination verwertet.

Für die Beurteilung des Endresultates ist es von Wichtigkeit, daß ein Fehler dz, wie die Differentialformel zeigt, mindestens voll in die Breite eingeht. Der Faktor sec a weicht dabei allerdings erst in größeren Azimuten von der Einheit ab. Ist beispielsweise die Beobachtung eine volle Stunde vor oder nach der Kulmination des Sterns, also etwa in 15^0 Azimutabstand vom Südpunkte ausgeführt, so wird

$$\sec a = 1.035 .$$

Der Faktor des Zeitfehlers $d\tau$ würde in $+ 50^0$ Breite unter denselben Umständen

$$\cos \varphi \operatorname{tg} a = 0.172$$

betragen, also erst bei einem Zeitfehler von 4^s eine Breitenabweichung von etwa $10''$ verursachen. Es folgt hieraus, daß man in dem erwähnten Abstande vom Meridian noch zuverlässige Resultate erhält, auch wenn die Zeit nur innerhalb einiger Sekunden gesichert ist. Je geringer der Verlaß auf die Uhr ist, in desto größerer Nähe des Meridians muß man somit die Zenitdistanzmessungen, die die Polhöhe ergeben sollen, ausführen, während für die Zeitbestimmungen gerade umgekehrt eine große Entfernung vom Meridian, also die Nähe des Ostwest-Vertikals, als die am meisten erstrebenswerte Lage hervorzuheben war.

25. Ermittelung der Polhöhe aus Zenitdistanzen des Polarsterns

Schon die Identität zwischen der geographischen Breite und der Polhöhe eines Ortes führt auf den Gedanken, diesen Winkel direkt am Himmel zu messen. Stünde beispielsweise der Polarstern (α Ursae min.) genau am nördlichen Himmelspol, so würde jede Zenitdistanzmessung desselben unmittelbar den Winkel $90^0 - \varphi$ und damit die Breite φ selbst ergeben. Nun ist der Abstand des Polarsterns vom nördlichen Drehungspunkt der Himmelsachse zwar nicht Null, aber doch so klein, daß bei oberflächlicher Beobachtung der Stern an der Sphäre stillzustehen scheint. Außer durch direkte Messung wird der kleine Kreis, den er um den Himmelspol beschreibt, sofort bemerkbar, wenn man in einer klaren Nacht einen photographischen Apparat schräg gegen den Nordhimmel richtet und die Gegend auf einer lichtempfindlichen Platte einige Stunden exponiert. Man erhält dann auf der Photographie eine Reihe von Sternspuren, die um den Himmelspol konzentrisch verlaufen und deren innerste dem Polarstern selbst angehört, wenn nicht die Lichtstärke des Objektivs einige teleskopische Sterne in noch größerer Polnähe abgebildet hat.

Da infolge der Präzession der Tagundnachtgleichen die beiden Polpunkte am Himmel ihre Lage unter den Sternen nicht unverändert beibehalten, sondern sich mit der Zeit verschieben, so lassen sich zwei solche Aufnahmen, die zeitlich um mehrere Jahrzehnte auseinanderliegen, nicht absolut zur Deckung bringen. Gegenwärtig beträgt der Abstand des Polarsterns vom Pol 1^0; er wird bis zum Jahre 2100 noch weiter bis $0^0.4$ abnehmen, von welchem Termin an die Entfernung wieder wachsen wird. Wünscht man also den Polarstern zu Polhöhenbestimmungen zu verwenden, so hat man jedenfalls an die direkten Messungen noch eine Verbesserung anzubringen, die offenbar nicht nur von der jeweiligen, durch die Sternzeit gegebenen Drehungsphase des Sterns gegenüber dem Pol, sondern auch von seinem Polabstand abhängen wird.

Die im vorangehenden Kapitel für nördlich vom Zenit kulminierende Sterne abgeleiteten Formeln

$$\text{(A)} \qquad \operatorname{tg} M = \frac{\operatorname{tg} \delta}{\cos \tau},$$

$$\text{(B)} \qquad \cos (M - \varphi) = \frac{\cos z \sin M}{\sin \delta}$$

sind selbstverständlich allgemeingültig, doch gestattet die geringe Poldistanz des Polarsterns noch eine besondere Behandlung der Aufgabe, obwohl die 60′ Polabstand nicht unmittelbar als kleine Größe behandelt werden dürfen. Es ist aber möglich, einen Korrektionsausdruck x so zu bestimmen, daß die für den Polpunkt gültige Breitenformel

$$\varphi = 90^0 - z$$

übergeht in

$$\varphi = 90^0 - z + x.$$

Führt man noch an Stelle von δ die Poldistanz

$$\pi = 90^0 - \delta$$

ein, so nimmt die Gleichung für $\cos z$, von der auch jetzt wieder ausgegangen wird, die Form an:

$$\cos z = \cos(90 - \varphi + x) = \sin(\varphi - x)$$
$$= \sin\varphi\cos\pi + \cos\varphi\sin\pi\cos\tau,$$

d. h. nach (9)

$$\sin\varphi\cos x - \cos\varphi\sin x = \sin\varphi\cos\pi + \cos\varphi\sin\pi\cos\tau.$$

Dividiert man links und rechts durch $\cos\varphi$, so wird

$$\sin x = -\sin\pi\cos\tau - \operatorname{tg}\varphi(\cos\pi - \cos x).$$

Diese Gleichung könnte bereits in der Weise aufgelöst werden, daß man zunächst x aus dem Hauptausdruck

$$\sin x = -\sin\pi\cos\tau$$

berechnet, den Cosinus des abgeleiteten Winkels in die Klammer einsetzt und dann x durch Mitnahme des zweiten Summanden unter Voraussetzung eines genäherten Wertes für φ strenger berechnet. Indessen erhält man für x einen wesentlich einfacheren Ausdruck, wenn man die Größen $\sin x$ und $\sin\pi$ sowie $\cos x$ und $\cos\pi$ nach (15) in je eine Reihe nach Potenzen von x bzw. π in der Form

$$\sin\pi = \pi\sin 1'' - \frac{\pi^3}{1\cdot2\cdot3}\sin^3 1'' + \frac{\pi^5}{1\cdot2\cdot3\cdot4\cdot5}\sin^5 1'' - \cdots$$
$$\cos\pi = 1 - \frac{\pi^2}{2}\sin^2 1'' + \frac{\pi^4}{1\cdot2\cdot3\cdot4}\sin^4 1'' - \cdots$$

entwickelt und berücksichtigt, daß es bei der Kleinheit von π und x, die im Maximum $1^0.0$ werden können, genügt, wenn nach (13)

$$\sin\pi = \pi\sin 1'' \qquad \sin x = x\sin 1''$$
$$\cos\pi = 1 - \frac{\pi^2}{2}\sin^2 1'' \qquad \cos x = 1 - \frac{x^2}{2}\sin^2 1''$$

gesetzt wird. Man erhält dann

$$x\sin 1'' = -\pi\cos\tau\sin 1'' + \tfrac{1}{2}\operatorname{tg}\varphi(\pi^2 - x^2)\sin^2 1'',$$
$$x = -\pi\cos\tau + \tfrac{1}{2}\operatorname{tg}\varphi(\pi^2 - x^2)\sin 1''.$$

Die rechte Seite der Gleichung enthält auch jetzt noch zwei Unbekannte, φ und x, für die jedoch die Näherungswerte

$$(x) = -\pi \cos \tau$$
$$(\varphi) = 90^0 - z$$

genügen, falls φ nicht anderweitig schon genauer bekannt oder aus $(\varphi) = 90^0 - z + (x)$ bestimmt ist. Es wird dann nach (10)

$$\pi^2 - x^2 = \pi^2 (1 - \cos^2 \tau) = \pi^2 \sin^2 \tau .$$

Die Gleichung für die gesuchte Breite lautet somit endgültig:

$$\text{(A)} \qquad \boldsymbol{(\varphi) = (90^0 - z) - \pi \cos \tau} \qquad \text{(1. Näherung)},$$

$$\text{(B)} \qquad \boldsymbol{\varphi = (90^0 - z) - \pi \cos \tau + \tfrac{1}{2} \pi^2 \sin 1'' \operatorname{tg} (\varphi) \sin^2 \tau} \qquad \text{(2. Näherung)}.$$

In allen astronomisch-nautischen Ephemeriden findet man zu dieser Reduktionsmethode einfache Tafeln mitgeteilt, die dem Beobachter die Berechnung der einzelnen Ausdrücke ersparen. Obwohl diese Tafeln nicht überall gleichartig angelegt sind, so beruhen sie doch durchweg auf der Überlegung, daß eine Tabulierung der an die Höhe

$$h = 90^0 - z$$

anzubringenden Korrektionen

$$\text{I} = -\pi \cos \tau$$
$$\text{II} = + \tfrac{1}{2}\pi^2 \sin 1'' \operatorname{cotg} z \sin^2 \tau$$

nur dann möglich ist, wenn man für die veränderlichen scheinbaren Koordinaten des Polarsterns zunächst konstante, etwa für die Jahresmitte gültige Werte annimmt und die jeweilige Abweichung in Form einer Korrektion III berücksichtigt. Auf diese Weise wird Korrektion I allein von der Ortssternzeit, Korrektion II von der Ortssternzeit und von der gemessenen Zenitdistanz, Korrektion III schließlich von der Ortssternzeit und dem Datum der Beobachtung abhängig. Ähnlich eingerichtet, aber für längere Zeiträume gültig sind die Tabellen in den Albrechtschen Tafeln, die sogar nach dieser Methode eine Berechnung der Polhöhe bis auf Bruchteile einer Bogensekunde ermöglichen, da dabei noch Glieder höherer Ordnung in der Reihe für φ mitgenommen sind.

In der Nautik und bei Orientierungsmessungen, wo ein Fehler von 1′ im Resultat noch keine merkliche Rolle spielt, wird man sich mit der Reduktionsformel für die erste Näherung

$$\varphi = (90^0 - z) - \pi \cos \tau$$

meist begnügen können. Der Ausdruck setzt dann (vgl. Fig. 49) voraus, daß in dem sphärischen Dreieck: Zenit-Polarstern-Pol (ZGP) das durch das Lot GL gebildete rechtwinklige Dreieck PGL als eben betrachtet und $ZL = ZG$ gesetzt werden kann. In diesem Falle ist nämlich

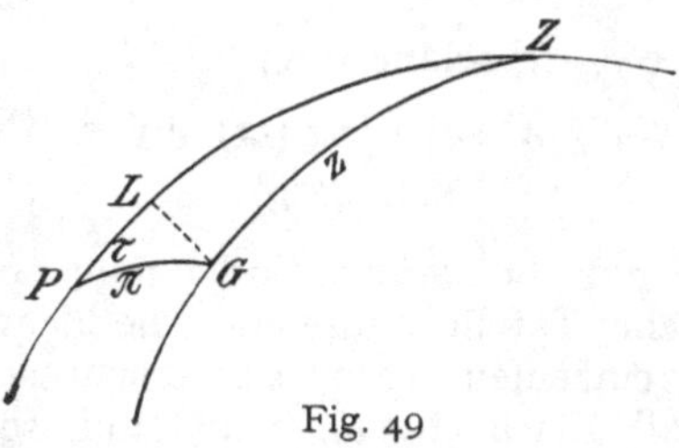

Fig. 49

$$ZP = ZG + LP$$
$$90^0 - \varphi = z + \pi \cos \tau$$
$$\varphi = (90^0 - z) - \pi \cos \tau.$$

Erst bei Polhöhenwerten von 60^0 und darüber erreicht die Vernachlässigung der sphärischen Form des Dreiecks oder, was auf dasselbe hinauskommt, des Gliedes zweiter Ordnung in der Reihe zuweilen Beträge, die 1′ merklich übersteigen.

26. Bestimmung der Polhöhe aus Zirkummeridian-Zenitdistanzen

Die Ableitung der geographischen Breite aus Zenitdistanzen von südlichen Sternen, die sich unweit des Meridians befinden, ist auf S. 133ff. ausführlich behandelt worden. Liegen nun die Beobachtungen in kleinen Stundenwinkeln, die nur wenige Minuten betragen, so ist es zweckmäßig, die Berechnung der Polhöhe aus den Einzelwerten nicht auf dem direkten Wege, sondern durch Reduktion der gemessenen Zenitdistanzen auf die Meridian-Zenitdistanz des betreffenden Sterns auszuführen.

Ist wieder z die einige Minuten vor bzw. nach dem Meridiandurchgang eines Gestirns gemessene Zenitdistanz, z_0 seine Meridian-Zenitdistanz, so ist also die Korrektion $z_0 - z$ derart abzuleiten, daß sich die Polhöhe nach bekannten Beziehungen (vgl. S. 109ff.) aus

$$\varphi = \delta + z_0 = \delta + z + (z_0 - z)$$

(obere Kulmination, Stern südlich vom Zenit)

$$\varphi = \delta - z_0 = \delta - z - (z_0 - z)$$

(obere Kulmination, Stern nördlich vom Zenit)

ergibt.

Nun ist aber

$$\cos z = \sin \varphi \sin \delta + \cos \varphi \cos \delta \cos \tau$$

oder, wenn man für $\cos \tau$ nach (10) den quadratischen Ausdruck einsetzt,

$$\cos z = \cos (\varphi - \delta) - 2 \cos \varphi \cos \delta \sin^2 \frac{\tau}{2}$$

$$\cos z = \cos z_0 - 2 \cos \varphi \cos \delta \sin^2 \frac{\tau}{2}.$$

Werden die Zenitdistanzen auf die linke Seite gebracht und Satz (11) berücksichtigt, so erhält man

$$\sin \frac{z_0 + z}{2} \sin \frac{z_0 - z}{2} = - \cos \varphi \cos \delta \sin^2 \frac{\tau}{2}.$$

Ist τ klein, so ist es statthaft,

$$\frac{z_0 + z}{2} = z_0 = \varphi - \delta$$

zu setzen, ferner nach (13) und (14)

$$\sin \frac{z_0 - z}{2} = \frac{z_0 - z}{2} \sin 1''$$

$$\sin^2 \frac{\tau}{2} = \frac{\tau^2}{4} \sin^2 1''.$$

Dementsprechend erhält die gesuchte Korrektion $z_0 - z$ nacheinander die Form:

$$\sin \frac{z_0 - z}{2} = - \frac{\cos \varphi \cos \delta}{\sin (\varphi - \delta)} \sin^2 \frac{\tau}{2}$$

$$z_0 - z = - \frac{\tau^2}{2} \frac{\cos \varphi \cos \delta}{\sin (\varphi - \delta)} \sin 1'',$$

wobei τ in Bogensekunden angenommen ist. Hat man τ in Zeitminuten und deren Bruchteilen ausgedrückt, so wird

$$z_0 - z = -\frac{(15 \cdot 60)^2}{2} \frac{\cos \varphi \cos \delta}{\sin (\varphi - \delta)} \tau^2 \cdot \sin 1'',$$

d. h. schließlich

(A) $$\varphi = \delta + z - 1''.9635 \frac{\cos \varphi \cos \delta}{\sin (\varphi - \delta)} \tau^2,$$

woraus ersichtlich ist, daß in der Nähe des Meridians die Zenitdistanzen sich proportional dem Quadrat des Stundenwinkels ändern.

Wie bei der Methode der Polaris-Beobachtungen, erfordert auch dieser besondere Fall der Ortsbestimmung die Kenntnis eines genäherten Wertes von φ, der leicht zu beschaffen ist. Im übrigen ist die Formel sehr vorteilhaft, da sie in unseren Breiten bei günstiger Auswahl der Sterne erst etwa 30^m vor und nach dem Meridiandurchgang Fehler erreicht, die $10''$ übersteigen, bei Stundenwinkeln unter 15^m sogar als streng gelten kann. Ihre Anwendung wird bei Benutzung von Tafeln für τ^2 und für den Faktor

$$1''.9635 \frac{\cos \varphi \cos \delta}{\sin (\varphi - \delta)},$$

die man z. B. in den Sammlungen von Albrecht, Bidschof-Vital, Ambronn-Domke u. a. (vgl. S. 41) findet, sehr einfach. In den Tafeln von Wirtz, die es auch sonst vermeiden, Ausdrücke zu tabulieren, die man leicht berechnen kann, wird von (S. 141 unten)

$$z_0 - z = \varphi - \delta - z = -\frac{2 \sin^2 \frac{\tau}{2}}{\sin 1''} \cdot \frac{\cos \varphi \cos \delta}{\sin (\varphi - \delta)}$$

ausgegangen, bzw.

(B) $$\varphi = \delta + z - m \frac{\cos \varphi \cos \delta}{\sin (\varphi - \delta)}$$

gesetzt und

$$m = \frac{2}{\sin 1''} \sin^2 \frac{\tau}{2}$$

als Funktion von τ (in Zeitsekunden) bis zu einem Stundenwinkel von 40^m gegeben. Einen Auszug hieraus findet man in Anhang II, Tafel 7.

Wie früher, so ist auch jetzt darauf zu achten, daß der Einfluß eines Zeitfehlers $\Delta\tau$ auf das Resultat desto kleiner wird, je mehr sich der Nenner $\sin(\varphi - \delta)$ seinem Maximalwerte, d. h. der Einheit nähert, mit anderen Worten, wenn bei den Beobachtungen in unseren Breiten möglichst Sterne südlicher Deklination bevorzugt werden.

Daß die Methode auch auf die Sonne angewendet werden kann, bedarf keiner besonderen Erwähnung. Zu beachten ist dabei nur, daß wegen der veränderlichen Sonnendeklination in die Gleichung (A) für jede Zenitdistanz und für jeden Stundenwinkel der wahren Sonne die entsprechende, aus dem Jahrbuch interpolierte Deklination der Sonne einzusetzen ist. Der Faktor von τ^2 kann dabei mit einem mittleren Wert von δ berechnet oder den vorhin genannten Tafeln entnommen werden.

27. Verwendung von Beobachtungen gleicher Zenitdistanzen verschiedener Sterne für Breite und Zeit

Wie die Verfahren der Zenitbestimmung aus direkten Zenitdistanzmessungen, so haben auch die entsprechenden Breitenmethoden trotz des großen Vorzuges einer äußerst einfachen Reduktionsweise den schwerwiegenden Nachteil, daß sie im günstigsten Falle das Resultat um den vollen Betrag des Ablesefehlers an den Kreisen verfälschen. Wohl gibt es große Universalinstrumente, sog. Altazimute, die Winkel bis zu einer Bogensekunde und darunter zu messen gestatten; die damit verbundenen vervollkommeneten Meßvorrichtungen machen dann aber zwecks Ausnutzung der vollen Leistungsfähigkeit dieser Instrumente ihre sichere Aufstellung auf gemauerten Pfeilern unbedingt erforderlich. Jedenfalls handelt es sich dann nicht mehr um transportable Instrumente in gewöhnlichem Sinne, und schon aus diesem Grunde gehören sie nicht mehr in den Kreis dieser Betrachtungen, ganz abgesehen davon, daß die bisher eingeschlagene Fehlerbestimmung und -ausgleichung für Altazimute mit mikrometrischen Meßvorrichtungen noch eine beträchtliche Erweiterung erfahren müßte.

Verweilt man bei der bisher betrachteten Form und Größe eines Universals, so bleibt zur Erhöhung der Genauigkeit der

Messungen nur noch der gleiche Ausweg übrig, der bei einzelnen Zeitbestimmungen bereits eingeschlagen wurde: ein vollständiges Aufgeben der unmittelbaren Kreisablesungen zugunsten der Zeitnotierungen — mit anderen Worten, eine Messung von Winkeln mit Hilfe der Uhr.

Daß man die Breite mit einem Passageinstrument ähnlich wie die Zeit ermitteln kann, mag nur nebenher erwähnt sein. Baut man nämlich ein solches rechtwinklig zu der für Zeitbestimmungen günstigsten Lage, d. h. genau im Ostwest-Vertikal auf, so wird im Poldreieck *PZG* für jedes den mittleren Vertikalfaden des Fernrohrs passierende Gestirn *G* der Winkel bei $Z = 90^0$. Die Anwendung des dritten sphärischen Hauptsatzes (5) auf die Zenitdistanz z ergibt dann

$$\cos \varphi \sin \delta - \sin \varphi \cos \delta \cos \tau = 0$$

oder

$$\operatorname{tg} \varphi = \frac{\operatorname{tg} \delta}{\cos \tau},$$

mithin eine direkte Abhängigkeit der Polhöhe von der Sterndeklination und dem Zeitmoment des Vertikaldurchgangs. So einfach das Verfahren in der Theorie auch ist, so erfordert es in der Praxis wieder die Berücksichtigung aller Instrumentalfehler auf die nunmehr schräg durch das Gesichtsfeld verlaufenden Sterndurchgänge. Außer bei ständigen Polhöhenbeobachtungen auf Sternwarten höherer Breiten — in niedrigen laufen Ost- und Weststerne den Vertikalfäden mehr oder weniger parallel — hat diese Methode für transportable Instrumente auch keine allgemeinere Bedeutung erlangt.

Wesentlich häufiger werden heute sorgfältige Aufzeichnungen von Zeitmomenten zu Breiten- und Zeitbestimmungen dann verwertet, wenn es sich darum handelt, φ oder τ aus zwei oder mehreren genau gleichen Zenitdistanzen ein und desselben oder verschiedener Himmelsobjekte abzuleiten. Die Resultate, die mit dieser Beobachtungsweise erzielt werden, übertreffen tatsächlich die aus Zenitdistanzmessungen erhaltenen Ergebnisse beträchtlich an Genauigkeit. Dabei hat das benutzte Instrument nur die eine Forderung zu erfüllen: der Winkel zwischen der Zenit- und der Visierrichtung muß für beide Sterne a b s o l u t g l e i c h sein.

Ein gewöhliches, in der üblichen Weise aufgestelltes Universalinstrument wird auch nach sorgsamster Nivellierung die gestellte Bedingung bei der horizontalen Drehung kaum je völlig erfüllen, und selbst wenn es der Fall sein sollte, fehlt dem Beobachter eine Kontrolle dafür. Ein Universalinstrument wird somit erst dann für die Methode der gleichen Zenitdistanzen brauchbar, wenn ihm eine Vorrichtung beigegeben wird, die jede, auch die geringste Änderung der Blickrichtung in Höhe dem Beobachter der Größe nach sofort anzeigt. Eine derartige, ebenso bequeme wie einfache Vorrichtung besitzen wir in der Wasserwaage oder dem Niveau, dessen Empfindlichkeit sich nahezu beliebig steigern läßt. Wird eine solche Libelle (Horrebow-Niveau) mit der horizontalen Drehungsachse des Fernrohrs quer verbunden, an diese fest angeklemmt und vor der ersten Einstellung zum Einspielen gebracht, so muß beim Beobachten des zweiten Sterns für genau die gleiche Stellung der Blase gesorgt, bzw. die Abweichung an das Resultat in entsprechender Weise angebracht werden. Es war vorhin von Winkelmessungen mit Hilfe der Uhr die Rede. Hier tritt uns eine Messung von Winkeln oder richtiger Winkeldifferenzen mit Hilfe einer empfindlichen Wasserwaage entgegen.

Es gibt Instrumente, die der Methode der gleichen Höhen, die sich bei Kolonialvermessungen verschiedener Länder (Rußland, Frankreich u. a.) ausgezeichnet bewährt hat, besonders angepaßt sind, z. B. das auch auf Sternwarten vielfach benutzte Zenitteleskop oder das wesentlich einfachere Prismenastrolabium, dessen besonders übersichtliche Konstruktion durch die beschränkte Anwendbarkeit auf Zenitdistanzen von 30° erreicht ist.

Fig. 50 stellt den Apparat schematisch dar. F ist das sorgfältig nivellierte Fernrohr mit großer Objektivöffnung und relativ kurzer Brennweite, *P* ein gleichseitiges Prisma mit einer vertikal stehenden Fläche, *H* ein Quecksilberhorizont. Ein aus 30° Zenitdistanz kommender Lichtstrahl *a* wird im Prisma total reflektiert und tritt durch den unteren Teil des Objektivs ins Fernrohr, während ein anderer, von dem gleichen Stern stammender *b* aus 30° Nadirdistanz kommt, nach gleichartiger Reflexion den oberen Teil des Objektivs passiert und sich mit *a* zu einem einzigen Brennpunktsbild verbindet. Diese Vereinigung findet, wie man aus der Figur ohne weiteres erkennt, nur beim Überschreiten der Zenitdistanz 30° statt. Vorher und nachher sind zwei Sterne im Gesichtsfelde sichtbar, die sich in einem Moment begegnen, um sich dann sogleich wieder zu trennen.

Das einfachste Instrument für alle Aufgaben, die mit gleichen Höhen zusammenhängen, wäre ohne Frage der Sextant, und für ihn hat auch C. F. Gauß ein sinnreiches Verfahren der gleichzeitigen Zeit- und Breitenbestimmung ausgearbeitet. Die geringe Zahl heller Sterne und die Notwendigkeit der Benutzung eines der künstlichen Horizonte schränken jedoch die Verwendung des Sextanten zu Lande derart ein, daß ihm hier heute mehr die Rolle eines Lehr- als eines Forschungsinstrumentes zukommt. Außerdem wird gegenwärtig jedes größere Reiseuniversal mit einem Horrebow-Niveau auf der Horizontalachse ausgestattet, so daß es auch zu Beobachtungen gleicher Höhen der Sterne benutzt werden kann.

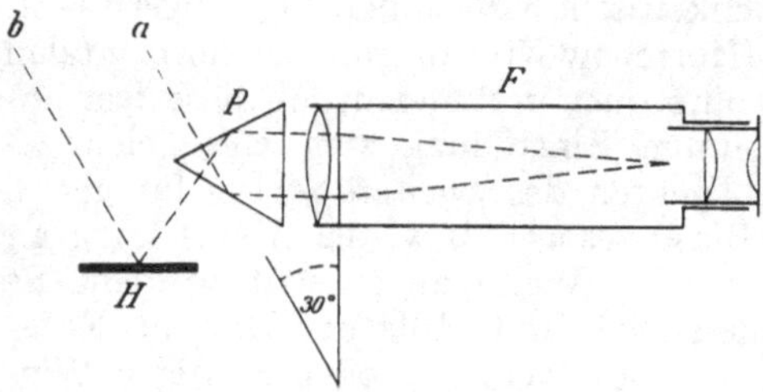

Fig. 50. Schema eines Prismenastrolabiums

Die Entwicklung der theoretischen Grundlagen der Methode der gleichen Zenitdistanzen soll hier nur so weit gegeben werden, als es zum Verständnis ihrer Anwendungen gehört. Es sei demnach zunächst vorausgesetzt, daß in der für Polhöhenmessungen günstigsten Lage, also unweit des Meridians, ein südlicher Stern G_s mit den Koordinaten α_s und δ_s und ein anderer G_n im Norden mit den Koordinaten α_n und δ_n in genau derselben Zenitdistanz z beobachtet sei, dann gilt offenbar für die Sterne in den beiden Poldreiecken wieder die Cosinus-Formel:

$$\cos z = \sin \delta_s \sin \varphi + \cos \delta_s \cos \varphi \cos \tau_s$$

$$\cos z = \sin \delta_n \sin \varphi + \cos \delta_n \cos \varphi \cos \tau_n .$$

Subtrahiert man die untere Gleichung von der oberen, so erhält man

$$\operatorname{tg} \varphi (\sin \delta_s - \sin \delta_n) = -(\cos \delta_s \cos \tau_s - \cos \delta_n \cos \tau_n),$$

d. h.

$$\operatorname{tg} \varphi = \frac{\cos \delta_s \cos \tau_s - \cos \delta_n \cos \tau_n}{\sin \delta_n - \sin \delta_s}$$

Diese einfache Gleichung mag als definitiv gelten. Sie gestattet noch eine Anzahl von Umformungen in logarithmisch bequemere Ausdrücke, die jedoch die Rechenarbeit nicht wesentlich abkürzen und daher hier übergangen werden können.

Werden die beiden gleichen Zenitdistanzen an einem Ost- und an einem Weststern beobachtet (α_o, δ_o, τ_o, bzw. α_w, δ_w, τ_w), so eignen sich die beiden Zeitmomente besonders für eine Zeitbestimmung. Setzt man jetzt

(D) $$\tau_o = \epsilon - \psi, \quad \tau_w = \epsilon + \psi,$$

so wird

(A) $$2\epsilon = \tau_w + \tau_o = (\vartheta'_w - \vartheta'_o) - (\alpha_w - \alpha_o).$$

Die Gleichungen für $\cos z$ lauten nun

$$\cos z = \sin \varphi \sin \delta_o + \cos \varphi \cos \delta_o \cos (\varepsilon - \varphi)$$
$$\cos z = \sin \varphi \sin \delta_w + \cos \varphi \cos \delta_w \cos (\varepsilon + \psi).$$

Subtrahiert man sie voneinander, so erhält man unter Berücksichtigung von (9)

$$0 = \sin \varphi (\sin \delta_o - \sin \delta_w) + \cos \varphi [\cos \psi \cos \varepsilon (\cos \delta_o - \cos \delta_w) + \sin \psi \sin \varepsilon (\cos \delta_o + \cos \delta_w)]$$

und nach Einsetzen zweier Hilfsgrößen m und N entsprechend (8)

$$m \sin N = \cos \varepsilon (\cos \delta_o - \cos \delta_w)$$
$$m \cos N = \sin \varepsilon (\cos \delta_o + \cos \delta_w)$$

$$m \cos\varphi\,(\sin N \cos\psi + \cos N \sin\psi) = -\sin\varphi\,(\sin\delta^0 - \sin\delta_w),$$

$$\sin(N+\psi) = \frac{\operatorname{tg}\varphi\,(\sin\delta_w - \sin\delta_0)}{m}.$$

Wenn m durch N, δ_o, δ_w und ε ausgedrückt wird, bleiben nur N und ψ als Unbekannte übrig, deren Berechnung entsprechend der obigen Entwicklung in der folgenden Reihenfolge vorgenommen werden muß:

(B) $$\operatorname{tg} N = \operatorname{ctg}\epsilon \operatorname{tg}\tfrac{1}{2}(\delta_w + \delta_o) \operatorname{tg}\tfrac{1}{2}(\delta_w - \delta_o),$$

(C) $$\begin{cases} \sin(N+\psi) = \operatorname{tg}\varphi \operatorname{tg}\tfrac{1}{2}(\delta_w - \delta_o)\cos N \operatorname{cosec}\epsilon \\ \text{oder} \\ \sin(N+\psi) = \operatorname{tg}\varphi \operatorname{ctg}\tfrac{1}{2}(\delta_w + \delta_o)\sin N \sec\epsilon. \end{cases}$$

Sind aus (D) die Stundenwinkel τ_o und τ_w berechnet, so erhält man die zu den abgelesenen Uhrzeiten ϑ_o' und ϑ_w' gehörenden wahren Sternzeitmomente aus

$$\vartheta_o = \alpha_o - \tau_o \qquad \vartheta_w = \alpha_w + \tau_w$$

und damit die Uhrkorrektionen $\Delta\vartheta_o$ und $\Delta\vartheta_w$.

Jedes der beiden „Zweihöhenprobleme" wird dadurch erleichtert, daß sich die Auswahl der geeigneten Sternpaare für Breite und Zeit in bequemen Tabellen anlegen läßt. Die ausführlichsten dieser Tafelwerke sind für die russischen Vermessungen berechnet worden und größtenteils auch in russischer Sprache erschienen. Als Verfasser dieser Werke sind besonders bekannt geworden: Pijewzoff (Breitensterne), Zinger, Kortazzi und Schtschëtkin (Zeitsterne). In deutscher Sprache hat das Zweihöhenproblem in Formeln, Tafeln, Diagrammen und Beispielen C. Stechert (Hamburg 1904) besonders ausführlich behandelt.

V. ABSCHNITT

METHODEN ZUR BESTIMMUNG VON GEOGRAPHISCHEN LÄNGEN UND AZIMUTEN

28. Ermittelung der Länge durch Zeitübertragung und durch telegraphische Zeitsignale

Der Längenunterschied zweier Punkte der Erdoberfläche ist nach der früher gegebenen Definition gleich dem Unterschied der Ortszeiten (St Z. oder M Z.) an den beiden Beobachtungsstationen. Eine absolut richtiggehende, die Ortszeit von B angebende Uhr wird also, nach dem östlicher gelegenen Punkte B_o übertragen, um den in Zeit ausgedrückten Längenunterschied BB_0 gegen die Ortszeit von B_0 zurückstehen, an einem westlicher gelegenen Orte B_w dagegen um den Längenunterschied BB_w voraus sein. Würde man nach Übertragung eines solchen idealen Chronometers nach B_0 bzw. B_w seine Korrektion gegen die jeweilige Ortszeit bestimmen, so würde der Uhrstand sich in dem ersten Falle positiv, im zweiten negativ ergeben, und die erhaltenen Zahlenwerte würden dann direkt mit den Längendifferenzen identisch sein. Bei Uhren oder Chronometern mit einem unveränderlichen täglichen Gang würde die Methode kaum an Einfachheit einbüßen und, wie vorhin, nichts weiter als gute Zeitbestimmungen in B_0 oder B_w erfordern, mit anderen Worten, die Längenbestimmung wäre dann unmittelbar auf die bereits ausführlich behandelte Ableitung der Uhrkorrektion gegen Ortszeit zurückgeführt. Verfügt eine Station über ungestörten drahtlosen Zeitempfang und damit jederzeit über die Weltzeit, so ist dieser Idealzustand erreicht, und die Anwendung der hier folgenden Verfahren der Längenbestimmung erweist sich dann als überflüssig.

Nun ist bei Behandlung der Eigenschaften unserer gebräuchlichen transportablen Zeitmesser darauf hingewiesen worden, daß selbst bei den besten Chronometern der Gang keine unveränderliche Zahlengröße darstellt, sondern sich infolge verschiedener Einflüsse, unter denen der unvermeidliche Temperaturwechsel die größte Rolle spielt, sehr wesentlich ändert. Die von den Prüfungsstellen jedem untersuchten Werk beigegebenen Gangformeln gestatten zwar die Vorausberechnung eines mehr oder weniger genäherten Uhrstandes, sie gelten jedoch nur für kurze Zeit, eine verhältnismäßig kleine Temperaturskala und nehmen auch keine Rücksicht auf den Einfluß der Feuchtigkeit und auf die besonders bei Landreisen unvermeidlichen Erschütterungen und Stöße. In der Schiffahrt läßt sich weit eher ein praktischer Gewinn aus der Gangformel des mitgeführten Zeitmessers erzielen. So kommt es auch, daß bei der jetzigen Vervollkommnung der Chronometerindustrie und der großen Geschwindigkeit moderner Seefahrzeuge die Längenbestimmung durch die mit der Bewegung des Schiffes sich von selbst ergebende Chronometerübertragung in der Nautik vor kurzem noch ausschließlich angewendet wurde.

Auf längeren Expeditionen zu Lande wird man sich von der geschilderten Zeitübertragung nur dann Erfolg versprechen dürfen, wenn man die empfindlichen Boxchronometer möglichst vermeidet, dafür aber mehrere gute Taschenchronometer oder Taschenuhren mitführt und bestimmte Regeln peinlich genau befolgt. Zunächst wären die Uhren am Tage dauernd in Rock- oder Westentaschen zu tragen und des Nachts in der Lage „Bügel oben" an einem der Körpertemperatur möglichst angepaßten Orte aufzubewahren. Daß ein regelmäßiges Aufziehen und darauffolgendes genaues Vergleichen aller Taschenchronometer täglich, und zwar möglichst um dieselbe Zeit, zu erfolgen hat, bedarf eigentlich keiner besonderen Erwähnung. Bei dem Vergleichen der Uhren untereinander sind zur Kontrolle alle möglichen Kombinationen zu beachten, beim Vorhandensein von vier Uhren a, b, c, d wären somit die sechs Vergleichungen

$$a - b, \quad a - c, \quad a - d, \quad b - c, \quad b - d, \quad c - d$$

auszuführen.

Ist das Uhrtagebuch sorgfältig geführt, und hat man dafür gesorgt, daß zu Beginn und am Schluß der Reise der Gang der Chronometer durch eine fortlaufende Reihe von Zeitbestimmungen gesichert worden ist, so kann man nachträglich für jeden Tag der Route den Uhrstand interpolieren und jede während der Expedition erhaltene Zeitbestimmung zur Berechnung je einer Länge verwenden. Peinlichste Obhut über die Uhren, Übersichtlichkeit und Ordnung im Uhrjournal und fortlaufende Zeitbestimmungen bilden somit die grundsätzliche Bedingung zum Gelingen der Längenbestimmung nach dieser Methode. Eine Reduktion der Beobachtungen während des Marsches ist dabei nicht erforderlich, zum Teil auch nicht in definitiver Form ausführbar.

Besitzen zwei Orte B und B_1, deren genauer Längenunterschied nicht bekannt ist, eine telegraphische Verbindung und wird auf beiden Stationen je eine Uhr durch Zeitbestimmungen unter Kontrolle gehalten, so läßt sich wenigstens die Längendifferenz sehr einfach in der Weise ermitteln, daß der Beobachter in B demjenigen in B_1 seine genaue Ortszeit durch ein telegraphisches Signal, z. B. durch Loslassen des Tasters bei der verabredeten vollen Minute, angibt und umgekehrt. Das arithmetische Mittel der Vergleichungen ist dann gleich dem Längenunterschied der beiden Orte (Anhang I, Beispiel 17).

Die Methode der telegraphischen Längenübertragung läßt, wenn auf beiden Stationen zur Ableitung der Uhrkorrektion gleichartige Instrumente und Methoden verwendet und zur Beseitigung persönlicher Auffassungen (beim Fixieren der Sterndurchgänge, Loslassen des heruntergedrückten Tasters usw.) die Beobachter gewechselt werden, ein hohes Maß der Genauigkeit zu. Wenn trotzdem die Längen auf der Erdoberfläche bisher bei weitem nicht die Schärfe der zugehörigen Breiten aufwiesen, so lag das daran, daß die telegraphischen Längen — von den oben behandelten Chronometerschwierigkeiten ganz abgesehen — sich vor Abgabe der Funksignale stets nur als Differenzen gegen eine Ausgangsstation ergaben. Bei einer fortlaufenden Kette von Längenanschlüssen konnten dabei die Fehler allmählich zu recht ansehnlichen Beträgen anwachsen.

Mit der Ausgabe der auf den Nullmeridian der Längenzählung bezogenen drahtlosen Zeitsignale von verschiedenen Punkten der Erde aus (vgl. Anhang II, Taf. 10 u. 11) ist zu einer sehr umfassenden Festlegung des Längennetzes in unerforschten Gegenden der Erde ein vielversprechender Anfang gemacht. Ohne Zweifel gehört dem Verfahren, bei dem fast die gesamte Sorge um die Zeit des Nullmeridians der Sendestation anheimfällt, die Zukunft. Die störenden Einflüsse der atmosphärischen Elektrizität auf die Wellentelegraphie sind in den Tropen wohl recht bedeutend, doch ist ihre Überwindung voraussichtlich auch nur eine Frage der Zeit.

Es braucht kaum besonders hervorgehoben zu werden, daß auf kleinere Strecken hin auch Pulver-, Raketen-, Heliotrop- und andere optische Signale die Zeitübertragung vermitteln können; da indessen hierbei eine vorhergehende sorgfältige Verabredung aller Zeichen notwendig ist, und über etwaige durch die Umstände bedingte Änderungen im optischen Signalaustausch sich nur schwer eine Verständigung erzielen läßt, so haben derartige Vorkehrungen für die spezielle Aufgabe der Längenbestimmung nur ein untergeordnetes Interesse.

29. Allgemeines über die Ableitung der Länge aus Mondbeobachtungen

Durch Erwähnung der Chronometerübertragung und der telegraphischen sowie der drahtlosen Zeitsignale sind die praktisch brauchbaren direkten Methoden der Längenbestimmung erschöpft. Wo diese nicht anwendbar sind, muß man zu einem indirekten Verfahren greifen, das wesentlich umständlicher ist und obendrein noch kein besonders scharfes Resultat verspricht. Das Prinzip dieses auf die Erscheinungen am Himmel zurückgreifenden Verfahrens besteht darin, daß man ein astronomisch im voraus bestimmbares Ereignis nach einer Uhr mit bekanntem Stande beobachtet und die Ortszeit mit der vorausberechneten mittleren Greenwicher Zeit unmittelbar vergleicht. Soweit dabei Finsterniserscheinungen im engeren Sinne in Frage kommen, sind sie bereits in dem Abschnitt, der von den genäherten Methoden der Längenbestimmung handelte, erledigt worden. Jupiter- und Erdmondfinsternisse können bei der Lösung der Aufgabe allerdings nur als Notbehelf gelten, und Sonnenfinsternisse treten für ein und denselben Ort der Erdoberfläche zu selten ein, als daß es sich lohnte, ihnen für die Längenbestimmung mehr als eine gelegentliche Bedeutung beizumessen.

Schaut man sich unter den anderen, mehr alltäglichen Himmelserscheinungen um, die gewissermaßen als absolute Zeitmesser für alle Punkte der Erde gelten könnten, so bleibt eigentlich nur die Bewegung des Mondes unter den Sternen als Anhaltspunkt für die vorliegende Aufgabe übrig. Alle großen Jahrbücher geben für die geozentrische Rektaszension und Deklination des Mondes ausführliche Ephemeriden, die die rasche Bewegung des Erdtrabanten unter den Sternen deutlich erkennen lassen und wenigstens grundsätzlich die Möglichkeit einer Verknüpfung der beobachteten Mondstellung mit der vorausberechneten Greenwicher Zeit, d. h. mit der Länge, nicht ausschließen.

Von den beiden Koordinatenänderungen des Mondes kommt, wie man sich leicht überzeugt, nur diejenige in Rektaszension in Betracht. Sie umfaßt in einem sog. siderischen Mondumlauf von 27 Tagen volle 360^0, während die Verschiebung in Deklination sich in derselben Zeit über höchstens $28\frac{1}{2}^0$ nördlich und südlich vom Äquator erstreckt und je nach der Lage der Mondbahn sehr ungleichmäßig erfolgt.

Durchschnittlich beträgt somit die Zunahme der Mondrektaszension 2^s in einer Zeitminute; gelingt es also, bei genauer Kenntnis der Uhrkorrektion für einen gegebenen Moment die geozentrische Rektaszension des Mondes innerhalb von $\pm 2^s$ durch die Beobachtung zu sichern, so kann man damit rechnen, daß man die Länge λ innerhalb $\pm 1^m$ erhalten wird usw. Überträgt man das Zeitmaß in das besser verständliche irdische Längenmaß, so würde am Äquator ein derartiger Fehler von 1^m genau $15' = 27.7$ km entsprechen und selbst in der Breite von 50^0 noch den Betrag von 18 km erreichen. Da sich nun die Breite schon mit dem einfachsten Instrument mindestens mit der 10fachen Genauigkeit ermitteln läßt, so folgt hieraus, daß man, um in beiden Koordinaten wenigstens der Größenordnung nach gleichwertige Resultate zu erhalten, die Rektaszension des Mondmittelpunktes bis auf wenige Bruchteile einer Sekunde bestimmen muß.

Eine derartige Aufgabe könnte in Anbetracht der hier vorausgesetzten einfachen Beobachtungshilfsmittel als unausführbar erscheinen. In Wirklichkeit liegt jedoch ihre Bewältigung durchaus im Bereiche der Möglichkeit, wenn man nur die Abhängigkeit der Länge, m. a. W. der Ortszeit von der Mondrektaszension so eng wie möglich gestaltet, mit anderen Worten, sorgfältigst darauf achtet, daß die Beobachtungs- und Instrumentalfehler bei der Ermittelung der beiden genannten, hier lediglich in Frage kommenden Größen die Ergebnisse möglichst in dem gleichen Sinne beeinflussen. Die gesuchte Mondkoordinate soll also nicht selbständig, sondern gewissermaßen durch Anschluß an benachbarte Fixsterne erhalten werden. Als günstigste Methoden hierzu wären zu nennen: die Beobachtung von Meridiandurchgängen am Passageninstrument und die Messung von Zenitdistanzen in der Nähe des Ostwest-Vertikals am Universalinstrument. Ein drittes Verfahren, das die genauesten Ergebnisse liefert, ergibt sich ganz von selbst in denjenigen Fällen, in denen der Mond einen bekannten Fixstern bedeckt oder ihn nach der Bedeckung wieder freigibt.

Um nicht in jedem einzelnen Falle auf die Besonderheiten der hier in Frage kommenden Verhältnisse infolge des geringen Abstandes des Mondes von der Erde zurückkommen zu müssen, mögen die wichtigsten Daten, die die Mondparallaxe betreffen, vorausgeschickt werden.

Bereits bei Behandlung der Höhenparallaxe (S. 35f.) wurde darauf hingewiesen, daß die dort abgeleitete Näherungsformel für den Mond nur dann ihre Gültigkeit behält, wenn Fehler bis zu 10″ unberücksichtigt bleiben können. Für die strengere Berechnung muß auf die Abplattung der Erde Rücksicht genommen d. h. beachtet werden, daß der Abstand des Beobachters vom Erdmittelpunkte nicht mehr dem äquatorialen Erdhalbmesser entspricht, und daß strenggenommen die Zenit-Nadir-Richtung am Beobachtungsorte nicht mehr genau durch den Erdmittelpunkt geht.

Es sei in Fig. 51 der Meridianquerschnitt eines Erdquadranten unter Berücksichtigung der Abplattung dargestellt, so schneidet die Normale BN im Beobachtungsorte die große Halbachse EA der Ellipse in N unter dem Winkel φ, d. h. der geographischen Breite von B. Verbindet man B mit dem Erdmittelpunkte E, so werden die Polarkoordinaten von B, bezogen auf E und den Äquatorialradius, durch den Abstand vom Erdmittelpunkte ϱ und durch den Winkel BEA, die sog. geozentrische Breite φ', ausgedrückt. Bezeichnet man die numerische Exzentrizität des Erdellipsoids mit e, so lassen sich, wie hier nicht näher entwickelt werden soll, nach den Regeln der analytischen Geometrie die rechtwinkligen Koordinaten von B ausdrücken durch

$$x = \varrho \cos \varphi' = \frac{\cos \varphi}{\sqrt{1 - e^2 \sin^2 \varphi}}$$

$$y = \varrho \sin \varphi' = \frac{(1 - e^2) \sin \varphi}{\sqrt{1 - e^2 \sin^2 \varphi}},$$

wobei nach den **Besselschen** Elementen des Erdellipsoids

$$\log e = 8.91221$$

$$\log (1 - e^2) = 9.99709$$

ist.

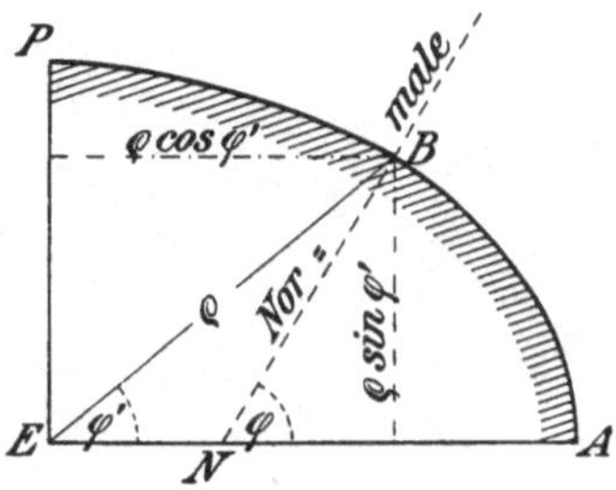

Fig. 51

Da die jedesmalige Berechnung von ϱ und φ' etwas umständlich ist, werden die Koordinaten x und y in der Regel nach φ tabuliert. Setzt man nämlich

$$e \sin \varphi = \sin \psi,$$

so wird

$$(A) \quad \begin{cases} \varrho \cos \varphi' = \sec \psi \cos \varphi \\ \varrho \sin \varphi' = (1 - e^2) \sec \psi \sin \varphi \end{cases}$$

und die Tabellen erhalten die aus Anhang II ersichtliche Form (Tafel 12). In allen Ausdrücken, die sich auf den Mond beziehen, ist somit an Stelle der geographischen Breite φ die geozentrische φ' und an Stelle des Äquatorialhalbmessers der Ortshalbmesser ϱ der Erde zu verwenden.

Auch der **scheinbare Halbmesser** s' des Mondes vom Beobachtungsorte aus ist mit dem im Jahrbuch mitgeteilten Halbmesser s nicht identisch, da, solange der Mond sich über dem Horizonte befindet, der Beobachter dem Monde stets **näher** liegt als der Erdmittelpunkt. Unter allen Umständen ist also

$$s' > s.$$

Zur Ableitung der Beziehungen zwischen s' und s sei E (Fig. 52) der Erd-, M der Mondmittelpunkt, B ein Beobachtungsort auf der Erdoberfläche mit dem Mittelpunktsabstand ϱ, $\sphericalangle BME = p$ und $\sphericalangle BR'E = p'$ die jeweiligen Höhenparallaxen für Mondmitte bzw. -rand, $REM = s$ bzw. $R'BM = s'$ die scheinbaren Mondhalbmesser von E bzw. B aus, schließlich $\varkappa$ der wahre Mondradius. Bei der großen Entfernung zwischen M und E kann zunächst der Randpunkt R' als mit R zusammenfallend angesehen werden. In dem Trapez $EBRM$ ist dann

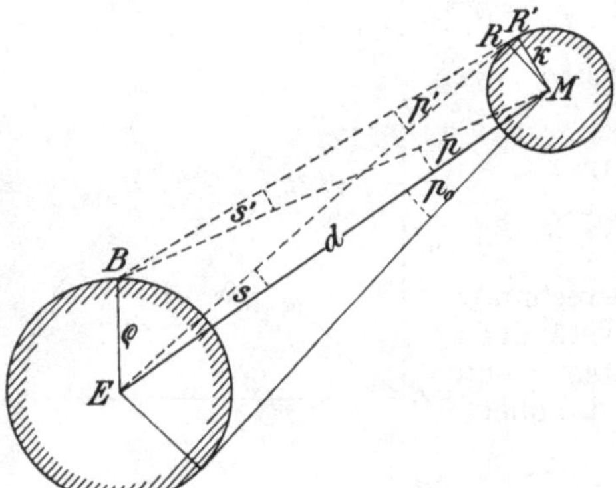

Fig. 52

$$p' + s' = p + s,$$

somit

$$s' - s = p - p'$$

oder nach Einführung der jeweiligen Horizontalparallaxe des Mondes p_0 (vgl. S. 36)

$$s' - s = \varrho[p_0 \sin z - p_0 \sin(z - s')].$$

Durch weitere Umformung erhält man:

$$s' - s = \varrho(p_0 \sin z - p_0 \sin z \cos s' + p_0 \cos z \sin s').$$

Bei der Kleinheit des Winkels s' und dem geringen Unterschied gegen s ist es hier statthaft,

$$\varrho = 1, \quad \cos s' = 1, \quad \sin s' = s \sin 1''$$

zu setzen. Da ferner bei der in diesem Falle ohne weiteres gültigen Annahme der Kugelform für die Erde

$$\frac{\sin p_0}{\sin s} = \frac{p_0}{s} = \frac{\varrho}{\varkappa},$$

somit

$$p_0 = \frac{s\varrho}{\varkappa}$$

ist, so wird

$$s' - s = \frac{\varrho}{\varkappa} s^2 \cos z \sin 1''.$$

Führt man noch für das wahre Halbmesserverhältnis zwischen Erde und Mond den numerischen Wert (3.665) ein, so erhält man schließlich

(B) $$\boldsymbol{s' - s = [5.2497 - 10]\, s^2 \cos z},$$

wobei der Zahlenfaktor (rund 0.00002) in logarithmischer Form angesetzt ist. Um die Halbmesserdifferenz in Bogensekunden zu erhalten, muß auf der rechten Seite auch s in Sekunden ausgedrückt sein.

Eine unangenehme Eigenschaft haftet leider noch allen Ergebnissen aus Mondbeobachtungen, selbst solchen mit erstklassigen Instrumenten an. Die verwendeten Ephemeridenörter des Erdtrabanten sind nämlich nicht absolut streng (S. 118) sondern mit Abweichungen behaftet, die sich bei der Schwierigkeit der ganzen Mondtheorie und den schließlich erforderlichen Vernachlässigungen bei der Rechnung im voraus nicht ziffernmäßig angeben lassen. An einer Reihe von Sternwarten, insbesondere in Greenwich, werden die erforderlichen Verbesserungen durch fortlaufende Mondbeobachtungen festgestellt und alljährlich veröffentlicht, so daß für eine endgültige Längenrechnung die erforderliche Korrektion, die erfahrungsgemäß in Rektaszension höchstens $\pm 0^s.8$ betragen kann, im Bedarfsfalle unschwer zu erlangen ist. Bezeichnet man sie mit ε, die von ihr abhängige Längenverbesserung mit $\Delta\lambda$, ferner mit $\Delta\alpha$ die Änderung der Mondrektaszension in 10^m, wie sie z. B. dem Nautical Almanac entnommen werden kann, so ist offenbar in Zeitsekunden:

$$\frac{\Delta\lambda}{\varepsilon} = \pm \frac{600}{\Delta\alpha},$$

somit

(C) $$\boldsymbol{\Delta\lambda = \pm \frac{600}{\Delta\alpha}\varepsilon} \left\{\frac{\text{östliche}}{\text{westliche}} \text{ Länge}\right\}.$$

30. Längenbestimmung aus Zenitdistanzen des Mondes

Von den Ortsbestimmungen des Mondes zum Zwecke eines Längenanschlusses an Greenwich erfordert die Ausnutzung des Meridiandurchganges bei relativ hoher Genauigkeit die geringste Rechenarbeit. Bei der Durchsichtigkeit der Methode und angesichts der Tatsache, daß kleinere Expeditionen auf die Mitnahme eines Passageninstruments meist verzichten müssen, kann eine besondere textliche Behandlung der Aufgabe hier unterbleiben und ein Beispiel (Anhang I, Beispiel 18) an deren Stelle treten. Auch bezüglich der nichtalltäglichen Sternbedeckungen muß der Hinweis genügen, daß sie für die nachträgliche Längenbestimmung von besonderem Wert sind, wenn die maßgebenden Momente der Randberührung sicher erfaßt und durch eine Zeitbestimmung mindestens innerhalb einer halben Sekunde verbürgt sind. Damit bleibt von den üblichen Mondmethoden nur diejenige der Zenitdistanzmessungen übrig, die in wenigen Worten mit dem bereits bekannten Formelmaterial erledigt werden kann.

Sollen die zu messenden Zenitdistanzen des Mondes oder vielmehr eines Mondrandes der höchsten erzielbaren Leistungsfähigkeit des Instruments entsprechen, so ist es erforderlich, daß Mond und Sterne wie beim Zweihöhenverfahren (S. 145) unter möglichst geringer Änderung der Achsenstellung des Universals und rasch hintereinander beobachtet werden. Es ist also Bedingung, daß die Anschlußsterne sich in der Nähe des Mondes, d. h. im Osten oder Westen befinden und so liegen, daß sie in nahezu gleicher Zenitdistanz mit ihm beobachtet werden können.

Der praktische Anwendungsbereich der Methode bleibt auch dann nicht besonders groß. Während am Äquator Mond und Sterne beim Auf- und Untergang den Horizontalfaden senkrecht überschreiten und daher eine sehr scharfe Auffassung zulassen, nimmt die Genauigkeit der Beobachtung bei größerem Äquatorabstand wegen der zunehmenden Neigung der Parallelkreise zur Senkrechten rasch ab, so daß es im allgemeinen kaum zu empfehlen ist nach dem Verfahren die Längen in höheren Breiten als innerhalb $\pm 30^0$ Äquatorabstand zu bestimmen. Der schwerwiegendste Nachteil der Methode beruht allerdings darin, daß sie außer den Zeit- auch Kreisablesungen mit ihren Ungenauigkeiten und

Fehlern erfordert. Am sichersten ist es daher, diese Fehler dadurch auf ein Minimum herabzudrücken, daß man zwischen Mondrand- und Sterndurchgang das Fernrohr in Höhe überhaupt nicht verschiebt. Immerhin wird man auch dann von Universalen, die nicht mindestens 20″ in Zenitdistanz abzulesen gestatten, und ohne mehrfache Wiederholung der Beobachtungen keine besonders brauchbaren Resultate erwarten dürfen.

Die zweckmäßigste Berechnungsmethode der Länge aus den in beiden Instrumentlagen erhaltenen Stern- und Mond-Zenitdistanzen dürfte die folgende sein:

Aus den Sternbeobachtungen (ϑ' und z) ergeben sich Stundenwinkel τ und Uhrkorrektion $\Delta\vartheta$ nach den bereits mehrfach herangezogenen Formeln

$$\cos\tau = \frac{\cos z}{\cos\delta\cos\varphi} - \operatorname{tg}\delta\operatorname{tg}\varphi$$

$$\vartheta = \alpha \pm \tau \left(* \text{ und } ☾ \text{ im } \frac{\text{Westen}}{\text{Osten}} \right)$$

$$\Delta\vartheta = \vartheta - \vartheta'.$$

Damit sind die Einstellungen der Sterne ausgenutzt und erledigt.

Die Mond-Zenitdistanz erfordert zunächst eine Reduktion wegen der parallaktischen Verschiebung Beobachtungsort-Erdzentrum, sowie eine Korrektur für den Mondhalbmesser. Die Höhenparallaxe p und der scheinbare Halbmesser s', bezogen auf den Beobachtungsort, sind dabei definiert (S. 156f.) durch

$$p = \varrho p_0 \sin z$$

$$s' = s + [5.2497 - 10]\, s^2 \cos z.$$

Die Größen p_0 und s ändern sich wenig und können mit einem genäherten Wert (λ) der Länge aus dem Nautical Almanac entnommen werden. Zu der Zenitdistanz z der Mondmitte bestimme man noch die Zeit U der Beobachtung mit Hilfe der soeben aus dem Stern abgeleiteten Uhrkorrektion $\Delta\vartheta$. Damit ist für die Ortszeit U durch die wahre Zenitdistanz z eine Position des Mondes am Himmel fixiert.

Die Zenitdistanz z ist ein Ergebnis der Beobachtung und soll mit z_b bezeichnet werden. Offenbar läßt sie sich aber auch aus den Jahrbuchsangaben berechnen (z_r), wenn man mit der genäherten Länge (λ) die Greenwicher Zeit $U \pm (\lambda)$ bildet und damit die Koordinaten α und δ des Mondes aus der Ephemeride entnimmt. Aus der Differenz von Sternzeit und Rektaszension erhält man noch den Stundenwinkel τ des Mondes und nach

$$\cos z_r = \sin \varphi \sin \delta + \cos \varphi \cos \delta \cos \tau$$

die berechnete Zenitdistanz z_r.

Ist die Länge (λ) richtig, so wird $z_r = z_b$ sein. Im allgemeinen wird sich ein Unterschied ergeben, der als alleinige Folge der fehlerhaften Längenannahme angesehen werden kann. Die Grundlage (λ) der Rechnung muß also so lange geändert werden, bis die aus α und δ abgeleitete Zenitdistanz z_r mit der beobachteten z_b übereinstimmt.

Zunächst erkennt man leicht, daß in dem Falle

$$z_r \lesseqgtr z_b \quad \left(☾ \text{ im } \frac{\text{Osten}}{\text{Westen}}\right)$$

der Mond bei der Rechnung in eine zu kleine, dagegen bei

$$z_r \gtreqless z_b \quad \left(☾ \text{ im } \frac{\text{Osten}}{\text{Westen}}\right)$$

in eine zu große Rektaszension versetzt wurde. In dem ersten Falle muß also die Weltzeit der Beobachtung vergrößert, im zweiten verkleinert werden. Dementsprechend ist der angenommene Längenwert (λ) des Ortes das eine Mal nach Westen, das andere Mal nach Osten zu verschieben.

Für eine numerische Behandlung der Aufgabe ist es erforderlich, den Einfluß kennenzulernen, den eine Zenitdistanzänderung des Mondes von dem Betrage $z_r - z_b$ auf die Mondkoordinaten α und δ und weiterhin auf die Zeittabulierung der Mondephemeride ausübt. Da der Unterschied $z_r - z_b$ beim vorsichtigen Ansetzen der Versuchslänge (λ) selten einige wenige Bogenminuten überschreiten wird, so kann jedenfalls bei dem Verfahren die gesuchte Zeitänderung als proportional der Zenitdistanzabweichung angenommen werden. Rechnet man also für die aus der Ephemeride zu entnehmende Änderung $\alpha + \Delta\alpha$ und $\delta + \Delta\delta$ der Mondkoordinaten in einem bestimmten Intervall, also z. B. in 10 Minuten Zeit, einen neuen Wert z_r, der von dem zuerst berechneten um Δz_r

abweichen möge, so ist damit der geforderte Einfluß der Zeit- bzw. Längenänderung auf die Zenitdistanzen gegeben. Für die vorliegende Abweichung $z_b - z_r$ ist dann die gesuchte Längenkorrektion $\Delta\lambda$ in Sekunden

$$\Delta\lambda = \frac{600\,(z_b - z_r)}{\Delta z_r}.$$

Damit kann die Aufgabe als erledigt betrachtet werden. Ihre rechnerische Behandlung veranschaulicht Beispiel 19 des Anhanges I, doch mag darauf hingewiesen sein, daß in diesem Falle die Polhöhe des Beobachtungsortes bereits wesentlich zu groß war, um einen zuverlässigen Wert der Länge zu verbürgen.

31. Bestimmung von genaueren astronomischen Azimuten

Die in einem früheren Abschnitt (S. 118) mitgeteilten Wege zur Bestimmung des astronomischen Azimutes eines terrestrischen Punktes können lediglich für eine ungefähre allgemeine Orientierung von Routenaufnahmen, Polygonzügen und Kleintriangulationen nach der astronomischen Nordsüd-Richtung dienen. Sollen jedoch die Azimute eine gleichwertige Vervollständigung der genauen Breiten- und Längenbestimmungen bilden, wie das bei geodätischen Vermessungen stets erwünscht ist, so ist es natürlich erforderlich, sie auch so zu gestalten, daß die Ablesegenauigkeit des Instruments, in diesem Falle insbesondere des Horizontalkreises, voll ausgenutzt und auf die Instrumentalfehler hinreichend Rücksicht genommen wird.

Wie früher, so soll auch jetzt bei der genaueren astronomischen Azimutbestimmung irdischer Objekte die Einstellung des Gestirns lediglich zur Ableitung des Indexfehlers am Azimutalkreise dienen, der sich von dem Indexfehler am Sextanten und am Höhenkreise des Universals dadurch unterscheidet, daß er stets nur für die jeweilige Instrumentstellung gilt. Der Messung eines astronomischen Azimutes muß also der Anschluß der gewünschten horizontalen Winkel auf der Erde unmittelbar folgen, zum mindesten ist ein scharf einstellbarer Fernpunkt als Mire astronomisch so festzulegen, daß an ihn die terrestrischen Azimute jederzeit angeschlossen werden können.

Der Gang der Aufgabe besteht also darin, daß man, wie bisher, ein Gestirn ins Fadenkreuz des Universals einstellt, aus den zugehörigen Werten Zeit oder Zenitdistanz oder aus beiden das Azimut a für den Beobachtungsort berechnet und dieses mit der Horizontalkreisablesung a' vergleicht. Die Größe

$$\Delta a = a - a'$$

stellt dann die Korrektion dar, die man bei ungeänderter Stellung des Universals an die Ablesungen des Horizontalkreises anzubringen hat, um die astronomischen Azimute der angepeilten Objekte zu erhalten.

In Gegenden, in denen man sich auf mehrere Stunden klaren Himmels verlassen kann, wird noch oft die Methode der gleichen Höhen der Sonne angewendet, da sie ähnlich wie die entsprechende Zeitbestimmungsaufgabe (vgl. S. 113) das Ergebnis sofort als Mittel zweier beobachteter Größen liefert. Im vorliegenden Falle wären die beiden oder mehrere korrespondierende Ablesungen des Horizontalkreises zu mitteln, die zu den gleichen Zenitdistanzen der Sonne östlich und westlich des Meridians gehören. Die durch

$$\frac{a'_o + a'_w}{2}$$

gegebene Stellung des Horizontalkreises zeigt dann die wahre Meridianrichtung an, die fernerhin als Ausgang für alle Peilungen im Gelände zu dienen hat. Die Kombinierung der Azimutaufgabe mit einer entsprechenden Zeitbestimmung unter Ablesung beider Kreise liegt dabei außerordentlich nahe.

Den Einfluß kleiner Änderungen in z, φ und δ auf a erhält man, wenn Formel (12b) auf die Seite $90^0 - \delta$ des sphärischen Dreiecks (Fig. 6) unter Heranziehung des parallaktischen Winkels q angewendet wird. Man erhält dann:

$$d\delta = -\cos q\, dz + \cos \tau\, d\varphi + \cos \varphi \sin \tau\, da,$$

d. h.

$$\text{(B)} \qquad da = \frac{1}{\cos \varphi \sin \tau} (d\delta - \cos \tau\, d\varphi + \cos q\, dz).$$

Nach den einzelnen Gliedern der Formel kann der Einfluß der Deklinationsänderung der Sonne sowie eines Zenitdistanzfehlers

($d\varphi$ kommt kaum in Frage) berechnet und berücksichtigt werden. Hat sich also zwischen den beiden Beobachtungen östlich und westlich vom Meridian die Deklination der Sonne um den Betrag $d\delta$ geändert, so muß von dem Mittel der erhaltenen Azimute

$$\frac{d\delta}{2\cos\varphi\,\sin\tau}$$

abgezogen werden, um die genaue Meridianrichtung zu erhalten.

Die größtmögliche Änderung der Sonnendeklination beträgt genau 1′ pro Stunde. Für die Breite $+45^0$ und 3^h Stundenwinkel gibt der Ausdruck dann eine Meridiankorrektion von 1′, auf die man meist keine Rücksicht nehmen wird.

Wird auf die Seite $90^0 - \delta$ die Differentialformel (12a) angewendet, so erhält man:

$$\text{(C)} \qquad da = \frac{1}{\sin z\,\sin q}\,(d\delta - \cos\tau\,d\varphi + \cos q\,dz),$$

woraus folgt, daß die Fehler $d\delta$, $d\varphi$ und dz um so weniger das Ergebnis beeinflussen, je mehr sich z und q dem Betrage von je 90^0 nähern, d. h. wenn die Beobachtungen in der Nähe des Ostwest-Vertikals und nahe am Horizont erfolgen. Daß die gleiche Lage auch den Einfluß eines Zeitfehlers auf das Azimut am stärksten herunterdrückt, ist aus Formel (B) ersichtlich.

Im allgemeinen wird der erfahrenere Beobachter sich mit den zeitraubenden korrespondierenden Höhen kaum viel beschäftigen, sondern die einfache Rechnung nicht scheuen und die Azimute aus größeren Zenitdistanzen in der Nähe des Ostwest-Vertikals bei bekanntem δ und φ direkt ableiten. Setzt man wieder

$$\sigma = \frac{\varphi + \delta + z}{2},$$

so wird nach (6) und entsprechend der Entwicklung auf S. 123f.

$$\text{(A)} \qquad \operatorname{tg}\frac{a}{2} = \sqrt{\frac{\sin(\sigma-\varphi)\cos(\sigma-z)}{\sin(\sigma-\delta)\cos\sigma}}.$$

Diese Formel kann als die allgemeinste, von der Zeit unabhängige Azimutformel gelten, wobei alle Fehlereinflüsse wieder nach dem Ausdruck (B) oder (C) berechnet werden können. Im übrigen ist bereits früher (S. 111f.) darauf hingewiesen worden, daß zwei

Zenitdistanzen im gleichen Vertikal sowohl Breite wie Azimut unabhängig von der Zeit ergeben.

Seitdem für alle Stundenwinkelangaben keine gesonderten Zeitbestimmungen, sondern nur ein Zeitempfang erforderlich ist, fällt der Grund fort, Ausdrücke für das Azimut zu vermeiden,

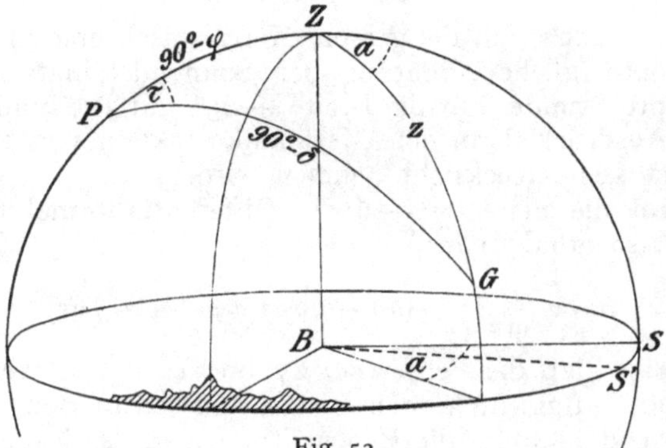

Fig. 53

die τ enthalten. Es wäre dies in erster Linie entsprechend Fig. 53 und dem Sinussatz (4):

$$\sin a = \frac{\cos \delta \sin \tau}{\sin z}. \tag{D}$$

Die Formel ist aber kein reiner Zeitausdruck, da sie neben τ auch noch z enthält. Wendet man jedoch den dritten Hauptsatz (5) der sphärischen Trigonometrie auf das Poldreieck in der Gestalt

$$-\sin z \cos a = \sin \delta \cos \varphi - \cos \delta \sin \varphi \cos \tau$$

an und setzt nach (8)

$$n \sin M = \sin \delta$$
$$n \cos M = \cos \delta \cos \tau,$$

somit (vgl. S. 134)

$$\mathbf{tg}\, M = \frac{\mathbf{tg}\, \boldsymbol{\delta}}{\mathbf{cos}\, \boldsymbol{\tau}}, \tag{E}$$

so wird

$$\cos a = \frac{n \sin(\varphi - M)}{\sin z} = \frac{\cos\delta \cos\tau \sin(\varphi - M)}{\sin z \cos M}$$

und in Verbindung mit (D)

$$\text{(F)} \qquad \operatorname{tg} a = \frac{\cos M \operatorname{tg} \tau}{\sin(\varphi - M)}.$$

Der letzte, nur von Breite, Deklination und Zeit abhängige Ausdruck kann als zweite Grundformel für Azimute, also auch für solche aus meridiannahen Sternen dienen. Hierzu eignen sich in erster Linie polnahe Objekte, die ja den Vorteil einer langsamen, also von Uhrfehlern wenig abhängigen Azimutänderung haben. Die geeignetste astronomische Mire bleibt in dieser Beziehung der Polarstern, α Ursae Minoris, da sein Azimut selbst in der Breite von $+ 70^0$ innerhalb von 24 Stunden nur um $\pm 3^0$ von 180^0 abweicht.

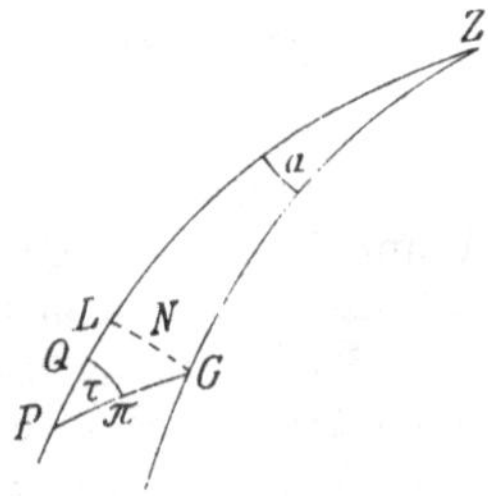

Fig. 54

In diesem Falle läuft die Berechnung auf die Auflösung des schmalen sphärischen Dreiecks ZPG mit den kleinen Größen a und π (Fig. 54) hinaus. Fällt man wieder vom Gestirn G aus das sphärische Lot $GL = N$ auf den Meridian ZP mit dem Fußpunktabstand $PL = Q$ vom Pol P, so werden auch N und Q kleine Größen, so daß die strengen Formeln

$$\begin{aligned} \sin N &= \sin\pi \sin\tau \\ \operatorname{tg} Q &= \operatorname{tg}\pi \cos\tau \\ \operatorname{tg} a &= \operatorname{tg} N \sec(\varphi + Q) \end{aligned}$$

übergehen in

$$\text{(G)} \qquad \begin{cases} N = \pi \sin\tau \\ Q = \pi \cos\tau \\ a = N \sec(\varphi + Q). \end{cases}$$

Wenn man über eine Breite von 70^0 nicht hinausgeht (vgl. oben), so beträgt der größte Fehler, der aus der Vereinfachung des strengen Formelsystems hervorgeht, nur wenige Bruchteile einer Bogenminute.

Die in Formel- und Tabellensammlungen mit den Argumenten φ und δ gegebenen Tafeln für das Azimut des Polarsterns beruhen meist auf einer Reihenentwicklung nach dem Muster der gleichartigen Breitenaufgabe (S. 138). Ihre Ableitung kann übergangen werden, da die Anwendung des Reihenausdrucks gegenüber der direkten Rechnung keine Vereinfachung oder Zeitersparnis mit sich bringt.

32. Besondere Maßregeln bei der Bestimmung genauer Azimute

Bei der Ausführung von Beobachtungen zum Zwecke von Azimutbestimmungen sind alle Regeln zu beachten, die bezüglich der Kompensation der Instrumentalfehler gegeben worden sind. Man wird also, wie bisher, stets Messungen in beiden Kreislagen kombinieren und ihr Mittel verwerten und sich höchstens beim Anschluß der Geländepunkte mit einer Kreislage begnügen. Handelt es sich um ein Gebirge, so können dabei jedoch durch die verschiedenen Zenitdistanzen unstatthafte Fehler in die Messungen geraten, die auf die Neigung i der Horizontalachse und den Zielachsenfehler c des Einstellfernrohrs zurückzuführen sind. Ihr Einfluß ist bereits beim Universalinstrument behandelt und je nach der Kreislage in die Form

$$\Delta a = \mp (i \operatorname{ctg} z + c \operatorname{cosec} z)$$

gebracht worden. Dieser Hinweis wird genügen, um einen gewissenhaften Beobachter zu veranlassen, auch bei Azimutmessungen sich um die Instrumentalfehler zu kümmern und daher auch die Zenitdistanzen der eingestellten Horizontalmarken grob abzulesen.

Beim Anschluß von terrestrischen Punkten an Gestirne ist nicht außer acht zu lassen, daß ferne Türme, Berggipfel usw. sich immer noch in endlicher Entfernung befinden. Liegt also das Einstellfernrohr des Universals nicht zentrisch, so muß die Abweichung entweder berechnet oder durch Kompensationsmessungen in beiden Kreislagen beseitigt werden. Wegen des Zielachsenfehlers ist die Doppeleinstellung sowohl für die irdische Mire wie für das Gestirn erforderlich. Eine Berechnung der Reduktion auf unendlichen Objektabstand wäre nach den auf S. 74 gegebenen Formeln auszuführen.

Es mag hier beiläufig erwähnt sein, daß mit einfachen Zielvorrichtungen ohne Horizontalkreis, wie Stativfernrohren, Nivellierinstrumenten, Kippregeln und Dioptern brauchbare Azimute bestimmt werden können, wenn man die genaue Zeit anzugeben vermag, zu der die Sonne (vorangehender und folgender Rand) scharf über dem irdischen Anschlußpunkt gestanden hat. Geringe Höhendifferenz ist dabei Bedingung, so daß außer den Abend- und Morgenstunden keine Tageszeit Gelegenheit zu derartigen Beobachtungen bietet. Dafür stehen für die gleiche Aufgabe genügend helle Planeten (Jupiter, Saturn) und Fixsterne zur Verfügung. Besonders wären solche Azimutbestimmungen in der Morgendämmerung zu empfehlen, da sich an diese gleich die Tagesmessungen der irdischen Punkte anschließen können.

Die Unterschiede, die die Präzisionsastronomie zwischen Nacht- und Tagesmessungen feststellt, brauchen den Beobachter an kleineren Instrumenten nicht zu beunruhigen, wenn er nur extreme Tagestemperaturen vermeidet. Bei sehr starker Sonnenbestrahlung treten zuweilen über Wasser- und über dürren Landgebieten ungewöhnliche Lichtbrechungsverhältnisse auf, die zu einer seitlichen, also anomalen Lichtbrechung und scheinbaren Verlagerung ferner Gegenstände in der Azimutrichtung führen können. Sie äußern sich dann meist auch sehr auffällig durch stark wallende Bilder, Luftspiegelungen und dergleichen.

Da die Einstellungsgenauigkeit der Objekte im Fernrohr merklich größer als die Ablesegenauigkeit des Kreises ist, so hat eine mehrfache Wiederholung der Azimutmessungen nur dann Zweck, wenn das Universal mit einer sog. Repetitionsvorrichtung ausgestattet ist. Es ist dies nichts weiter als eine Vorrichtung zum beliebigen Los- und Festklemmen des ganzen Unterbaues des Universals mit Horizontalkreis und Nonien. Ist etwa (Fig. 55) der Winkel AMB durch die Ablesungen A und B eines beweglichen Nonius an dem festen Kreis gemessen, so läßt sich offenbar die Beobachtung an einer benachbarten Kreisstelle BC wiederholen, wenn man nach der Ablesung von B den Unterbau des

Instruments losklemmt und ihn mit dem Nonius durch entsprechende Drehung des Fernrohrs nach A herüberführt. Jetzt kann die Messung nach Klemmung der Repetition auf dem Bogen BC wiederholt werden, nach einer weiteren Repetition auf dem Bogen CD usw., bis der ganze Kreisumfang verwertet ist. Die Differenz der ersten Ablesung A gegen die n-te Ablesung N —

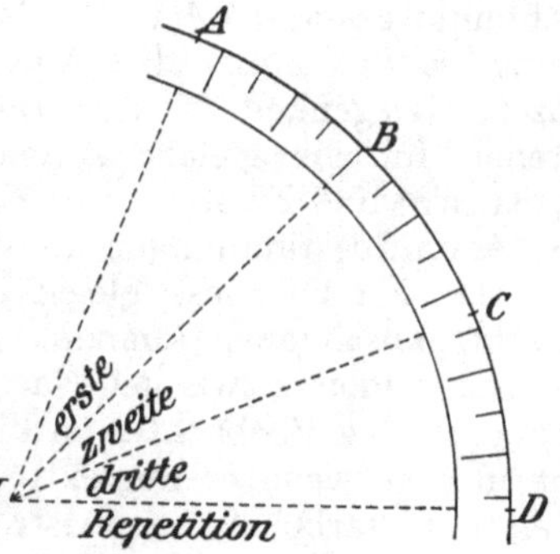

Fig. 55

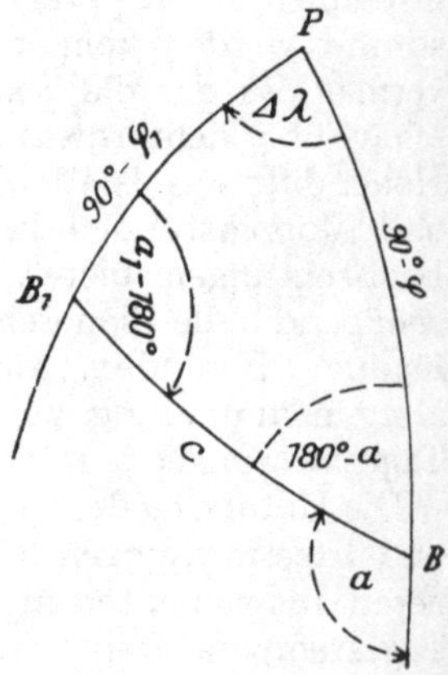

Fig. 56

alle dazwischenliegenden Ablesungen fallen fort —, dividiert durch die Anzahl der Repetitionen, ergibt den gesuchten Richtungsunterschied AMB. Bei $\pm 20''$ Ablesegenauigkeit und 10 Repetitionen müßte man den gesuchten Winkel mit einem mittleren Fehler von $\pm 7''$ und obendrein, da eine volle Kreisperiode gemessen ist, frei von Teilungsfehlern des Kreises erhalten. Steht auch der praktische Erfolg der Repetitionsmessungen diesem theoretischen Maß merklich nach, so bedeutet er doch einen nicht unwesentlichen Gewinn an Genauigkeit, der heute allerdings durch Anwendung einer mikroskopischen Ablesung wesentlich bequemer erreicht wird. Selbstverständlich ist ein derartiges Messungsverfahren nur bei entfernten und scharf einstellbaren Horizontmarken am Platze; bei näherstehenden oder nur roh meßbaren Objekten wird man sich mit der durch die Horizontalkreisteilung unmittelbar gegebenen Genauigkeit begnügen.

Neben ihrem selbständigen Wert bilden scharf bestimmte Azimute eine wertvolle Kontrolle und Ergänzung der geographischen Längen, besonders dann, wenn diese etwa noch auf den älteren Mondverfahren aufgebaut sind. Stellen beispielsweise (Fig. 56) B und B_1 zwei Punkte der Erdoberfläche, P den nächstliegenden Pol dar und es sei außer den Breiten φ und φ_1 das Azimut a von BB_1 gemessen, so läßt sich der Längenunterschied $\Delta\lambda$ der beiden Orte nebst der Distanz $BB_1 = c$ berechnen, denn es ist nach (4)

(A) $$\sin a_1 = -\frac{\cos\varphi}{\cos\varphi_1}\sin a,$$

(B) $$\operatorname{tg}\frac{c}{2} = \operatorname{tg}\frac{1}{2}(\varphi - \varphi_1)\frac{\sin\frac{1}{2}(a - a_1)}{\sin\frac{1}{2}(a + a_1)},$$

(C) $$\sin\Delta\lambda = \frac{\sin c \sin a}{\cos\varphi_1} = -\frac{\sin c \sin a_1}{\cos\varphi}.$$

Ist neben dem Azimut a in B die Distanz c bekannt, so tritt neben $\Delta\lambda$ die Größe $\Delta\varphi = \varphi - \varphi_1$ als Unbekannte auf usw.

Die hier angewendeten sphärischen Formeln gelten nur für eine kugelförmige Oberfläche. Für das Sphäroid gestaltet sich die Übertragung von Breiten, Längen und Azimuten verwickelter, doch führen auch hier Reihenentwicklungen für $\Delta\varphi$ und $\Delta\lambda$, besonders in äquatornahen Gegenden, rasch zum Ziele.

Eine besonders wichtige Aufgabe fällt den Azimuten in der See- und Luftschiffahrt zu. Dementsprechend sind auf diesem Gebiete wohl alle Beziehungen, die das Azimut eines Gestirns mit den Kreisen und Winkeln an der Sphäre verbinden, untersucht und ausgenutzt worden (vgl. S. 181).

VI. ABSCHNITT

BESONDERE VERFAHREN DER NAUTISCHEN ORTSBESTIMMUNG

33. Die Standlinien- (Sumner-) Aufgabe

Wenngleich in diesem Buche in erster Linie die geographische Ortsbestimmung zu Lande behandelt wird, so erweist es sich doch noch als notwendig, auch einige Sonderverfahren zu erwähnen, die für die Längen- und Breitenbestimmung zur See in Frage kommen, und zwar um so mehr, als gerade hier das Ortsbestimmungsproblem eine einfache und dabei sehr sinnreiche Lösung gefunden hat.

Während auf dem Lande jede gemessene, auch nicht sofort berechnete Position ihren Wert beibehält, hat die Ortsbestimmung des Seemannes meist nur augenblickliche Bedeutung, denn sie soll ihm nur seinen momentanen Standort auf der Karte ergeben. Bei der Auswahl der Ortsbestimmungsmethoden für nautische Zwecke ist es somit stets notwendig, sich zu vergegenwärtigen, daß hier nur solche Beobachtungs- und Reduktionsregeln Aussicht auf praktische Verwendung haben, die unter Innehaltung möglichster Genauigkeit doch rasch zum Ziele führen und so anschaulich gefaßt sind, daß systematische Versehen ausgeschlossen bleiben.

Die bereits erwähnten genäherten Methoden der Ortsbestimmung (Meridianhöhen, gleiche Höhen östlich und westlich vom Meridian, Verfinsterungen der Jupitertrabanten) können selbstverständlich ebensogut zu Lande wie zur See Anwendung finden. Die Genauigkeit der auf diese Weise erzielten Resultate ist, da in der Regel nur die Sonne als Beobachtungsobjekt in Frage kommt, nicht sehr hoch. Zu Lande würde man die erhaltene Position meist nur dann gelten lassen, wenn es sich um Orientierungsbestimmungen handelt. Für die Zwecke der Schiffahrt dagegen sind Breiten- und Längenwerte, die den Schiffsort auf

2 bis 3 km sichern, als völlig ausreichend anzusehen. Oft sind ja die Ortsbestimmungen des Seemanns Notbehelfe. Nicht selten, z. B. nach längerer Periode unsichtigen Wetters, ist er darauf angewiesen, zu seiner Sonnen- oder Sternpeilung eine beliebige Wolkenlücke am Tages- oder Abendhimmel auszunutzen, die eine zweite Messung ausschließt. Es muß ihm also die Möglichkeit geboten sein, schon aus einer Höhenmessung der Sonne, eines Planeten oder eines bekannten hellen Sterns gewisse Anhaltspunkte für die Lage seines Schiffes bzw. für den einzuschlagenden Kurs zu gewinnen.

Die Genauigkeitsgrenzen bei der Ortsbestimmung zur See sind so weit gesteckt, daß die Lösung der gestellten Aufgabe durchaus im Bereiche der Möglichkeit liegt. Gelingt es, den Ort des Schiffes bis auf eine Bogenminute größten Kreises, d. h. bis auf eine Seemeile (1852 m) genau zu bestimmen, so reicht ein solches Ergebnis in allen Fällen aus. Auf dem Weltmeere ist eine Unsicherheit von der erwähnten Größenordnung belanglos, und in der Nähe der Küste, wo ein Irrtum von rund zwei Kilometern schon sehr verhängnisvoll werden kann, geben bei sichtigem Wetter die Seezeichen und Küstenfeuer, bei ungenügender Sicht sorgfältige Lotungen oder Unterwasserschallsignale und Funkpeilungen bessere Anhaltspunkte für die geographische Lage des Schiffes als die Sterne am Himmel.

Schon früher, als drahtlose Sendestationen noch fehlten und die Seeschiffe dementsprechend noch keine Zeitempfangseinrichtungen hatten, war es viel leichter, ein Bordchronometer ordnungsgemäß zu verwahren als irgendeine Präzisionsuhr bei Landexpeditionen. Die von jeher übliche Längenbestimmung durch Chronometerübertragung, also nichts anderes als die Mitnahme der Greenwicher Zeit zum Zwecke des Vergleiches mit der Ortszeit (vgl. S. 150), hatte daher zur See gute Erfolge zu verzeichnen. Heute sind durch den Rundfunkdienst Seeleute wie Forschungsreisende der erwähnten Sorge fast ganz enthoben. Jedenfalls bestand von jeher die Möglichkeit, bei sorgfältig geführtem Chronometerjournal jederzeit eine gerade ausgeführte Zeitbestimmung mit der Greenwicher Zeit zu vergleichen und damit in mehr oder weniger engen Grenzen die geographische Länge des Fahrzeuges zu bestimmen. Wurde eine Meridianhöhe der Sonne oder eines anderen hellen Gestirns hinzugenommen, so erledigte sich auch die Breitenbestimmung in äußerst einfacher Weise. Es gibt Schiffe, auf denen noch heute ein anderes Verfahren der Ortsbestimmung nicht üblich ist.

Sowohl die Zeit- wie die Breitenbestimmung erfordern bei diesem einfachsten Fall der Ortsbestimmung zur See eine bestimmte Gestirnslage, für die Zeitbestimmung die Nähe des Ostwest-Vertikals, für die Breite die Nähe des Meridians. Die zu lösende nautische Aufgabe muß daher noch erweitert werden. In der allgemeinsten Form könnte man ihr die folgende Fassung geben: Es ist bei annähernd bekannter Zeit des Nullmeridians durch Messung von zwei Gestirnshöhen in beliebigem Azimut die Stellung des Beobachters auf der Erde nach Länge und Breite zu ermitteln, doch soll bereits eine einzige Höhe gewisse Anhaltspunkte über die Lage des Schiffes ergeben. Es wird also mit anderen Worten gefordert, daß jede Höhenbeobachtung eines Gestirns auch einen geometrischen Ort des Schiffes, also eine beliebige zeichnerisch leicht darstellbare Kurve auf der Karte ergibt, deren Durchschnittspunkt mit einer zweiten dann die Lage des Schiffes nach Länge und Breite festlegen soll.

Zum besseren Verständnis der Bedeutung der zu ermittelnden geometrischen Örter sei hier auf ein verwandtes Problem, die sog. Pothenotsche Aufgabe — es handelt sich um den einfachsten Fall des sog. Rückwärtseinschneidens — kurz hingewiesen.

Es seien (Fig. 57) ADC drei in eine Seekarte eingezeichnete, auch äußerlich hervortretende Küstenpunkte (Türme, Windmühlen, Baken oder dgl.). Durch Messung der Winkel $ABD = \alpha$ und $DBC = \beta$ vom Schiffe B aus soll seine Stellung auf der Karte bestimmt werden.

Hier kann die Lösung der Aufgabe auf die Ableitung von zwei geometrischen Örtern zurückgeführt werden, und zwar handelt es sich nach einem Lehrsatz der Elementargeometrie um die Konstruktion von zwei Kreisen, von denen der eine AD als Sehne und α als Peripheriewinkel, der zweite DC als Sehne und β als Peripheriewinkel umfaßt. Die geometrische Konstruktion der beiden Kreise mit Hilfe der Zentriwinkel 2α und 2β ist bekannt und braucht nicht näher erörtert zu werden. Für die praktische Lösung der Aufgabe ist sie belanglos, da man hier einfacher auf einem Blatt Pauspapier von einem beliebigen Punkte aus die Richtungen BA, BD und BC nach Maßgabe der gemessenen Winkel α und β mit einem Transporteur auftragen und, um B eindeutig zu bestimmen, das Blatt dann so auf die Karte legen wird, bis die drei Strahlen tatsächlich durch die Punkte A, D und C der Küstenkarte hindurchgehen. Von besonderem Interesse ist hierbei die Tatsache, daß durch zwei geometrische Örter die Lage des Beobachters festgelegt ist, und daß schon durch einen Ort (z. B. durch den Kreis BAD) die ursprüngliche Unsicherheit in der Stellung des Fahrzeuges innerhalb einer größeren Wasserfläche auf einen kurzen Kreisbogen eingeschränkt wird.

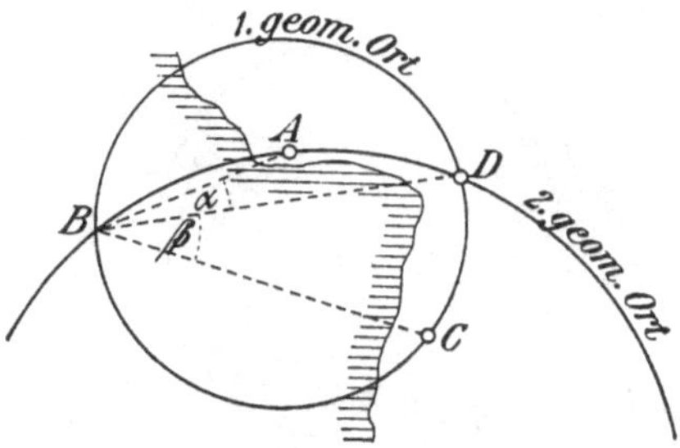

Fig. 57

Eine einfache Überlegung zeigt, daß ähnliche Positionskreise sich grundsätzlich auch auf die Lösung geographisch-astronomischer Aufgaben anwenden lassen. Zu jedem Gestirn der Himmelssphäre läßt sich nämlich für einen gegebenen Zeitmoment (in diesem Falle für die gegebene Zeit des Nullmeridians) ein Projektionspunkt G auf der Erdoberfläche bestimmen, für den das betreffende Gestirn im Zenit steht. Nach dem, was zu Anfang über die Beziehungen zwischen den Parallelkreisen an der Himmelssphäre und auf der Erdkugel gesagt wurde, ist offenbar die geographische Breite des Punktes G gleich der Deklination δ des Gestirns, während die geographische Länge seinem Stundenwinkel τ in Greenwich im Augenblicke der Beobachtung entspricht. Da δ gegeben ist, hätte man also nichts weiter zu tun, als die Weltzeit des Chronometers in Sternzeit umzuwandeln und durch Kombination derselben mit der Rektaszension des Sterns seinen Stundenwinkel zu ermitteln. Bei der Sonne wäre durch unmittelbare Vergleichung der Weltzeit mit dem Kulminationsmoment der Sonne in Greenwich (12^h — Zeitgleichung) der Stundenwinkel zu bilden. Die in so einfacher Weise gewonnenen Koordinaten φ und λ des Projektionspunktes G, die auch dem Sinne nach den Werten δ und τ entsprechen (östlicher Stundenwinkel entspricht auch östlicher Länge, nördliche Deklination nördlicher Breite), können nun wie folgt weiterverwendet werden.

Ist an irgendeinem Punkte der Erde die Zenitdistanz z_1 eines Gestirns gemessen, so folgt aus der Gleichartigkeit der Kreise und Punkte an der Himmelssphäre und auf der Erde, daß der Beobachtungsort von dem Projektionspunkte G_1 des Gestirns um den Bogen z_1 absteht. Ein geometrischer Ort für die Stellung des Beobachters wird somit durch die Peripherie des Kreises erhalten, der um den Projektionspunkt des Gestirns G mit dem Bogen z_1 als Radius geschlagen wird (Fig. 58). Beobachtet man unmittelbar darauf die Zenitdistanz z_2 eines anderen Gestirns, das im Azimut möglichst um 90° von G_1 entfernt liegen soll, so ergibt diese in Verbindung mit den neuen Werten von δ und τ einen zweiten Projektionspunkt G_2 und gleichzeitig einen zweiten Kreis, der den ersten offenbar in zwei Punkten schneidet, von denen der eine der Schiffsposition B entspricht. Handelt es sich um Tagesbeobachtungen, so muß eine entsprechende Änderung der Sonnenstellung abgewartet werden, um den zweiten geometrischen Ort des Schiffes zu erhalten. Ein Zweifel, welcher von den beiden Schnittpunkten zu wählen ist, kann nur bei sehr kleinen Zenitdistanzen oder im Falle von zwei sich fast berührenden Positionskreisen aufkommen.

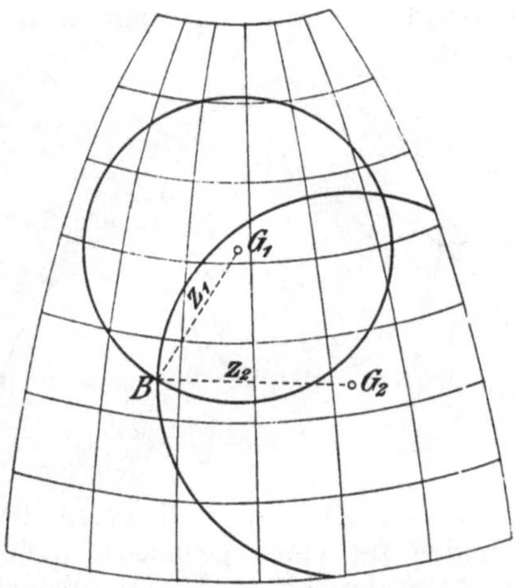

Fig. 58. Kreise gleicher Zenitdistanzen

Die erwähnten Kreiskonstruktionen lassen sich streng nur auf einer vollständig ähnlichen Abbildung der Erdoberfläche, d. h. nur auf einem Globus, ausführen. Wäre z. B. die Bedingung gestellt, daß auf diesem eine Seemeile durch 1 mm dargestellt wird, so müßte, da eine Seemeile sich zur Länge des Erdhalbmessers verhält wie 1.852:6370, der Globus einen Durchmesser von rund 7 m haben und obendrein absolut genau gearbeitet sein, wenn die Messungen an diesem Modell befriedigend ausfallen sollen. Auf die Benutzung einer kugelförmigen Erdabbildung muß also die Aufgabe von vornherein verzichten. Die auseinandergesetzte Methode der Konstruktion des Schiffsortes aus zwei Zenitdistanzen gestattet jedoch eine Auffassung, die sie für die üblichen Seekarten in Mercatorprojektion ohne weiteres verwendbar macht.

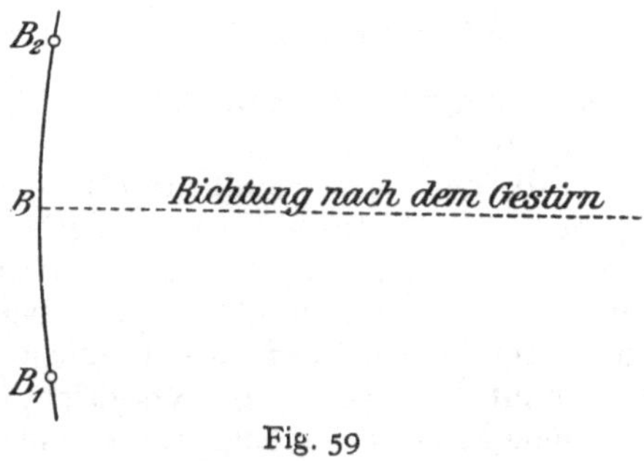

Fig. 59

Es sei wieder G das Gestirn bzw. sein Projektionspunkt auf der Erde, B der Standpunkt des Schiffes und z die gemessene Zenitdistanz des Gestirns, so darf offenbar bei nicht zu kleiner Zenitdistanz ein Teil des Positionskreises in der Umgebung von B, also beispielsweise der Bogen B_1B_2 (Fig. 59), als geradlinig betrachtet werden. Diesen Bogen kann man dann also ohne Bedenken unmittelbar gleich der Sehne oder gleich der Tangente in B setzen, mit anderen Worten, die Positionskreise gehen bei nicht zu kleinen Zenitdistanzen und bei Betrachtung kleiner Abschnitte derselben in gerade Linien über, die man als Positions- oder Standlinien zu bezeichnen pflegt. Die Standlinien haben dabei, wie man sich leicht durch Betrachtung der Fig. 59 überzeugt, zwei wichtige Eigenschaften: sie stehen zu der Visier- oder Peilrichtung nach dem Gestirn senkrecht und bilden mit den Breitenkreisen der Mercatorkarte Winkel, die dem Azimute des beobachteten Gestirns entsprechen. (Vgl. Fig. 60.)

Die vorhin gestellte Aufgabe ändert sich auf diese Weise nicht unwesentlich, denn es wird jetzt verlangt, ohne Berücksichtigung des eigentlichen Projektionspunktes zu der gemessenen Höhe h eines Gestirns die entsprechende Standlinie des Schiffes in die Merkatorkarte einzuzeichnen. Daß dabei die ungefähre Lage des Beobachters auf der Karte bekannt sein muß, ergibt sich aus der gestellten Aufgabe ganz von selbst, ebenso, daß an die Stelle einer einfachen Konstruktion nunmehr die zum Ausziehen der Standlinie erforderlichen zwei Kartenpunkte φ_1, λ_1 bzw. φ_2, λ_2 (Fig. 60) rechnerisch ermittelt werden müssen.

34. Verfahren zur Lösung der Standlinien-Aufgabe

Aus dem Sinn der Standlinien-Aufgabe ergibt sich der Weg zu ihrer Lösung wie folgt:

Ist der genäherte Schiffsort B nach (φ) und (λ) gegeben und die Höhe h des Gestirns G (berichtigt für Kimmtiefe und Strahlenbrechung) gemessen, so muß zunächst mit einer angenommenen, unweit (φ) gelegenen Breite, also beispielsweise $\varphi_1 = (\varphi) - 30'$, der Stundenwinkel τ des Gestirns und hieraus die Ortszeit bestimmt werden. Ihre Vergleichung mit der Weltzeit des Chronometers ergibt dann unmittelbar die zu φ_1 gehörige Länge λ_1. Wiederholt man die Rechnung mit einem geänderten Wert von φ, z. B. mit $\varphi_2 = (\varphi) + 30'$, so erhält man die zu φ_2 gehörende Länge λ_2, und die Verbindungslinie der beiden Kartenpunkte B_1 (φ_1, λ_1) und B_2 (φ_2, λ_2) stellt die gesuchte Standlinie dar (Fig. 60).

Diese einfache Lösung des Problems kann eine Reihe von Änderungen erfahren. Liegt z. B. die gemessene Höhe in der Nähe des Meridians, wo die Höhen sich nur wenig ändern, so würde sich der Stundenwinkel nach der mitgeteilten Vorschrift nur sehr ungenau ermitteln lassen, und die gleiche Unsicherheit würde dann auch den Längen λ_1 und λ_2 anhaften. In einem solchen Falle ist es vorteilhafter, λ_1 und λ_2 nach genäherten Längen (λ) des Schiffes (also beispielsweise wieder $\lambda_1 = (\lambda) - 30'$, $\lambda_2 = (\lambda) + 30'$) anzusetzen und nunmehr umgekehrt aus der angenommenen Länge und der Greenwicher Zeit die Stundenwinkel τ_1 und τ_2 sowie hieraus die Breite φ_1 bzw. φ_2 der beiden Standlinienpunkte zu berechnen.

Die hierbei verwendeten Formeln sind die gleichen wie bei der Ortsbestimmung zu Lande. Für die Zeitbestimmung hat man nämlich entweder (vgl. S. 123f.)

$$\text{(A)} \qquad \cos \tau = \frac{\cos z}{\cos \varphi \cos \delta} - \operatorname{tg} \varphi \operatorname{tg} \delta$$

oder

$$\text{(B)} \qquad \operatorname{tg} \frac{\tau}{2} = \sqrt{\frac{\sin (\sigma - \varphi) \sin (\sigma - \delta)}{\cos \sigma \cos (\sigma - z)}},$$

wobei

$$\sigma = \frac{\delta + \varphi + z}{2}$$

zu setzen ist.

Für die Breitenbestimmung kommt der bereits auf S. 135 für südliche bzw. nördliche Sterne abgeleitete Ausdruck

$$\text{(C)} \qquad \begin{cases} \cos (\varphi - M) = \dfrac{\cos z \sin M}{\sin \delta} \\ \cos (M - \varphi) = \dfrac{\cos z \sin M}{\sin \delta} \end{cases}$$

in Frage, wobei sich wieder M aus

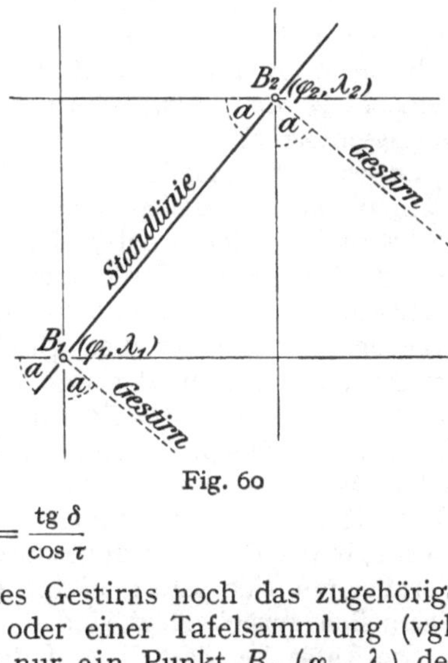

Fig. 60

$$\operatorname{tg} M = \frac{\operatorname{tg} \delta}{\cos \tau}$$

ergibt. Ist außer der Höhe h des Gestirns noch das zugehörige Azimut a am Kompaß gepeilt oder einer Tafelsammlung (vgl. S. 182) entnommen, so braucht nur ein Punkt B_1 (φ_1, λ_1) der Standlinie berechnet zu werden; ihre Lage gegen die Parallelkreise ist dann durch den Azimutwinkel ohne weiteres gegeben.

Als Beispiel ist im Anhang die historische Beobachtung des amerikanischen Schiffskapitäns Thomas H. Sumner im St.-Georgs-Kanal vom Jahre 1837 gewählt, die überhaupt erst zur Entdeckung der Standlinien und ihrer Eigenschaften führte (Beispiel 22 und Fig. 63). Durch Eintragen der am Kopfe und am Fuße einer jeden Reihe der Versuchsrechnung gegebenen Koordinaten (φ, λ) in die Merkatorkarte stellte Sumner zu seiner

Überraschung fest, daß die drei Punkte in eine Gerade fielen. Sein Verdienst liegt darin, daß er sofort erkannte, daß diese Gerade nichts anderes sei als die Peripherie des vom Projektionspunkt der Sonne aus mit einem Halbmesser von $z = 77^0\ 50' = 4670$ Seemeilen gezogenen, sehr großen Positionskreises. „Es wurde mir dadurch plötzlich klar", berichtet er selbst, „daß man an den drei berechneten Punkten sowie bei Smalls Feuer und auf dem Schiffe in demselben Augenblicke dieselbe Sonnenhöhe gehabt hatte, und es folgte daraus, daß ich Smalls Feuer ONO peilen mußte, wenn das Chronometer richtig ging ... Hieraus ist ersichtlich, daß eine Beobachtung, die zu irgendeiner Tageszeit in beliebigem Azimut angestellt worden ist, praktisch nutzbar gemacht werden kann, sofern man sich nur auf sein Chronometer verlassen kann."

Ist es nicht möglich, die Azimute für die Standlinien so zu wählen, daß diese sich nahezu rechtwinklig schneiden, so kann die Mitnahme einer dritten Zenitdistanz die Schiffsstellung besser sichern. Im letzteren Falle werden die drei Geraden im allgemeinen nicht mehr einen Schnittpunkt, sondern eine Schnittfläche ergeben. Bei einigermaßen gleichmäßiger Verteilung der Sterne im Azimut ist dann der wahrscheinlichste Schiffsort im Mittelpunkte des dem Dreieck eingeschriebenen Kreises zu suchen. Unter allen Umständen müssen dabei die Beobachtungen auf dieselbe Schiffsstellung reduziert sein. Hierzu verschiebt man (Fig. 61) bei zwei Standlinien die erste, bei dreien die erste und zweite, in der Richtung des Schiffskurses um so viel Bogenminuten parallel mit sich selbst, als nach dem Schiffsbesteck inzwischen Seemeilen zurückgelegt sind.

Die Tatsache, daß die auf der Standlinie senkrecht stehende Peilrichtung in einer Entfernung von z Grad auf den Projektionspunkt des Gestirns führen muß, ist noch von besonderer Bedeutung. Zieht man nämlich im Abstande von 1 oder 2 Seemeilen eine Parallele zu der erhaltenen Standlinie, so ersieht man sofort, um wieviel ein bei der Zenitdistanzmessung begangener Fehler von 1 oder 2 Bogenminuten den Ort auf der Erde verfälscht. Stellt sich also beispielsweise nachträglich heraus, daß in dem angenommenen z noch ein Reduktions- oder Ablesefehler von $1'$ steckt in dem Sinne, daß z um $1'$ zu groß angenommen wurde, so braucht die Rechnung nicht wiederholt zu werden, sondern es genügt dann, die Standlinie in der Peilrichtung nach dem Stern zu um 1 Seemeile zu verschieben. Eine ähnliche Parallelverschiebung im Breitenparallel nach Osten oder Westen ist dann vorzunehmen, wenn man einen Chronometerfehler als möglich zuläßt; die Größe dieser Verschiebung in Länge ist gleich

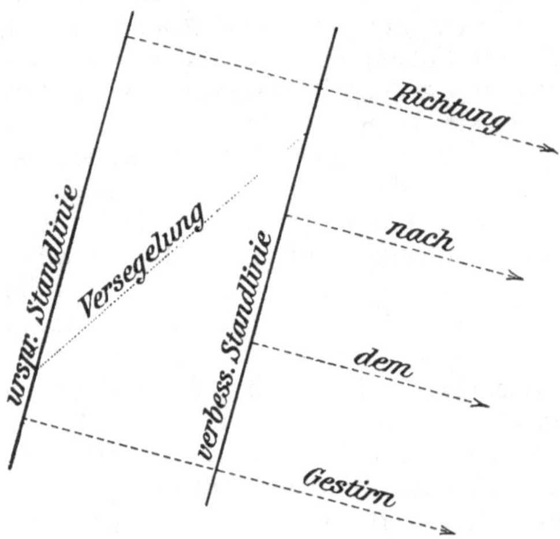

Fig. 61

der in Bogen umgewandelten Uhrabweichung. Ist also die Konstruktion der Standlinien aus irgendeinem Grunde unsicher, so ist doch auf alle Fälle der Ort des Schiffes zum mindestens durch enge Positionszonen begrenzt. Zu beachten und für die praktische Anwendung sehr wichtig ist dabei, daß Fehler im angenommenen Uhrstand oder bei der Messung der Zenitdistanz wohl die Lage, aber nie die Richtung der Standlinie verändern können.

Nach dem ursprünglichen Wesen der Sumner-Methode werden, wie gezeigt wurde, die Standlinien je nach Lage des gemessenen Gestirns durch Variation der Breiten oder der Längen berechnet und in die Merkatorkarte nach λ und φ eingetragen. Da aber schon die beobachtete Zenitdistanz z auf der Erdoberfläche eine streng definierte geometrische Bedeutung hat, läßt sich für die Konstruktion der zugehörigen Standlinie noch ein anderer, nach dem Vorangehenden sehr naheliegender Weg einschlagen.

Die Höhe eines Sterns läßt sich beobachten, aber andererseits auch für eine gegebene Zeit und einen angenommenen Schiffsort B aus dem Poldreieck berechnen. Geschieht dies mit den nach der Besteckrechnung angenommenen genäherten, sog. „gegißten" Schiffskoordinaten (φ) und (λ) und sind diese Koordinaten richtig, so muß offenbar eine gleichzeitige Beobachtung genau den gleichen Wert h ergeben wie die Rechnung. Stellt sich dagegen zwischen Beobachtung und Rechnung ein Unterschied heraus, so ist nichts weiter notwendig, als diese kleine Abweichung, die mit dh bzw. dz bezeichnet sein mag, von B aus längs der Peilrichtung in dem richtigen Sinne abzutragen und in dem betreffenden Punkte eine Senkrechte zur Peilrichtung zu errichten, um die gewünschte Standlinie zu erhalten. Über den Sinn der Abtragung kann kein Zweifel bestehen, wenn man sich vergegenwärtigt, daß die beobachtete Zenitdistanz als die richtige, die mit (φ) und (λ) berechnete dagegen als die fehlerhafte anzusehen ist.

Das Wesen dieses von Marcq Saint-Hilaire angegebenen Verfahrens beruht darin, daß man zur Bestimmung der Standlinie nicht mehr die Schiffskoordinaten variiert, sondern unmittelbar vom Besteckort ausgeht und mit Hilfe von Azimut und Zenitdistanz eine Parallelverschiebung der Positionslinie um den Betrag dz vornimmt. Eine zweite Standlinie ergibt dann den Schiffsort, wobei die Versegelung genau in der gleichen Weise wie bei der eigentlichen Sumner-Methode zu berücksichtigen ist.

Die erforderliche Berechnung der Zenitdistanz kann, da der Winkel z nicht klein sein darf, nach der Cosinus-Formel (vgl. S. 123)

$$\text{(A)} \qquad \cos z = \sin \varphi \sin \delta + \cos \varphi \cos \delta \cos \tau$$

erfolgen. Einen logarithmisch bequemeren Ausdruck erhält man, wenn im Poldreieck das sphärische Lot von Z auf die Seite PG gefällt wird, das diese in die Abschnitte Q und $90^0 - (Q + \delta)$ teilt (vgl. Fig. 48). Es wird dann

$$\text{(B)} \qquad \cos z = \sin \varphi \sin (Q + \delta) \sec Q ,$$

wobei Q durch

$$\operatorname{tg} Q = \operatorname{ctg} \varphi \cos \tau$$

definiert ist.

Die unmittelbare Peilung des Azimutes ist oft unsicher, so daß auch hier eine rechnerische Kontrolle stets erwünscht sein wird. Von den auf S. 164f. abgeleiteten Formeln

$$\sin a = \frac{\cos \delta \sin \tau}{\sin z}$$

oder

$$\operatorname{tg} a = \frac{\cos M \operatorname{tg} \tau}{\sin (\varphi - M)},$$

wo

$$\operatorname{tg} M = \frac{\operatorname{tg} \delta}{\cos \tau},$$

gestattet die zweite eine für den vorliegenden Zweck besonders geeignete Umformung. Wird sie zurückentwickelt, d. h. M wieder eliminiert, so erhält man

$$\operatorname{tg} a = \frac{\cos \delta \sin \tau}{\sin \varphi \cos \delta \cos \tau - \cos \varphi \sin \delta}$$

$$= \frac{\cos \delta \sin \tau}{\cos \varphi \sin \delta \, (\operatorname{tg} \varphi \operatorname{ctg} \delta \cos \tau - 1)}$$

oder

(B) $$\boldsymbol{\operatorname{tg} a = \frac{1}{A - 1} \sec \varphi \operatorname{ctg} \delta \sin \tau},$$

wo

(A) $$\boldsymbol{A = \operatorname{tg} \varphi \operatorname{ctg} \delta \cos \tau}.$$

Die letzten beiden Gleichungen gestatten eine rasche und sichere Berechnung der Azimute, wenn für die hier angenommene Zählung vom Südpunkte aus die reziproken Werte von $A - 1$ tabuliert werden, wie es z. B. in der Tafelsammlung von C. Wirtz geschehen ist.

Es bedarf kaum einer besonderen Erwähnung, daß die für die beiden Standlinien gefundenen Abweichungen dz_1 und dz_2 auch rein rechnerisch, also ohne Zuhilfenahme der Karte, zur Bestimmung der Verbesserungen $d\varphi$ und $d\lambda$ des Schiffsortes in Breite und Länge verwendet werden können. Die Ableitung der entsprechenden einfachen Rechenformeln kann hier um so eher unterbleiben, als der gegenüber der Konstruktion auf der Merkatorkarte erzielte Gewinn an Genauigkeit für die Schiffahrt ohne Bedeutung ist.

Da das Standlinienverfahren in der gegenwärtig am häufigsten angewendeten Form auf Azimuten und beobachteten bzw. berechneten Höhen beruht, so haben Tafeln und Nomogramme der horizontalen Gestirnskoordinaten für die Seefahrt eine besondere Bedeutung. Die gebräuchlichsten dieser stets sehr umfangreichen und daher wenig handlichen Tabellen sind an die Namen Ebsen, Perrins (Azimute), Ball, Tillmann (Höhen) und Wedemeyer (Höhen und Azimute) geknüpft.

ANHANG I

Beispiele zur Zeit-, Breiten- und Längenbestimmung

1. Umwandlung von mittlerer Zeit in Sternzeit und umgekehrt (zu S. 23ff.)

1. Gegeben: 1940 Jan. 16, $18^h\,0^m\,0^s$ W.Z. (Weltzeit). Gesucht die zugehörige St.Z. (Sternzeit) Greenwich ($\lambda = 0^\circ\,0'\,0''$).

St.Z. 1940 Jan. 16, 0^h Gr. (Naut. Almanac)	$7^h\,37^m\,10^s.2$
Seit 0^h vergangene M.Z. (Mittl. Zeit)	18 0 0
Reduktion a. St.Z. (Anh. II, Taf. 1)	+ 2 57.4
St.Z. Greenwich =	$\mathbf{1^h\,40^m\,7^s.6}$

2. Gegeben 1940 Febr. 9, $20^h\,14^m\,18^s$ MEZ. (Mitteleuropäische Zeit). Gesucht die dazugehörige St.Z. Wien ($\lambda = 16^\circ\,20'\,21''$ östl. Gr. $= 1^h\,5^m\,21^s.4$ östl. Gr.).

St.Z. 1940 Febr. 9, 0^h Gr. (Naut. Almanac)	$9^h\,11^m\,47^s.6$
Red. auf den Wiener Meridian (Anh. II, Taf. 3)	— 10.8
$20^h\,14^m\,18^s$ MEZ. = M.Z. Wien	20 19 39.4
Reduktion a. St.Z. (Anh. II, Taf. 1)	+ 3 20.4
St.Z. Wien =	$\mathbf{5^h\,34^m\,36^s.6}$

3. Es wurde 1930 Dez. 8, $16^h\,44^m$ W.Z. der Meridiandurchgang eines Sterns 2. Größe etwa 3° über dem Südhorizont von Mallorca beobachtet. Station Porto Cristo, $\lambda = 3^\circ\,20'$ ö. Gr. $= 0^h\,13^m\,20^s$ ö. Gr., $\varphi = 39^\circ\,32'$. Um welchen Stern handelt es sich? (Sternzeit = Rektaszension des Meridians, Deklination im Meridian $= \varphi + h - 90^\circ$.)

St.Z. 1930 Dez. 8, 0^h Gr. (Naut. Almanac)	$5^h\,4^m\,6^s$
Red. auf Porto Cristo (Anh. II, Taf. 3)	— 2
$16^h\,44^m$ W.Z. = M.Z. Porto Cristo	16 57 20
Reduktion a. St.Z. (Anh. II, Taf. 1)	+ 2 47
St.Z. Porto Cristo =	$22^h\,4^m\,11^s$

Der genäherte Ort des Sterns war

$$\alpha = 22^h\,4^m \qquad \delta = -47^\circ.1 \qquad (\alpha\ \text{Gruis})$$

(Fortsetzung)

4. 1936 Jan. 1 wurde auf Mallorca der Meridiandurchgang des Sirius ($\alpha = 6^h\,42^m\,22^s.0$) beobachtet. Um welche genaue Weltzeit handelt es sich? Station Arenal, $\lambda = 2^\circ\,45'$ ö. Gr. $= 0^h\,11^m\,0^s$ ö. Gr., $\varphi = 39^\circ 30'$

Rektaszension des Sirius = St.Z. am Ort	$6^h\,42^m\,22^s.0$
St.Z. 1936 Jan. 1, 0^h Gr. (Naut. Almanac)	6 37 55.0
Red. auf Arenal (Anh. II, Taf. 3)	— 1.8
Seit 0^h M.Z. Arenal verstrichene St.Z.	0 4 28.8
Reduktion a. M.Z. (Anh. II, Taf. 2)	— 0.7
M.Z. Arenal	0 4 28.1
Geograph. Länge Arenal	— 11 0.0
W.Z. der Sirius-Kulmination = **1935 Dez. 31**	**$23^h\,53^m\,28^s.1$**

2. Interpolation in die Mitte (zu S. 42ff.)

1. Bruchstück einer Merkur-Ephemeride (Rektaszension) nach erfolgter Differenzbildung. Die zweitägige Ephemeride ist in eine von Tag zu Tag fortschreitende umzuwandeln.

1940	α	1. Diff.	2. Diff.	3. Diff.
Mai 18	$3^h\,19^m\,33^s.6$			
		$17^m\,20^s.4$		
,, 20	36 54.0		$+ 29^s.9$	
		17 50.3		$- 7^s.3$
,, 22	54 44.3		+ 22.6	
		18 12.9		— 9.8
,, 24	12 57.2		+ 12.8	
		18 25.7		— 10.7
,, 26	31 22.9		+ 2.1	
		18 27.8		— 11.3
,, 28	49 50.7		— 9.2	
		18 18.6		— 10.5
,, 30	5 8 9.3		— 19.7	
		17 58.9		— 9.4
Juni 1	26 8.2		— 29.1	
		17 29.8		
,, 3	43 38.0			

$$f\left(T + \frac{h}{2}\right) = F + \frac{1}{2}\underset{1}{\Delta}\mathrm{I} - \frac{1}{8}\underset{2}{\Delta}\mathrm{I} + \frac{1}{16}\underset{3}{\Delta}\mathrm{II} - \cdots$$

Nach der Formel ist der Wert der Rektaszension für

Mai 19: ($3^h\,19^m\,33^s.6 + 8^m\,40^s.2 - 3^s.74 - 0^s.46$) = **$3^h\,28^m\,9^s.6$** usw.

(Fortsetzung)

Rechnet man in gleicher Weise alle Zwischenwerte, so lautet die eintägige Ephemeride:

1940	α	1940	α
Mai 18	$3^h\ 19^m\ 33^s.6$	Mai 25	$4^h\ 22^m\ 9^s.1$
„ 19	28 9.6	„ 26	31 22.9
„ 20	36 54.0	„ 27	40 37.3
„ 21	45 45.7	„ 28	49 50.7
„ 22	54 44.3	„ 29	59 1.9
„ 23	4 3 48.5	„ 30	5 8 9.3
„ 24	12 57.2	usw.	

2. Bruchstück einer Mondephemeride (Deklination) aus dem Nautical Almanac nach erfolgter Differenzbildung. Die zwölfstündige Ephemeride ist in eine sechsstündige zu verwandeln.

1901	δ	1. Diff.	2. Diff.	3. Diff.	4. Diff.
Juni 1.0	− 19° 30′ 43″				
		− 2213″			
„ 1.5	− 20 7 36		+ 827″		
		− 1386		+ 39″	
„ 2.0	− 20 30 42		+ 866		− 15″
		− 520		+ 24	
„ 2.5	− 20 39 22		+ 890		− 12
		+ 370		+ 12	
„ 3.0	− 20 33 12		+ 902		− 13
		+ 1272		− 11	
„ 3.5	− 20 12 0		+ 901		− 15
		+ 2173		− 16	
„ 4.0	− 19 35 47		+ 885		
		+ 3058			

Ergebnis der Interpolation:

1901	δ	1901	δ
Juni 1.00	− 19° 30′ 43″	Juni 2.50	− 20° 39′ 22″
„ 1.25	− 19 50 50	„ 2.75	− 20 38 10
„ 1.50	− 20 7 36	„ 3.00	− 20 33 12
„ 1.75	− 20 20 56	„ 3.25	− 20 24 29
„ 2.00	− 20 30 42	„ 3.50	− 20 12 0
„ 2.25	− 20 36 52	„ 3.75	− 19 55 46
„ 2.50	− 20 39 22	„ 4.00	− 19 35 47

Mit den Angaben des Nautischen Jahrbuchs 1901 stimmen die interpolierten Werte bis auf 1″ überein.

3. Vergleichung von Uhren verschiedener Zeitarten (zu S. 94ff.)

(Auszug aus einem Uhrjournal der Hamburgischen Sonnenfinsternisexpedition 1907)

Ort: Dshisak in West-Turkestan, $\varphi = + 40^0.1$, $\lambda = 67^0.8$ östl. Gr.

Red. der Sternzeit im mittleren Mittag Greenwich auf Dshisak $= - 44^s.6$

Vergleichungen von Chronometer Reid 1073 (St. Z.) und Bröcking 1419 (M. Z.)

	1907 Jan. 7		1907 Jan. 8	
U' (Br 1419)	$7^h\ 7^m\ 59^s.5$	$7^h\ 11^m\ 15^s.0$	$5^h\ 10^m\ 36^s.5$	$5^h\ 13^m\ 46^s.0$
ϑ' (R 1073) $\Delta\vartheta$ (R 1073)	6 43 8 + 43.6	6 46 24 + 43.6	4 49 20 + 44.7	4 52 30 + 44.7
ϑ St. Z. im mittleren Mittag	6 43 51.6 19 2 51.8	6 47 7.6 19 2 51.8	4 50 4.7 19 6 48.3	4 53 14.7 19 6 48.3
St. Z. seit dem mittleren Mittag Red. a. M. Z.	11 40 59.8 — 1 54.8	11 44 15.8 — 1 55.4	9 43 16.4 — 1 35.6	9 46 26.4 — 1 36.1
Ortszeit U	11 39 5.0	11 42 20.4	9 41 40.8	9 44 50.3
$U - U' = \Delta U$ Br 1419	**$+ 4^h\ 31^m\ 5^s.5$**	**$+ 4^h\ 31^m\ 5^s.4$**	**$+ 4^h\ 31^m\ 4^s.3$**	**$+ 4^h\ 31^m\ 4^s.3$**

4. Genäherte Breitenbestimmung aus Mittagshöhen der Sonne (zu S. 108ff.)

1909 Jan. 19

Beobachtungsot: Alte Hamburger Sternwarte am Holstenwall. Libellenquadrant von Butenschön, Indexfehler $+ 5'$. Taschenuhr nach M. E. Z. innerhalb $\pm 30^s$ berichtigt.

M. E. Z.	Sonnen-einstellung	Ablesung der Höhe	
$12^h\ 26^m\ 50^s$	o. Rd.	$15^0\ 44'$	$16^0\ 0'.5$
27 50	u. Rd.	16 17	
28 50	u. Rd.	15 44	16 1.0
29 46	o. Rd.	16 18	
30 36	Mitte	16 0	16 0.0
31 30	„	16 0	
12 32 16	Mitte	16 1	16 0.5
33 0	„	16 0	
33 57	u. Rd.	15 43	15 59.5
34 50	o. Rd.	16 16	
35 47	u. Rd.	15 44	16 0.0
36 30	o. Rd.	16 16	

Die Länge von Hamburg beträgt $39^m\ 54^s$ östl. v. Greenw., somit $20^m\ 6^s$ westl. vom Mitteleurop. Meridian. Die Mitte der Beobachtungen ($12^h\ 32^m$) entspricht also $12^h\ 12^m$ mittl. Ortszeit. Nach der Zeitgleichung kulminierte die Sonne am 19. Jan. 1909 um $12^h\ 11^m$, so daß die Beobachtungen sich auf etwa 5^m vor und nach der Sonnenkulmination erstrecken. Für diese kurze Zeit kann die Höhenänderung der Sonne (beim ersten und letzten Paar je $0'.5$) vernachlässigt werden, man erhält somit für die Mittagshöhe der Sonnenmitte und ihre Beziehung zur Breite

$$
\begin{array}{rl}
h' = & +\,16^0\ \ 0' \\
\text{Indexfehler} = & \qquad +\,5 \\
\text{Refraktion} = & \qquad -\,3 \\
\hline
h = & +\,16\ \ \ 2 \\
\delta = & -\,20\ \ 25 \\
h - \delta = & +\,36\ \ 27 \\
\boldsymbol{\varphi} = & \boldsymbol{+\,53^0\ 33'}
\end{array}
$$

Das Resultat stimmt mit der wahren Breite ($53^0\ 33'.1$) zufällig sehr gut überein, obwohl das Instrument freihändig, allerdings unter Anlehnen des Armes an eine Mauerkante benutzt wurde.

5. Graphische Bestimmung von Breite und Uhrkorrektion aus Meridianzenitdistanzen der Sonne (zu S. 108ff. u. S. 112ff.)

1908 Nov. 6

Beobachtungsort: Alte Hamburger Sternwarte am Holstenwall. Universal Fennel. 4872, Zenitpunkt $359^0\,53'.0$. Taschenuhr

Die direkten Beobachtungsergebnisse der Zenitdistanzen des oberen Sonnenrandes lauten, für den Zenitpunkt (Indexfehler) am Höhenkreise korrigiert:

Kr. rechts U'	Kr. rechts z'	Kr. links U'	Kr. links z'
$11^h\,49^m\,49^s$	$69^0\,15'\,5''$	$11^h\,51^m\,35^s$	$69^0\,14'\,10''$
53 33	69 13 10	55 16	69 12 25
57 10	69 11 55	58 49	69 11 35
12 0 40	69 11 20	12 2 20	69 11 20
4 25	69 11 30	6 0	69 11 35
7 45	69 11 50	9 32	69 12 0
11 5	69 12 25	12 48	69 13 5
14 41	69 14 5	16 43	69 15 5

Die graphische Eintragung der Zahlenwerte auf Koordinatenpapier zeigt das auf S. 190 in Fig. 62 wiedergegebene Bild.

Die Meridiandistanz des oberen Sonnenrandes ergibt sich hiernach zu $69^0\,11'.3$. Da im Meridian $\varphi = z + \delta$, so ist demnach:

$$\begin{array}{rr} z' = & 69^0\,11'.3 \\ \text{Refr.} = & +\quad 2.5 \\ \text{Halbm.} = & +\quad 16.2 \\ \text{Parallaxe} = & -\quad 0.1 \\ \hline z = & 69\;\; 29.9 \\ \delta = & -15\;\; 56.8 \\ \hline \boldsymbol{\varphi = +\,53^0\,33'.1} & \end{array}$$

Die Kulminationszeit entspricht nach der Kurve der Uhrangabe $12^h\,3^m.3$. Da die Sonne nach der Zeitgleichung gegen die Mittlere Zeit um $16^m.3$ voraus war, so ist

$$\begin{array}{rl} U = & 11^h\,43^m.7 \\ U' = & 12\quad 3.3 \\ \hline \boldsymbol{\Delta U =} & \boldsymbol{-\,19^m.6} \end{array}$$

Die Uhrkorrektion gilt für Hamburger Ortszeit. Da die M. E. Z. der Hamburger Zeit um $20^m.1$ voraus ist, betrug der Uhrfehler gegen die Einheitszeit $+\,0^m.5$.

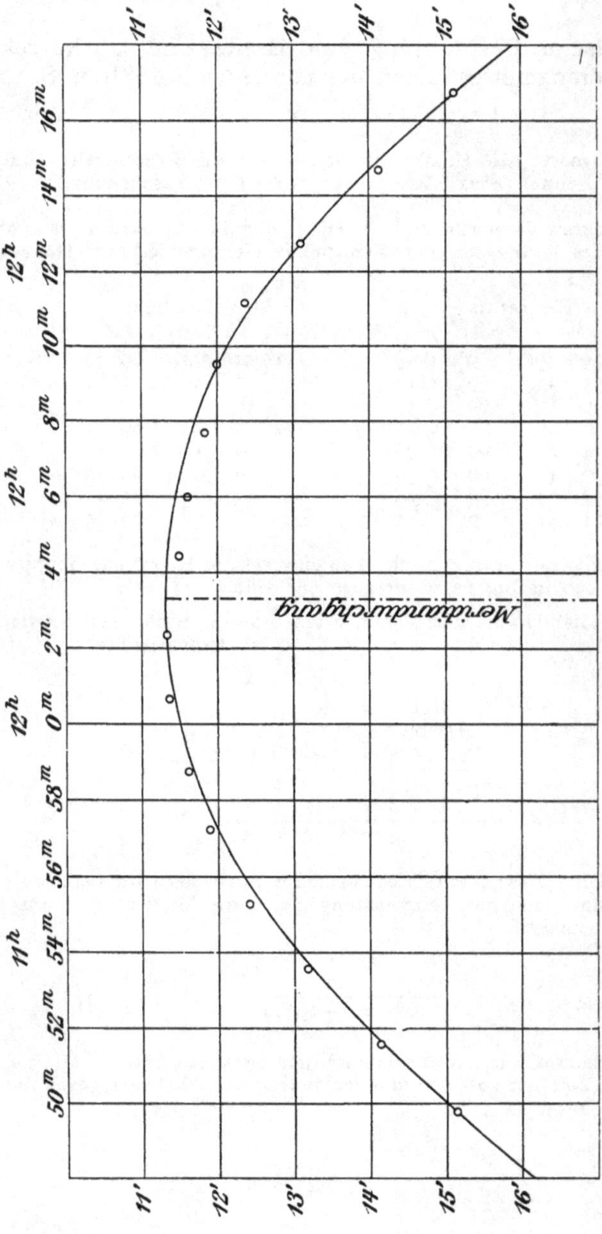

Fig. 62. Graphische Bestimmung von Breite und Uhrkorrektion aus Meridianzenitdistanzen der Sonne (zu Beispiel 5)
Meridianzenitdistanz = 69° 11′.3 Meridiandurchgang = 12h 3m.3

6. Genäherte Längenbestimmung durch Zeitübertragung (zu S. 215ff.)

1911 Juli 2 wurde bei Gelegenheit einer Tagesrückfahrt von Bergedorf ($\lambda = 40^m\ 57^s.7$ ö. Gr.) nach Helgoland auf der Insel eine Zeitbestimmung mit einem kleinen Dosensextanten von Negretti und Zambra ausgeführt. Es ergab sich dabei als Stand der benutzten Taschenuhr:

Bergedorf, Sternwarte	Juli 2, 6^h a. m.	$\Delta U = -18^m\ 30^s$
Helgoland, Zeitbest.	Juli 2, 6 p. m.	$\Delta U = -28\ \ 13$
Bergedorf, Sternwarte	Juli 3, 2 a. m.	$\Delta U = -18\ \ 33$

Der Längenunterschied $\Delta\lambda$ beider Orte beträgt demnach $9^m\ 41^s$ und die Länge λ von Helgoland demnach $40^m 58^s - 9^m 41^s$, dh:

$$\left.\begin{aligned}\lambda &= 31^m\ 17^s\\ &= 7^0\ 49'\end{aligned}\right\}\text{ östl. Greenw.}$$

7. Längenbestimmung aus Trabantenverfinsterungen (zu S. 115ff.)

1902 April 22 wurden während einer Mondfinsternis auf der Urania-Sternwarte in Berlin und auf der Universitäts-Sternwarte in Prag die folgenden Rand- und Krateraustritte aus dem Erdschatten beobachtet:

Erscheinung	M. Z. Prag	M. Z. Urania	$\Delta\lambda$
Ende der Totalität	$8^h\ 32^m.9$	$8^h\ 28^m.7$	$4^m.2$
Ende der Finsternis überhaupt	9 42.5	9 38.6	3.9
Kraterausstritte:			
Aristarch	8 48.3	8 44.1	4.2
Tycho	8 53.0	8 48.8	4.2
Copernicus	8 57.8	8 54.0	3.8
Dionysius	9 18.1	9 14.2	3.9
Proclus	9 33.3	9 29.6	3.7

Der Längenunterschied $\Delta\lambda$ beider Orte beträgt demnach $4^m.0$. Da Prag $57^m\ 40^s$ ö. v. Gr. liegt, so beträgt die Länge der Urania-Sternwarte in Berlin

$$\left.\begin{aligned}\lambda &= 53^m\ 40^s\\ &= 13^0\ 25'\end{aligned}\right\}\text{ östl. Greenw.}$$

8. Zeitbestimmung aus Zenitdistanzmessungen in der Nähe des Ostwest-Vertikals (zu S. 122ff.)

Beobachtungsort: Dshisak, 1907 Jan. 7, Einzelheiten wie bei Beispiel 9.

Kreis	γ Pegasi im Westen $\alpha = 0^h\,8^m\,25^s.7,\ \delta = +14^0\,39'.9$			
	links	links	rechts	rechts
ϑ'	$4^h57^m16^s.2$	$4^h59^m20^s.7$	$5^h\ 1^m25^s.2$	$5^h\ 3^m\ 5^s.2$
Kreisabl.	$67^0 13'\ 45''$	$67^0 37'\ 35''$	$292^0\ \ 2'\ 20''$	$291^0 43'\ 20''$
z'	67 11 55	67 35 45	67 59 30	68 18 30
Refr.	+ 2 15	+ 2 20	+ 2 20	+ 2 25
z	67 14.2	67 38.1	68 1.8	68 20.9

$$\cos\tau = \frac{\cos z}{\cos\varphi\cos\delta} - \operatorname{tg}\varphi\operatorname{tg}\delta$$

$$\vartheta = \tau + \alpha$$

$\cos\varphi$	9.88362			
$\cos\delta$	9.98561			
	9.86923	9.86923	9.86923	9.86923
$\cos z$	9.58763	9.58036	9.57301	9.56698
I	9.71840	9.71113	9.70378	9.69775
$I =$	+ 0.52288	0.51420	0.50557	0.49860
$\operatorname{tg}\varphi$	9.92535			
$\operatorname{tg}\delta$	9.41779			
II	9.34314			
$II =$	+ 0.22036			
$\cos\tau =$	0.30252	0.29384	0.28521	0.27824
$\cos\tau$	9.48076	9.46811	9.45516	9.44442
$\tau^0 =$	$72^0\ 23'.4$	$72^0\ 54'.7$	$73^0\ 25'.7$	$73^0\ 50'.7$
$\tau^h =$	$4^h49^m33^s.6$	$4^h51^m38^s.8$	$4^h53^m42^s.8$	$4^h55^m22^s.8$
$\alpha =$	0 8 25.7	0 8 25.7	0 8 25.7	0 8 25.7
$\vartheta =$	4 57 59.3	5 0 4.5	5 2 8.5	5 3 48.5
$\vartheta' =$	4 57 16.2	4 59 20.7	5 1 25.2	5 3 5.2
$\Delta\vartheta =$	+ 43.1	+ 43.8	+ 43.3	+ 43.3

$$\Delta\vartheta = +43^s4$$

9. Differentielle Reduktion einer Zeitbestimmung aus mehreren benachbarten Zenitdistanzen (zu S. 126)

Dasselbe Beispiel, 1907 Jan. 7

Beobachtungsort: Dshisak (Turkestan), $\lambda = 4^h\,31^m$ östl. Gr., $\varphi = +\,40^0\,6'$ (genähert). Universalinstrument: Fennel 4872; Ablesungen des Höhenkreises auf 20″ an zwei Nonien. Zenitpunkt: $360^0\,1'\,50''$. Uhr: Sternzeitchronometer Reid 1073. Bar. = 732 mm. Th. = $-\,2^0.0$.
(Beobachtungen anläßlich der Hamburgischen Sonnenfinsternisexpedition 1906/1907)

$$d\tau = \frac{\sin z}{\cos\varphi\,\cos\delta\,\sin\tau}\,dz$$

Setzt man für die differentielle Reduktion grobe Werte von z und τ ein, und zwar

$$z = 68^0 \qquad \tau = 73^0$$

so wird

$$d\tau = 1.31\,dz.$$

Aus den Zenitdistanzdifferenzen

$$dz = +\,23'.9$$
$$+\,47.6$$
$$+\,66.7$$

erhält man also mit einer Multiplikationstafel

$$d\tau = +\,31'.3 = +\,2^m\,5^s.2$$
$$+\,62.4 = +\,4\quad 9.6$$
$$+\,87.4 = +\,5\quad 49.6$$

Nach Anschluß an den in der ersten Spalte im vorangehenden Beispiel direkt berechneten Stundenwinkel ergeben die Differenzen als Resultat

$\tau^h =$	$4^h\,49^m\,33^s.6$	$4^h\,51^m\,38^s.8$	$4^h\,53^m\,43^s.2$	$4^h\,55^m\,23^s.2$
$\Delta\vartheta =$	$+\,43.1$	$+\,43.8$	$+\,43.7$	$+\,43.7$

$$\mathbf{\Delta\vartheta = +\,43^s.6}$$

Die direkte Berechnung ergab:

$\tau^h =$	$4^h\,49^m\,33^s.6$	$4^h\,51^m\,38^s.8$	$4^h\,53^m\,42^s.8$	$4^h\,55^m\,22^s.8$
$\Delta\vartheta =$	$+\,43.1$	$+\,43.8$	$+\,43.3$	$+\,43.3$

10. Zeitbestimmung aus Sternkulminationen (zu S. 130ff.)

1908 Juni 2

Beobachtungsort: Hamburger Sternwarte am Holstenwall. Kleines Passageninstrument von Fennel, Kr. West Sternzeituhr Bröcking 1401 mit Chronograph

Der Kollimationsfehler ergab sich einige Tage vorher durch Umlegen während eines Polsterndurchgangs zu $+0^s.07$ (Zielachse des Fernrohrs zu weit östlich), die Neigung im Mittel aus Libellenablesungen vor und nach den Durchgangsbeobachtungen zu $-1^s.09$ (Ostende der Achse zu hoch). Es ist also:

$$c = +0^s.07 \qquad i = -1^s.09$$

Beobachtungen

Stern und Deklination	Gr. 2164 $+60^0$	β Bootis $+41^0$	β Librae -9^0	γ Librae -14^0	α Serp. $+7^0$	ε Serp. $+5^0$	Gr. 750[1]) $+85^0$
Faden:							
1	$47^m\ 30^s$	$57^m\ 16^s$	$11^m\ 0^s.5$	$29^m\ 19^s.5$	$38^m\ 42^s$	$45^m\ 11^s.5$	
2	48 4	38	18	36.5	59	28.5	$1^m\ 53^s$
3	15	46.5	23.5	42.5	39 5	35	2 59
4	26	53.5	29	48	10.5	40	4 1
5	14^h 48 49	14^h 58 8.5	15^h 11 40	15^h 29 59.5	15^h 39 22	15^h 45 51.5	16^h 6 13
6	49 10.5	23	51.5	30 10.5	33	46 2.5	8 25
7	23	31	57	16.5	39	8.5	9 26
8	35	39	12 3	22	44.5	14	10 35
9	50 7.5	59 1.5	20	39	40 1.5	31	
Mittelfaden	14 48 48.89	14 58 8.56	15 11 40.28	15 29 59.33	15 39 21.83	15 45 51.39	16 6 13.1

Reduktion

C Cc	$+2.0$ $+0^s.14$	$+1.3$ $+0^s.09$	$+1.0$ $+0^s.07$	$+1.0$ $+0^s.07$	$+1.0$ $+0^s.07$	$+1.0$ $+0^s.07$	-12.2 $-0^s.85$
I Ii	$+2.0$ -2.18	$+1.3$ -1.42	$+0.5$ -0.54	$+0.4$ -0.44	$+0.7$ -0.76	$+0.7$ -0.76	-9.2 $+10.03$
K	-0.2	$+0.3$	$+0.9$	$+1.0$	$+0.7$	$+0.8$	$+8.0$
α	14 49 8.46	14 58 30.48	15 12 4.73	15 30 24.20	15 39 45.60	15 46 15.22	4 7 10.25
Mf.$+Cc+Ii$	14 48 46.85	14 58 7.23	15 11 39.81	15 29 58.96	15 39 21.14	15 45 50.70	16 6 22.28
(ΔU)	$+21.61$	$+23.25$	$+24.92$	$+25.24$	$+24.46$	$+24.52$	$+47.97$

Ableitung des Azimutfehlers k

$$\Delta U + 0.3k = +23^s.25$$
$$\Delta U + 0.9k = +24.92$$
$$\Delta U + 1.0k = +25.24$$
$$\Delta U + 0.7k = +24.46$$
$$\Delta U + 0.8k = +24.52$$

$$\Delta U + 0.74k = +24.48 \quad \text{(Mittel aus den Zeitsternen[2])}$$
$$\Delta U + 8.0\,k = +47.97 \quad \text{(Gleichung für den Polstern Gr. 750)}$$

$$+7.26k = +23.49$$
$$k = +3.24$$

$-Kk$	$+0.65$	-0.97	-2.92	-3.24	-2.27	-2.59	-25.92
$(\Delta U)-Kk$	$+22.26$	$+22.28$	$+22.00$	$+22.00$	$+22.19$	$+21.93$	$(+22.05)$

$$\mathbf{\Delta U = +22^s.11}$$

[1]) In unterer Kulmination. — [2]) Der Stern Groombridge Nr. 2164 ist hier wegen der hohen Deklination ausgelassen.

11. Breitenbestimmung aus Zenitdistanzen von Südsternen

(zu S. 133 ff.)

1907 Jan. 7

Beobachtungsort: Dshisak (Turkestan). Universal: Fennel 4872. Ablesungen des Höhenkreises auf 20″ an 2 Nonien. Zenitpunkt: $0^0\ 1'\ 50''$. Uhr: Sternzeitchronometer Reid 1073. $\Delta\vartheta = +44^s$. Bar. = 732 mm. Th. = $-2^0.0$.

	α Columbae $\alpha = 5^h\ 36^m\ 17^s.8$ $\delta = -34^0\ 7'.6$	
Kreis	rechts	links
ϑ'	$5^h\ 5^m\ 12^s$	$5^h\ 7^m\ 6^s$
$\Delta\vartheta$	+ 44	+ 44
ϑ	5 5 56	5 7 50
α	5 36 18	5 36 18
τ^h	0 30 22	0 28 28
τ^0	$7^0\ 35'.5$	$7^0\ 7'.0$
Kreisablesung	285 31 10″	74 30 35″
z'	74 30 40	74 28 45
Refr.	+ 3 26	+ 3 25
z	74 34.1	74 32.2

$$\operatorname{tg} M = \frac{\operatorname{tg}\delta}{\cos\tau}$$

$$\cos(\varphi - M) = \frac{\sin M \cos z}{\sin\delta}$$

$\operatorname{tg}\delta$	9.83106 *n*	9.83106 *n*
$\cos\tau$	9.99618	9.99664
$\operatorname{tg} M$	9.83488 *n*	9.83442 *n*
$\sin M$	9.75160 *n*	9.75128 *n*
$\cos z$	9.42502	9.42590
	9.17662 *n*	9.17718 *n*
$\sin\delta$	9.74898 *n*	9.74898 *n*
$\cos(\varphi - M)$	9.42764	9.42820
$\varphi - M =$	$74^0\ 28'.4$	$74^0\ 27'.1$
$M =$	− 34 21.7	− 34 20.0
$\varphi =$	+ 40 6.7	+ 40 7.1

$$\varphi = +40^0\ 6'.9$$

12. **Breitenbestimmung aus Polaris-Zenitdistanzen** (zu S. 136 ff.)

1907 Jan. 10

Beobachtungsort: Dshisak (Turkestan). Universal: Fennel 4872. Zenitpunkt $360^0\ 2'\ 0''$. Sternzeitchronometer Reid 1073. $\Delta\vartheta = +\ 47^s$. Bar. = 734.5 mm. Th. = $+\ 0^0.9$

	α Ursae min. $\alpha = 1^h\ 25^m\ 48^s.8,\ \delta = +\ 88^0\ 48'.8$	
Kreis	rechts	links
ϑ'	$2^h\ 32^m\ 19^s$	$2^h\ 35^m\ 0^s$
$\Delta\vartheta$	+ 47	+ 47
ϑ	2 33 6	2 35 47
α	1 25 49	1 25 49
τ^h	1 7 17	1 9 58
τ^0	$16^0\ 49'.2$	$17^0\ 29'.5$
Kreisablesung	311 18 0″	48 46 30″
z'	48 44 0	48 44 30
Refr.	+ 1 5	+ 1 5
z	48 45.1	48 45.6

$\varphi = 90^0 - z - \pi \cos \tau$ (1. Näherung)

$\varphi = 90^0 - z - \pi \cos \tau + \frac{1}{2}\pi^2 \sin 1'' \operatorname{tg} \varphi \sin^2 \tau$ (2. Näherung)

$\pi = 71'.2 = 4272''$

π	1.85248	1.85248
$\cos \tau$	9.98101	9.97944
$\pi \cos \tau$	1.83349	1.83192
I. Korr. =	68′.2	67′.9
$\sin \tau$	9.46144	9.47794
$\sin^2 \tau$	8.9229	8.9559
π^2	7.2613	
0.5	9.6990	
$\sin 1''$	4.6856	
$\operatorname{tg} \varphi$	9.9256	
II. Korr.	0.4944	0.5274
II. Korr. =	$+\ 3''.1 = +0'.1$	$+\ 3''.4 = +0'.1$
$90^0 - z =$	$+\ 41^0\ 14'.9$	$+\ 41^0\ 14'.4$

$\boldsymbol{\varphi = +\ 40^0\ 6'.6}$ (1. Näherung)

$\boldsymbol{\varphi = +\ 40\ \ 6.\ 7}$ (2. Näherung)

Anmerkung. Die Berechnung nach Tafel 11 des Nautischen Jahrbuchs für 1907 ergibt genau den gleichen Wert der Polhöhe.

13. Breitenbestimmung aus Zirkummeridianzenitdistanzen der Sonne (zu S. 140ff.)

1908 November 1

Beobachtungsort: Hamburger Sternwarte am Holstenwall. $\varphi = +53^0\,30'$, $\lambda = 0^h\,40^m$ östl. Greenwich. Universal Fennel 4872. Zenitpunkt $359^0\,53'$. Tagesbeobachtung, oberer Sonnenrand. M. Z. Chronometer Krille 1500. $\Delta U = -19^m\,36^s$

	Kreis links				Kreis rechts			
U'	$11^h\,47^m\,30^s$	$11^h\,50^m\,20^s$	$12^h\,4^m\,50^s$	$12^h\,8^m\,5^s$	$11^h\,54^m\,20^s$	$11^h\,56^m\,52^s$	$12^h\,1^m\,15^s$	$12^h\,13^m\,24^s$
U	11 27 54	11 30 44	11 45 14	11 48 29	11 34 44	11 37 16	11 41 39	11 53 48
Sonnenkulm.	11 43 41				11 43 41			
τ	− 15 47	− 12 57	+ 1 33	+ 4 48	− 8 57	− 6 25	− 2 2	+ 10 7
τ^2	249	168	2	23	80	41	4	102
Kreisablesg.	$67^0\,36'\,0''$	$67^0\,34'\,25''$	$67^0\,31'\,10''$	$67^0\,31'\,30''$	$292^0\,13'\,25''$	$292^0\,14'\,25''$	$292^0\,14'\,55''$	$292^0\,12'\,25''$
z'	67 43 0	67 41 25	67 38 10	67 38 30	67 39 35	67 38 35	67 38 5	67 40 35
Refr.	+ 2 20				+ 2 20			
$\bar{s}-p$	+ 16 0				+ 16 0			
z	68 1.3	67 59.8	67 56.5	67 56.8	67 57.9	67 56.9	67 56.4	67 58.9

$$\varphi = z + \delta - 1''.9635 \frac{\cos\varphi\cos\delta}{\sin(\varphi-\delta)}\tau^2$$

$$\varphi = z + \delta - 0'.02\,\tau^2$$

δ	− 14 23.1	− 14 23.1	− 14 23.3	− 14 23.4	− 14 23.1	− 14 23.2	− 14 23.2	− 14 23.4
$z+\delta$	53 38.2	53 36.7	53 33.2	53 33.4	53 34.8	53 33.7	53 33.2	53 35.5
Meridianred	− 5.0	− 3.4	0.0	− 0.5	− 1.6	− 0.8	− 0.1	− 2.0
$\varphi =$	53 33.2	33.3	33.2	32.9	33.2	32.9	33.1	33.5

14. Polhöhenbestimmung aus Zirkummeridianzenitdistanzen eines Sterns (zu S. 140ff.)

1911 Okt. 6

Beobachtungsort: Singidda (Deutsch-Ostafrika), Universal von Hildebrand, Nonienablesung 30″, Indexfehler 0, Sternzeittaschenuhr von Schlesicky. Meteorologische Daten fehlen

α Eridani im Süden

$\alpha = 1^h\ 34^m\ 28^s \qquad \delta = -57^0\ 41'.0$

	Kr. rechts	Kr. links	Kr. rechts	Kr. links
ϑ'	$21^h\ 56^m\ 36^s$	$21^h\ 59^m\ 25^s$	$22^h\ 9^m\ 35^s$	$22^h\ 13^m\ 42^s$
$\Delta\vartheta$	+ 3 35 41	+ 3 35 41	+ 3 35 41	+ 3 35 41
ϑ	1 32 17	1 35 6	1 45 16	1 49 23
α	1 34 28	1 34 28	1 34 28	1 34 28
τ	0 2 11	0 0 38	0 10 48	0 14 55
τ	$0^0\ 32'.8$	$0^0\ 9'.5$	$2^0\ 42'.0$	$3^0\ 43'.8$
Kreisablesg.	307 7 30	52 50 20	307 6 20	52 56 50
z'	52 52 30	52 50 20	52 53 40	52 56 50
Refr.	+ 1 17	+ 1 17	+ 1 17	+ 1 17
z	52 53.8	52 51.6	52 55.0	52 58.1

1. Direkte Lösung, entsprechend Beispiel 11

tg δ	0.19888 *n*			
cos τ	9.99998	0.00000	9.99952	9.99908
tg M	0.19890 *n*	0.19888 *n*	0.19936 *n*	0.19980 *n*
sin M	9.92692 *n*	9.92691 *n*	9.92705 *n*	9.92717 *n*
cos z	9.78050	9.78087	9.78030	9.77978
	9.70742 *n*	9.70778 *n*	9.70735 *n*	9.70695 *n*
sin δ	9.92691 *n*			
cos $(\varphi - M)$	9.78051	9.78087	9.78044	9.78004
$\varphi - M =$	52 53.7	52 51.6	52 54.2	52 56.6
$M =$	−57 41.1	−57 41.0	−57 42.7	−57 44.3
$\varphi =$	− 4 47.4	− 4 49.4	− 4 48.5	− 4 47.7

$$\varphi = -4^0\ 48'.3$$

2. Lösung entspr. Beispiel 13 ($\varphi = z + \delta - 0'.022\ \tau^2$)

τ	$2^m.2$	$0^m.6$	$10^m.8$	$14^m.9$
τ^2	5	0	117	222
$z + \delta$	− 4 47.2	− 4 49.4	− 4 46.0	− 4 42.9
Meridianred.	− 0.1	0.0	− 2.6	− 4.9
$\varphi =$	− 4 47.3	− 4 49.4	− 4 48.6	− 4 47.8

$$\varphi = -4^0\ 48'.3$$

15. Zeitbestimmung aus zwei gleichen Zenitdistanzen (zu S. 143ff)

1931 Jan. 11

Beobachtungsort: Porto Cristo (Insel Mallorca). $\varphi = +39^0\,32'.5$
Universal Hildebrand 22566. Taschenchronometer Nicolaus 36

Stern Richtung	δ Orionis Ost	β Ceti West
α	$5^h\,28^m\,29^s.8$	$0^h\,40^m\;\;7^s.4$
ϑ'	2 3 56.5	2 7 27.5
δ	$-0^0\,20'.8$	$-18^0\,22'.0$

$$2\,\varepsilon = (\vartheta'_w - \vartheta_o') - (\alpha_w - \alpha_o)$$
$$\mathrm{tg}\,N = \mathrm{ctg}\,\varepsilon\;\mathrm{tg}\,\tfrac{1}{2}(\delta_w + \delta_o)\;\mathrm{tg}\,\tfrac{1}{2}(\delta_w - \delta_o)$$
$$\sin(N+\psi) = \mathrm{tg}\,\varphi\;\mathrm{tg}\,\tfrac{1}{2}(\delta_w - \delta_o)\cos N\;\mathrm{cosec}\,\varepsilon$$
Kontrolle: $\sin(N+\psi) = \mathrm{tg}\,\varphi\;\mathrm{ctg}\,\tfrac{1}{2}(\delta_w + \delta_o)\sin N\;\sec\varepsilon$
$$2\,\varepsilon = 0^h\,3^m\,31^s.0 + 4^h\,48^m\,22^s.4$$
$$\varepsilon = 2\;25\;\;56.7 = 36^0\,29'.2$$

$\tfrac{1}{2}(\delta_w - \delta_o) = -9^0\,0'.6$ $\qquad$ $\tfrac{1}{2}(\delta_w + \delta^o) = -9^0\,21'.4$

ctg ε	0.13101	tg φ	9.91675	tg φ	9.91675
tg $\frac{1}{2}(\delta_w + \delta_o)$	9.21689 *n*	tg $\frac{1}{2}(\delta_w - \delta_o)$	9.20020 *n*	ctg$\frac{1}{2}(\delta_w + \delta_o)$	0.78311 *n*
tg $\frac{1}{2}(\delta_w - \delta_o)$	9.20020 *n*	cos N	9.99973	sin N	8.54785
tg N	8.54810	cosec ε	0.22575	sec ε	0.09475
		sin $(N+\psi)$	9.34243 *n*	sin $(N+\psi)$	9.34246 *n*

$N = +2^0\,1'.4$ $\qquad$ $N + \psi = -12^0\,42'.6$
$$\psi = -14^0\,44'.0$$
$$\tau_o = \varepsilon - \psi = 36^0\,29'.2 + 14^0\,44'.0 = 51^0\,13'.2$$
$$\tau_w = \varepsilon + \psi = 36\;\;29.2\;\;-14\;\;44.0 = 21\;\;45.2$$

$\tau_o =$	$3^h\,24^m\,52^s.8$	$\tau_w =$ 1 27^m 0.8
$\vartheta_o =$	2 3 37.0	$\vartheta_w =$ 2 7 8.2
$\vartheta_o' =$	2 3 56.5	$\vartheta'_w =$ 2 7 27.5
$\Delta\vartheta =$	-19.5	-19.3

$$\boldsymbol{\Delta\vartheta = -19^s.4}$$

16. Längenbestimmung durch Chronometerübertragung
(zu S. 149ff.)

In der Zeit zwischen 1912 März 13 und 24 wurden zwei Taschenuhren und ein Boxchronometer von Stanleyville nach Kongolo (Belgisch-Kongo) übertragen. Der Gang der Uhren wurde vorher und nachher durch Zeitbestimmungen ermittelt.

Letzte Zeitbestimmung in Stanleyville 1912 März 13

Chronometer Lange 60002	$\Delta U = +0^h$	0^m	30^s
Taschenuhr Schlesicky 62986	$\Delta U = -0$	4	37
Taschenuhr Schlesicky 62989	$\Delta \vartheta = +2$	15	12

Erste Zeitbestimmung in Kongolo 1912 März 24

Chronometer Lange 60002	$\Delta U = +0^h$	7^m	10^s
Taschenuhr Schlesicky 62986	$\Delta U = +0$	2	23
Taschenuhr Schlesicky 62989	$\Delta \vartheta = +2$	22	39

Die Gangänderungen vor und nach der Übertragung erwiesen sich, wohl wegen der großen, mehr als 20^0 betragenden Temperaturschwankungen, als sehr beträchtlich. Im Mittel wurde für die Uhren der folgende tägliche Gang angenommen:

Lange 60002:	$-2^s.0$
Schlesicky 62986:	-0.6
Schlesicky 62989:	$+1.0$

Hieraus ergeben sich die vorausberechneten Stände für 1912 März 24:

Chronometer Lange 60002	$\Delta U = +0^h$	0^m	8^s
Taschenuhr Schlesicky 62986	$\Delta U = -0$	4	44
Taschenuhr Schlesicky 62989	$\Delta \vartheta = +2$	15	23

Der Längenunterschied Stanleyville—Kongolo beträgt demnach:

nach Lange 60002	$\Delta\lambda = 7^m$	2^s
nach Schlesicky 62986	$\Delta\lambda = 7$	7
nach Schlesicky 62989	$\Delta\lambda = 7$	16
Mittelwert:	$\boldsymbol{\Delta\lambda = 7^m}$	$\mathbf{8^s}$.

17. Längenbestimmung durch Austausch telegraphischer Signale (zu S. 149ff.)

1907 Jan. 12 erhielt die Station Dshisak in Turkestan ein Zeitsignal von Ura-Tjube, dessen Länge $4^h\,36^m\,2^s.35$ östl. v. Greenw. beträgt. Aufnahme-chronometer Bröcking 1419 (MZ.) $\Delta U = -\,16^s.8$. Stations-Chronometer in Ura-Tjube $\Delta U = -\,27^s.1$.

Signal Ura-Tjube		Signal Dshisak	
	19 37 0		19 32 7.4
$\Delta U =$	— 27.1	$\Delta U =$	— 16.8
$U =$	19 36 32.9	$U =$	19 31 50.6

$$\Delta\lambda = -\,4^m\,42^s.3$$

	$19^h\,40^m\,52^s.5$		$19^h\,36^m\,0^s$
$\Delta U =$	— 27.1	$\Delta U =$	— 16.8
$U =$	19 40 25.4	$U =$	19 35 43.2

$$\Delta\lambda = -\,4^m\,42^s.2$$

Die Länge von Dshisak ist demnach

$$\lambda = 4^h\,31^m\,20^s.1 \text{ östl. Greenw.}$$

18. Längenbestimmung aus Mondkulminationen (zu S. 150)

1908 Juni 11

Beobachtungsort: Hamburg, Alte Sternwarte am Holstenwall. Kl. Passageninstrument von Fennel. Sternzeituhr Bröcking 1401 mit Chronograph. Instrumentalfehler: $c = +0^s.10$, $i = +2^s.31$, $k = -2^s.0$

	Zeitsterne			Vorang. Mondrand — 12⁰.5	Mondsterne	
	$\varkappa$ Virg. — 10⁰	ι Virg. — 6⁰	μ Virg. — 5⁰		o^2 Librae — 15⁰	ζ^1 Librae — 16⁰
Mittelfaden	$14^h\ 7^m\ 56^s.10$	$14^h\ 11^m\ 8^s.38$	$14^h\ 38^m\ 9^s.58$	$14^h\ 54^m\ 31^s.75$	$15^h\ 17^m\ 51^s.33$	$15^h\ 23^m\ 1^s.87$
C | Cc =	+1.01 +0.10	+1.01 +0.10	+1.00 +0.10	+1.02 +0.10	+1.04 +0.10	+1.04 +0.10
I | Ii =	+0.45 +1.04	+0.51 +1.18	+0.52 +1.20	+0.41 +0.95	+0.38 +0.88	+0.36 +0.83
K | Kk =	+0.91 −1.82	+0.87 −1.74	+0.86 −1.72	+0.93 −1.86	+0.96 −1.92	+0.97 −1.94
Kulmination	14 7 55.42	14 11 7.92	14 38 9.16	14 54 30.94	15 17 50.39	15 23 0.86
α =	14 8 0.40	14 11 12.50	14 38 13.93	ΔU = + 4.77	15 17 55.30	15 23 5.51
ΔU =	+ 4.98	+ 4.58	+ 4.77	Halbm. +66.98	+ 4.91	+ 4.65
				α = 14 55 42.69		

Der gefundenen Mondrektaszension entspricht nach dem Nautical Almanac $8^h\ 56^m\ 32^s$ M. Z. Gr. Es ist demnach, da die Sternzeit im mittl. Mittag Greenw. $5^h\ 17^m\ 41^s.5$ betrug:

$$\begin{array}{lcl} \text{Sternzeit Hamburg} & = & 14^h\ 55^m\ 43^s \\ \text{,,} \quad \text{Greenw.} & = & 14\ \ 15\ \ 42 \\ \hline \text{somit die Länge } \lambda & = & \mathbf{0^h\ 40^m\ 1^s} \text{ östl. Greenwich} \end{array}$$

Nach Beobachtungen in Greenwich betrug am Beobachtungstage die Ephemeridenkorrektion $\varepsilon = -0^s.62$. Demnach passierte der Mond den Meridian früher, als nach dem Naut. Alm. zu erwarten war. Die zuletzt mit Sternzeit Hamburg verglichene Sternzeit Greenwich ist demnach um

$$\frac{600}{\Delta\alpha}\,\varepsilon,$$

wo $\Delta\alpha = 21^s.640$ (s. Naut. Alm.) die Mondbewegung in 10 Minuten ist, zu klein angegeben. Demnach ist

$$\Delta\lambda = -17^s,$$

die Länge von Hamburg

$$\lambda = \mathbf{0^h\ 39^m\ 44^s} \text{ östl. Greenwich.}$$

19. Längenbestimmung aus Zenitdistanzen des Mondes (zu S. 158ff.)

1913 März 12

Beobachtungsort: Altona; $\varphi = +\ 53^0\ 33'.13$, $(\lambda) = 30^m$ östl. Greenw. $\log \varrho = 9.99904$. Universal von Dennert u. Pape 1342. M. Z.-Chronometer Poole 1438. Mond und Sterne im Westen

	Kr. rechts	Kr. rechts	Kr. links
	Grundlagen und Ergebnis der Zeitbestimmung		
Stern	β Andromedae	α Arietis	α Arietis
α	$1^h\ 4^m\ 50^s.1$	$2^h\ 2^m\ 15^s.2$	$2^h\ 2^m\ 15^s.2$
δ	$+\ 35^0\ 9'.63$	$+\ 23^0\ 3'.18$	$+\ 23^0\ 3'.18$
U'	$7^h\ 18^m\ 47^s$	$8^h\ 21^m\ 2^s.5$	$8^h\ 49^m\ 45^s$
ΔU	$-\ 20\ \ 37.5$	$-\ 20\ \ 38.1$	$-\ 20\ \ 37.9$
z	$55^0\ 43'.42$	$65^0\ 25'.80$	$69^0\ 39'.20$
	Beobachtungen des Mondes (unterer Rand)		
$U' + \Delta U$	$7^h\ 10^m\ 10^s.5$	$8^h\ 19^m\ 11^s.9$	$8^h\ 48^m\ 54^s.8$
(λ)	$-\ 30$	$-\ 30$	$-\ 30$
(M. Z. Gr.)	6 40 10.5	7 49 11.9	8 18 54.8
α	2 43 43.8	2 46 6.3	2 47 7.8
δ	$+\ 19^0\ 32'\ 18''$	$+\ 19^0\ 45'\ 27''$	$+\ 19^0\ 51'\ 5''$
s	15 12.0	15 12.4	15 12.6
p_0	55 41.4	55 43.0	55 43.6
z	$55^0\ 43'.35$	$65^0\ 25'.80$	$69^0\ 39'.15$
	$s' = s + [5.2497]\ s^2 \cos z$		
$s' - s$	$+\ \ 0'.14$	$+\ \ 0'.10$	$+\ \ 0'.09$
s'	15.34	15.31	15.30
$z - s'$	$55^0\ 28'.01$	$65^0\ 10'.49$	$69^0\ 23'\ 85$

(Fortsetzung)

	Kr. rechts	Kr. rechts	Kr. links
	Beobachtungen des Mondes (unterer Rand)		
	$p = \varrho p_0 \sin(z - s')$		
$\varrho p_0 \sin(z - s')$	45′.78	50′.46	52′.05
z_b	54° 42′.23	64° 20′.03	68° 31′.80
$U' + \Delta U$	$7^h\ 10^m\ 10^s.5$	$8^h\ 19^m\ 11^s.9$	$8^h\ 48^m\ 54^s.8$
Red. auf ϑ	+ 1 10.7	+ 1 22.0	+ 1 26.9
ϑ im Mittag	23 18 1.2	23 18 1.2	23 18 1.2
ϑ	6 29 22.4	7 38 35.1	8 8 22.9
τ^h	3 45 38.6	4 52 28.8	5 21 15.1
τ^0	56° 24′.65	73° 7′.20	80° 18′.78

$$\cos z_r = \sin\varphi \sin\delta + \cos\varphi \cos\delta \cos\tau$$

$\sin\varphi$	9.90547	9.90547	9.90547
$\sin\delta$	9.52432	9.52897	9.53095
(I)	9.42979	9.43444	9.43642
$\cos\varphi$	9.77385	9.77385	9.77385
$\cos\delta$	9.97424	9.97365	9.97340
$\cos\tau$	9.74291	9.46295	9.22599
(II)	9.49100	9.21045	8.97324
$I =$	0.26902	0.27192	0.27316
$II =$	0.30974	0.16235	0.09402
$\cos z_r =$	0.57876	0.43427	0.36718
$\cos z_r$	9.76250	9.63776	9.56488
$z_r =$	54° 38′.18	64° 15′.67	68° 27′.50

Da $z_r < z_b$ bei westlicher Stellung des Mondes, so ist α zu groß angenommen. Die Rechnung ist daher mit einem angenommenen Wert für $(\lambda) = 40^m$ östl. v. Gr. zu wiederholen.

ΔU	$-20^m\ 35^s.8$	$-20^m\ 36^s.4$	$-20^m\ 36^s.2$
$U' + \Delta U$	7^h 10 12.2	8^h 19 13.6	8^h 48 56.5
ϑ	6 29 22.4	7 38 35.1	8 8 22.9

(Fortsetzung)

	Kr. rechts	Kr. rechts	Kr. links
(M. Z. Gr.)	$6^h\ 30^m\ 12^s.2$	$7^h\ 39^m\ 13^s.6$	$8^h\ 8^m\ 56^s.5$
α	2 43 23.2	2 45 45.7	2 46 47.2
δ	$+19^0\ 30'\ 24''$	$+19^0\ 43'\ 34''$	$+19^0\ 49'\ 12''$
τ^h	$3^h\ 45^m\ 59^s.2$	$4^h\ 52^m\ 49^s.4$	$5^h\ 21^m\ 35^s.7$
τ^0	$56^0\ 29'.80$	$73^0\ 12'.35$	$80^0\ 23'.92$

$$\cos z_r = \sin\varphi \sin\delta + \cos\varphi \cos\delta \cos\tau$$

$\sin\varphi$	9.90547	9.90547	9.90547
$\sin\delta$	9.52364	9.52831	9.53028
I	9.42911	9.43378	9.43575
$\cos\varphi$	9.77385	9.77385	9.77385
$\cos\delta$	9.97433	9.97374	9.97348
$\cos\tau$	9.74193	9.46080	9.22217
II	9.49011	9.20839	8.96950
$I =$	0.26860	0.27151	0.27274
$II =$	0.30911	0.16158	0.09322
$\cos z_{r^1} =$	0.57771	0.43309	0.36596
$\cos z_{r^1}$	9.76171	9.63658	9.56343
$z_{r^1} =$	$54^0\ 42'.61$	$64^0\ 20'.15$	$68^0\ 32'.00$
$z_r =$	54 38.18	64 15.67	68 27.50
Δz_r	$4'.43$	$4'.48$	$4'.50$
$z_b - z_r =$	+ 4.05	+ 4.36	+ 4.30

$$\Delta\lambda = \frac{600\,(z_b - z_r)}{\Delta z_r}$$

$z_b - z_r$	0.60746	0.63949	0.63347
600	2.77815	2.77815	2.77815
Σ	3.38561	3.41764	3.41162
Δz_r	0.64640	0.65128	0.65321
$\Delta\lambda$	2.73921	2.76636	2.75841
$\Delta\lambda =$	548^s	584^s	573^s

$\lambda = 39^m\ 28^s$ östl. Greenwich.

20. Azimutbestimmung aus Sonnenbeobachtungen bei bekannter Zeit (zu S. 161 ff.)

1906 Dezember 30

Beobachtungsort: Dshisak (Turkestan). $\varphi = + 40^0\ 7'.0$, $\lambda = 4^h\ 31^m\ 20^s$ ö. v. Gr. Universal von Dennert u. Pape. M. Z.-Chronometer Bröcking 1419, $\Delta U = - 10^s$. Sonnendeklination $\delta = - 23^0\ 9'.1$.

	Kr. rechts	Kr. links
a'	$92^0\ 0'.8$	$274^0\ 58'.0$
Sonne 1. Rand	$23^h\ 16^m\ 32^s.0$	$23^h\ 33^m\ 17^s.8$
Sonne 2. Rand	19 34.2	36 20.3
U'	23 18 3	23 34 49
ΔU	—10	—10
λ	+ 4 31 20	+ 4 31 20
M. Z. Dshisak	3 49 13	4 5 59
Zeitgl.	+ 2 49	+ 2 49
τ^h	3 46 24	4 3 10
τ^0	$56^0\ 36'.0$	$60^0\ 47'.5$

$$\operatorname{tg} M = \frac{\operatorname{tg} \delta}{\cos \tau}$$

$$\operatorname{tg} a = \frac{\operatorname{tg} \tau \cos M}{\sin(\varphi - M)}$$

$\operatorname{tg} \delta$	9.63104 *n*	9.63104 *n*
$\cos \tau$	9.74074	9.68841
$\operatorname{tg} M$	9.89030 *n*	9.94263 *n*
$M =$	$- 37^0\ 50'.4$	$- 41^0\ 13'.6$
$\varphi - M =$	77 57.4	81 20.6
$\cos M$	9.89748	9.87628
$\operatorname{tg} \tau$	0.18087	0.25253
	0.07835	0.12881
$\sin(\varphi - M)$	9.99033	9.99502
$\operatorname{tg} a$	0.08802	0.13379
$a =$	$50^0\ 46'.0$	$53^0\ 41'.3$
$a' =$	92 0.8	94 58.0
$\Delta a' =$	— 41 14.8	— 41 16.7

$$\Delta a' = - 41^0\ 15'.8$$

Bei der tiefen Stellung der Sonne während der Beobachtungen ($z \sim 83^0.5$) kann auf die Berücksichtigung der Instrumentalfehler verzichtet werden.

Das Azimut einer Bergspitze im Hissar-Gebirge, die zwischen den Beobachtungen eingestellt wurde, ergab am Instrument die Ablesung $a_b' = 27^0\ 33'.8$. Das astronomische Azimut ist um $41^0\ 15'.8$ kleiner, somit

Azimut der Fernmire $= 346^0\ 18'.0$

21. Azimutbestimmung aus Sternzenitdistanzen (zu S. 161 ff.)

Beobachtungsort: Dshisak, 1907 Jan. 7. Einzelheiten vgl. Beispiel 20
Instrumentalfehler (vgl. S. 76) Kreis links: $i = +0'.2$, $c = +0'.8$
Kreis rechts: $i = +0'.3$, $c = -0'.8$

	Kr. links	Kr. links	Kr. rechts	Kr. rechts
δ	14° 39'.9			
φ	40 7.0			
z	67 14.2	67° 38'.1	68° 1'.8	68° 20'.9
2σ	122 1.1	122 25.0	122 48.7	123 7.8
σ	61 0.6	61 12.5	61 24.4	61 33.9
$\sigma - \delta$	46 20.7	46 32.6	46 44.5	46 54.0
$\sigma - \varphi$	20 53.6	21 5.5	21 17.4	21 26.9
$\sigma - z$	−6 13.6	−6 25.6	−6 37.4	−6 47.0

$$\operatorname{tg} \frac{a}{2} = \sqrt{\frac{\sin(\sigma - \varphi)\cos(\sigma - z)}{\sin(\sigma - \delta)\cos\sigma}}$$

$\sin(\sigma - \varphi)$	9.55222	9.55613	9.56001	9.56308
$\cos(\sigma - z)$	9.99743	9.99726	9.99709	9.99695
Z	9.54965	9.55339	9.55710	9.56003
$\sin(\sigma - \delta)$	9.85944	9.86087	9.86229	9.86342
$\cos\sigma$	9.68543	9.68271	9.67996	9.67775
N	9.54487	9.54358	9.54225	9.54117
$\operatorname{tg}^2 \frac{a}{2}$	0.00478	0.00981	0.01485	0.01886
$\operatorname{tg} \frac{a}{2}$	0.00239	0.00490	0.00742	0.00943
$\frac{a}{2} =$	45° 9'.5	45° 19'.4	45° 29'.4	45° 37'.3
$a =$	90 19.0	90 38.8	90 58.8	91 14.6
$a' =$	273 25.0	273 45.0	94 3.5	94 19.0
$\Delta a' =$	−3 6.0	−3 6.2	−3 4.7	−3 4.4

Berücksichtigung der Instrumentalfehler:

$i \operatorname{ctg} z + c \operatorname{cosec} z$	+ 0.9	+ 0.9	− 1.0	− 1.0
$\Delta a' =$	− 3 5.1	− 3 5.3	− 3 5.7	− 3 5.4

$$\Delta a' = -3^0\ 5'.4$$

22. Beispiel zur Standlinien- (Sumner-) Methode (zu S. 176ff.)

Auf einer Fahrt von Charleston nach Greenock gelang Sumner bei der Einsegelung in den St.-Georgs-Kanal 1837 Dezember 17 nach längerer Zeit unsichtigen Wetters die Messung einer Sonnenhöhe, die für die ungefähre Ortszeit $10^1/_2{}^h$ vorm. nach Berücksichtigung von Kimmtiefe, Sonnenhalbmesser und Refraktion

$$z = 77^0\ 50'$$

ergab. Der aus der Besteckrechnung folgende mutmaßliche Ort des Schiffes war

$$(\lambda) = \ 6^0\ 39' \text{ westlich von Greenwich}$$
$$(\varphi) = 51^0\ 37' \text{ nördl. Breite}$$

und die am Chronometer abgelesene Greenwicher Zeit der Beobachtung

$$(U) = 10^h\ 47^m\ 13^s.$$

Die Deklination δ der Sonne war $= -23^0\ 23'$ und der Moment ihrer Kulmination nach der Zeitgleichung $11^h 56^m\ 23^s$.

Um zu konstatieren, inwieweit ein Fehler in Breite die Länge des Schiffes ändert, nahm Sumner für φ nacheinander $51^0\ 0'$, $51^0\ 30'$ und $52^0\ 0'$ an. Die Berechnung der zugehörigen Längen gestaltete sich dann folgendermaßen:

$$\cos\tau = \frac{\cos z}{\cos\varphi\cos\delta} - \operatorname{tg}\varphi\operatorname{tg}\delta$$

	$\varphi_1 = +\ 51^0\ 0'$	$\varphi_2 = +\ 51^0\ 30'$	$\varphi_3 = +\ 52^0\ 0'$
$\cos z$	9.3238		
$\cos\delta$	9.9628		
	9.3610	9.3610	0.3610
$\cos\varphi$	9.7989	9.7941	9.7893
(I)	9.5621	9.5669	9.5717
$I =$	+ 0.3648	+ 0.3689	+ 0.3730
$\operatorname{tg}\delta$	9.6359 n	9.6359 n	9.6359 n
$\operatorname{tg}\varphi$	0.0916	0.0994	0.1072
(II)	9.7275 n	9.7353 n	9.7431 n
$II =$	— 0.5340	— 0.5436	— 0.5535
$\cos\tau$	9.9537	9.9602	9.9668
$\tau =$	$1^h\ 44^m\ 0^s$	$1^h\ 36^m\ 40^s$	$1^h\ 28^m\ 30^s$
M. O. Z. der Sonnenkulm.	11 56 23	11 56 23	11 56 23
M. O.Z. =	10 12 23	10 19 43	10 27 53
M. Z. Gr. =	10 47 13	10 47 13	10 47 13
λ	$+\ 34^m\ 50^s$	$+\ 27^m\ 30^s$	$+\ 19^m\ 20^s$
	$\lambda_1 = +\ 8^0\ 42'$	$\lambda_2 = +\ 6^0\ 52'$	$\lambda_3 = +\ 4^0\ 50'$

Die Standlinie geht demnach durch die Punkte (λ_1, φ_1), (λ_2, φ_2), (λ_3, φ_3) der Mercatorkarte (s. Fig. 63) nahe an Smalls Feuerschiff vorbei. In welcher Weise ihre Lage auf Grund anderer Annahmen in Höhe und Uhrstand zu verschieben ist, lehrt ohne weiteres die graphische Darstellung auf der Karte.

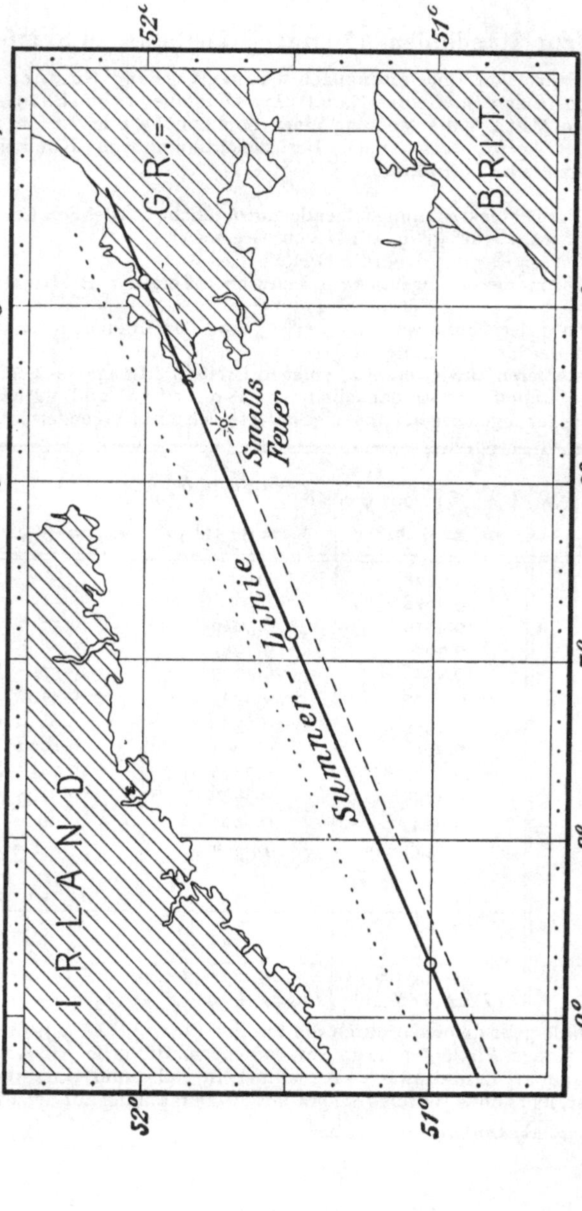

Fig. 63. Lage der Sumnerschen Standlinie (s. Beispiel 22) auf der Mercatorkarte

— — — Verschiebung der Standlinie durch einen Chronometerfehler von 1 Zeitminute

. . . . Verschiebung der Standlinie durch einen Höhenfehler von 10 Bogenminuten

ANHANG II

Tafeln zur geographischen Ortsbestimmung

1. Verwandlung von mittlerer Zeit in Sternzeit

Gesucht: Sternzeit

	+ 0m			+ 1m			+ 2m			+ 3m		
0s	0h	0m	0s	6h	5m	15s	12h	10m	29s	18h	15m	44s
2	0	12	10	6	17	25	12	22	40	18	27	54
4	0	24	21	6	29	36	12	34	50	18	40	5
6	0	36	31	6	41	46	12	47	1	18	52	15
8	0	48	42	6	53	56	12	59	11	19	4	26
10	1	0	52	7	6	7	13	11	21	19	16	36
12	1	13	3	7	18	17	13	23	32	19	28	47
14	1	25	13	7	30	28	13	35	42	19	40	57
16	1	37	24	7	42	38	13	47	53	19	53	7
18	1	49	34	7	54	49	14	0	3	20	5	18
20	2	1	45	8	6	59	14	12	14	20	17	28
22	2	13	55	8	19	10	14	24	24	20	29	39
24	2	26	6	8	31	20	14	36	35	20	41	49
26	2	38	16	8	43	31	14	48	45	20	54	0
28	2	50	27	8	55	41	15	0	56	21	6	10
30	3	2	37	9	7	52	15	13	6	21	18	21
32	3	14	48	9	20	2	15	25	17	21	30	31
34	3	26	58	9	32	13	15	37	27	21	42	42
36	3	39	9	9	44	23	15	49	38	21	54	52
38	3	51	19	9	56	34	16	1	48	22	7	3
40	4	3	30	10	8	44	16	13	59	22	19	13
42	4	15	40	10	20	55	16	26	9	22	31	24
44	4	27	51	10	33	5	16	38	20	22	43	34
46	4	40	1	10	45	16	16	50	30	22	55	45
48	4	52	12	10	57	26	17	2	41	23	7	55
50	5	4	22	11	9	37	17	14	51	23	20	6
52	5	16	33	11	21	47	17	27	2	23	32	16
54	5	28	43	11	33	58	17	39	12	23	44	27
56	5	40	54	11	46	8	17	51	23	23	56	37
58	5	53	4	11	58	19	18	3	33	24	8	48
60	6	5	15	12	10	29	18	15	44	24	20	58

	0m	0s
+ 0s.0		
0.1	0	37
0.2	1	13
0.3	1	50
0.4	2	26
+ 0.5	3	3
0.6	3	39
0.7	4	16
0.8	4	52
0.9	5	29
+ 1.0	6	5
1.1	6	42
1.2	7	18
1.3	7	55
1.4	8	31
+ 1.5	9	8
1.6	9	44
1.7	10	21
1.8	10	57
1.9	11	34

2. Verwandlung von Sternzeit in mittlere Zeit

Gesucht: Mittlere Zeit

	— 0^{m}			— 1^{m}			— 2^{m}			— 3^{m}					
0^{s}	0^{h}	0^{m}	0^{s}	6^{h}	6^{m}	15^{s}	12^{h}	12^{m}	29^{s}	18^{h}	18^{m}	44^{s}			
2	0	12	12	6	18	27	12	24	42	18	30	56			
4	0	24	25	6	30	40	12	36	54	18	43	9			
6	0	36	37	6	42	52	12	49	7	18	55	21			
8	0	48	50	6	55	4	13	1	19	19	7	34			
10	1	1	2	7	7	17	13	13	31	19	19	46	— $0^{s}.0$	0^{m}	0^{s}
12	1	13	15	7	19	29	13	25	44	19	31	59	0.1	0	37
14	1	25	27	7	31	42	13	37	56	19	44	11	0.2	1	13
16	1	37	40	7	43	54	13	50	9	19	56	23	0.3	1	50
18	1	49	52	7	56	7	14	2	21	20	8	36	0.4	2	26
20	2	2	5	8	8	19	14	14	34	20	20	48	— 0.5	3	3
22	2	14	17	8	20	32	14	26	46	20	33	1	0.6	3	40
24	2	26	30	8	32	44	14	38	59	20	45	13	0.7	4	16
26	2	38	42	8	44	57	14	51	11	20	57	26	0.8	4	53
28	2	50	55	8	57	9	15	3	24	21	9	38	0.9	5	29
30	3	3	7	9	9	22	15	15	36	21	21	51	— 1.0	6	6
32	3	15	20	9	21	34	15	27	49	21	34	3	1.1	6	42
34	3	27	32	9	33	47	15	40	1	21	46	16	1.2	7	19
36	3	39	45	9	45	59	15	52	14	21	58	28	1.3	7	56
38	3	51	57	9	58	12	16	4	26	22	10	41	1.4	8	32
40	4	4	10	10	10	24	16	16	39	22	22	53	— 1.5	9	9
42	4	16	22	10	22	37	16	28	51	22	35	6	1.6	9	45
44	4	28	35	10	34	49	16	41	4	22	47	18	1.7	10	22
46	4	40	47	10	47	2	16	53	16	22	59	31	1.8	10	59
48	4	53	0	10	59	14	17	5	29	23	11	43	1.9	11	35
50	5	5	12	11	11	27	17	17	41	23	23	56			
52	5	17	25	11	23	39	17	29	54	23	36	8			
54	5	29	37	11	35	52	17	42	6	23	48	21			
56	5	41	50	11	48	4	17	54	19	24	0	33			
58	5	54	2	12	0	17	18	6	31	24	12	46			
60	6	6	15	12	12	29	18	18	44	24	24	58			

3. Reduktion der Sternzeit um 0^h (Mitternacht) Greenwich auf 0^h eines beliebigen Meridians

Reduktion = $\pm 0^s.6571\, \lambda$

negativ für öst. Länge v. Greenw., positiv für westl. Länge v. Greenw.

λ	Red.	λ	Red.	λ	Red.	λ	Red.
0°	0^m $0^s.00$	30°	0^m $19^s.71$	60°	0^m $39^s.43$	90°	0^m $59^s.14$
1	0 0.66	31	0 20.37	61	0 40.08	91	0 59.80
2	0 1.31	32	0 21.03	62	0 40.74	92	1 0.45
3	0 1.97	33	0 21.68	63	0 41.40	93	1 1.11
4	0 2.63	34	0 22.34	64	0 42.05	94	1 1.77
5	0 3.29	35	0 23.00	65	0 42.71	95	1 2.42
6	0 3.94	36	0 23.66	66	0 43.37	96	1 3.08
7	0 4.60	37	0 24.31	67	0 44.03	97	1 3.74
8	0 5.26	38	0 24.97	68	0 44.68	98	1 4.40
9	0 5.91	39	0 25.63	69	0 45.34	99	1 5.05
10	0 6.57	40	0 26.28	70	0 46.00	100	1 5.71
11	0 7.23	41	0 26.94	71	0 46.65	101	1 6.37
12	0 7.89	42	0 27.60	72	0 47.31	102	1 7.03
13	0 8.54	43	0 28.26	73	0 47.97	103	1 7.68
14	0 9.20	44	0 28.91	74	0 48.63	104	1 8.34
15	0 9.86	45	0 29.57	75	0 49.28	105	1 9.00
16	0 10.51	46	0 30.23	76	0 49.94	106	1 9.65
17	0 11.17	47	0 30.88	77	0 50.60	107	1 10.31
18	0 11.83	48	0 31.54	78	0 51.25	108	1 10.97
19	0 12.48	49	0 32.20	79	0 51.91	109	1 11.62
20	0 13.14	50	0 32.85	80	0 52.57	110	1 12.28
21	0 13.80	51	0 33.51	81	0 53.23	120	1 18.85
22	0 14.46	52	0 34.17	82	0 53.88		
23	0 15.11	53	0 34.83	83	0 54.54		
24	0 15.77	54	0 35.48	84	0 55.20		
25	0 16.43	55	0 36.14	85	0 55.85		
26	0 17.08	56	0 36.80	86	0 56.51		
27	0 17.74	57	0 37.45	87	0 57.17		
28	0 18.40	58	0 38.11	88	0 57.82		
29	0 19.06	59	0 38.77	89	0 58.48		
30	0 19.71	60	0 39.43	90	0 59.14		

λ	Red.	Diff.
0′	$0^s.00$	
		11
10	0.11	
		11
20	0.22	
		11
30	0.33	
		11
40	0.44	
		11
50	0.55	
		11
60	0.66	

Anmerkung. Ist die Länge in Zeit gegeben, so kann für die obige Reduktion auch Tafel 1 verwendet werden.

4. Verwandlung von Zeit in Bogen

Argument: Zeit

Zeit	Bogen	Zeit	Bogen	Zeit	Bogen	Zeit	Bogen
		m	° ′	m	° ′		
0^h	0^0	0^s	0′ 0″	30^s	7′ 30″	$0^s.0$	0″.0
1	15	1	0 15	31	7 45	0.1	1.5
2	30	2	0 30	32	8 0	0.2	3.0
3	45	3	0 45	33	8 15	0.3	4.5
4	60	4	1 0	34	8 30	0.4	6.0
5	75	5	1 15	35	8 45	0.5	7.5
6	90	6	1 30	36	9 0	0.6	9.0
7	105	7	1 45	37	9 15	0.7	10.5
8	120	8	2 0	38	9 30	0.8	12.0
9	135	9	2 15	39	9 45	0.9	13.5
10	150	10	2 30	40	10 0		
11	165	11	2 45	41	10 15		
12	180	12	3 0	42	10 30		
13	195	13	3 15	43	10 45		
14	210	14	3 30	44	11 0		
15	225	15	3 45	45	11 15	$0^s.00$	0″.00
16	240	16	4 0	46	11 30	0.01	0.15
17	255	17	4 15	47	11 45	0.02	0.30
18	270	18	4 30	48	12 0	0.03	0.45
19	285	19	4 45	49	12 15	0.04	0.60
20	300	20	5 0	50	12 30	0.05	0.75
21	315	21	5 15	51	12 45	0.06	0.90
22	330	22	5 30	52	13 0	0.07	1.05
23	345	23	5 45	53	13 15	0.08	1.20
24	360	24	6 0	54	13 30	0.09	1.35
		25	6 15	55	13 45		
		26	6 30	56	14 0		
		27	6 45	57	14 15		
		28	7 0	58	14 30		
		29	7 15	59	14 45		

5. Verwandlung von Bogen in Zeit

Argument: Bogen

Bogen	Zeit	Bogen	Zeit	Bogen	Zeit	Bogen	Zeit
°	h m	°	h m				
0′	0^{m} 0^{s}	30′	2^{m} 0^{s}	60	4^{h} 0^{m}	90°	6^{h} 0^{m}
1	0 4	31	2 4	61	4 4	91	6 4
2	0 8	32	2 8	62	4 8	92	6 8
3	0 12	33	2 12	63	4 12	93	6 12
4	0 16	34	2 16	64	4 16	94	6 16
5	0 20	35	2 20	65	4 20	95	6 20
6	0 24	36	2 24	66	4 24	96	6 24
7	0 28	37	2 28	67	4 28	97	6 28
8	0 32	38	2 32	68	4 32	98	6 32
9	0 36	39	2 36	69	4 36	99	6 36
10	0 40	40	2 40	70	4 40	100	6 40
11	0 44	41	2 44	71	4 44		
12	0 48	42	2 48	72	4 48	200	13 20
13	0 52	43	2 52	73	4 52		
14	0 56	44	2 56	74	4 56	300	20 0
15	1 0	45	3 0	75	5 0		
16	1 4	46	3 4	76	5 4		
17	1 8	47	3 8	77	5 8		
18	1 12	48	3 12	78	5 12		
19	1 16	49	3 16	79	5 16		
20	1 20	50	3 20	80	5 20	0″	$0^{s}.00$
21	1 24	51	3 24	81	5 24	10	0.67
22	1 28	52	3 28	82	5 28	20	1.33
23	1 32	53	3 32	83	5 32	30	2.00
24	1 36	54	3 36	84	5 36	40	2.67
25	1 40	55	3 40	85	5 40	50	3.33
26	1 44	56	3 44	86	5 44	60	4.00
27	1 48	57	3 48	87	5 48		
28	1 52	58	3 52	88	5 52		
29	1 56	59	3 56	89	5 56		
30	2 0	60	4 0	90	6 0		

6. Refraktionstafeln

a) Mittlere Strahlenbrechung ($z = 0^0$ bis 85^0)
gültig für einen Barometerstand von 760 mm und + 10° C Lufttemperatur
Argument: Direkt gemessene scheinbare Zenitdistanz z' oder Höhe h'

z'	Refr.	h'	z'	Refr.	h'	z'	Refr.	h'
0°	0′ 0″	90°	65°.0	2′ 4″	25°.0	75°.0	3′ 34″	15°.0
10	0 10	80	65.5	2 7	24.5	75.5	3 41	14.5
20	0 21	70	66.0	2 10	24.0	76.0	3 49	14.0
30	0 34	60	66.5	2 13	23.5	76.5	3 58	13.5
40	0 49	50	67.0	2 16	23.0	77.0	4 7	13.0
			67.5	2 20	22.5	77.5	4 17	12.5
50	1 9	40	68.0	2 23	22.0	78.0	4 27	12.0
51	1 12	39	68.5	2 27	21.5	78.5	4 39	11.5
52	1 14	38	69.0	2 31	21.0	79.0	4 51	11.0
53	1 17	37	69.5	2 35	20.5	79.5	5 4	10.5
54	1 20	36						
55	1 23	35	70.0	2 39	20.0	80.0	5 19	10.0
56	1 26	34	70.5	2 43	19.5	80.5	5 35	9.5
57	1 29	33	71.0	2 48	19.0	81.0	5 52	9.0
58	1 33	32	71.5	2 52	18.5	81.5	6 12	8.5
59	1 37	31	72.0	2 57	18.0	82.0	6 33	8.0
			72.5	3 2	17.5	82.5	6 57	7.5
60	1 41	30	73.0	3 8	17.0	83.0	7 24	7.0
61	1 45	29	73.5	3 14	16.5	83.5	7 54	6.5
62	1 49	28	74.0	3 20	16.0	84.0	8 28	6.0
63	1 54	27	74.5	3 27	15.5	84.5	9 7	5.5
64	1 59	26						
65	2 4	25	75.0	3 34	15.0	85.0	9 52	5.0

b) Mittlere Strahlenbrechung ($z = 84^0$ bis 90^0)

z'	Refr.	h'	z'	Refr.	h'	z'	Refr.	h'
84° 0′	8′ 28″	6° 0′	86° 0′	11′ 45″	4° 0′	88° 0′	18′ 18″	2° 0′
84 20	8 53	5 40	86 20	12 30	3 40	88 20	20 2	1 40
84 40	9 21	5 20	86 40	13 22	3 20	88 40	22 7	1 20
85 0	9 52	5 0	87 0	14 22	3 0	89 0	24 37	1 0
85 20	10 26	4 40	87 20	15 31	2 40	89 20	27 36	0 40
85 40	11 4	4 20	87 40	16 49	2 20	89 40	31 9	0 20
86 0	11 45	4 0	88 0	18 18	2 0	90 0	35 24	0 0

c) Korrektion für Lufttemperatur

Argument: Mittlere Refraktion *R* und Temperatur *T*

R \ *T*	−30°	−25°	−20°	−15°	−10°	−5°	0°
1′	+10″	+8″	+7″	+6″	+5″	+3″	+2″
2	+20	+17	+14	+12	+9	+7	+4
3	+30	+26	+22	+18	+14	+10	+7
4	+40	+35	+29	+24	+19	+14	+9
5	+51	+44	+37	+30	+24	+17	+11
6	+62	+53	+45	+37	+29	+21	+14
7	+74	+63	+53	+43	+34	+25	+16
8	+86	+74	+62	+50	+40	+29	+19
9	+99	+84	+71	+58	+45	+33	+22
10	+112	+96	+80	+65	+51	+38	+25

R \ *T*	+30°	+25°	+20°	+15°	+10°	+5°	0°
1′	−4″	−3″	−2″	−1″	0⁰	+1″	+2″
2	−8	−6	−4	−2	0	+2	+4
3	−12	−9	−6	−3	0	+3	+7
4	−16	−12	−8	−4	0	+4	+9
5	−20	−16	−11	−5	0	+6	+11
6	−25	−19	−13	−7	0	+7	+14
7	−29	−22	−15	−8	0	+8	+16
8	−34	−26	−18	−9	0	+9	+19
9	−39	−30	−20	−10	0	+11	+22
10	−44	−34	−23	−12	0	+12	+25

d) Korrektion für Barometerstand

Argument: *R* = Mittl. Refrakt. + Temperaturkorr. und Barometerstand *B* auf 0° C red.

R \ *B*	500 mm	550 mm	600 mm	650 mm	700 mm	750 mm	800 mm	*B* / *R*
1′	−0′ 21″	−0′ 17″	−0′ 13″	−0′ 9″	−0′ 5″	−0′ 1″	+0′ 3″	1′
2	−0 41	−0 33	−0 25	−0 17	−0 9	−0 2	+0 6	2
3	−1 2	−0 50	−0 38	−0 26	−0 14	−0 2	+0 10	3
4	−1 22	−1 6	−0 51	−0 35	−0 19	−0 3	+0 13	4
5	−1 43	−1 23	−1 3	−0 44	−0 24	−0 4	+0 16	5
6	−2 4	−1 40	−1 16	−0 52	−0 29	−0 5	+0 19	6
7	−2 25	−1 57	−1 29	−1 1	−0 33	−0 6	+0 23	7
8	−2 45	−2 14	−1 42	−1 10	−0 38	−0 6	+0 26	8
9	−3 6	−2 31	−1 55	−1 19	−0 43	−0 7	+0 29	9
10	−3 27	−2 48	−2 8	−1 28	−0 48	−0 8	+0 32	10

7. Reduktion von meridiannahen Zenitdistanzen auf den Meridian

Tafel der Werte $m = \frac{2 \sin^2 \frac{1}{2} \tau}{\sin 1''}$

τ	0^m	1^m	2^m	3^m	4^m	5^m	6^m	7^m	8^m	9^m	10^m
0^s	0″	2″	8″	18″	31″	49″	71″	96″	126″	159″	196″
4	0	2	8	18	32	50	72	98	128	161	199
8	0	2	9	19	34	52	74	100	130	164	202
12	0	3	10	20	35	53	76	102	132	166	204
16	0	3	10	21	36	54	77	104	134	169	207
20	0	4	11	22	37	56	79	106	136	171	210
24	0	4	11	23	38	57	80	108	138	174	212
28	0	4	12	24	39	59	82	110	141	176	215
32	1	5	13	24	40	60	84	111	143	178	218
36	1	5	13	26	42	62	86	113	145	181	221
40	1	5	14	26	43	63	87	115	148	184	223
44	1	6	15	27	44	64	89	117	150	186	226
48	1	6	15	28	45	66	91	119	152	189	229
52	2	7	16	29	46	68	93	122	154	191	232
56	2	7	17	30	48	69	94	124	157	194	235
60	2	8	18	31	49	71	96	126	159	196	238

τ	11^m	12^m	13^m	14^m	15^m	16^m	17^m	18^m	19^m	20^m	21^m
0^s	238″	283″	332″	385″	442″	502″	567″	636″	708″	785″	865″
4	240	286	335	388	446	507	572	641	713	790	871
8	243	289	339	392	450	511	576	645	718	795	876
12	246	292	342	396	454	515	581	650	723	801	882
16	249	295	346	400	458	519	585	655	728	806	887
20	252	299	349	403	462	524	590	660	734	811	893
24	255	302	352	407	466	528	594	664	738	817	899
28	258	305	356	411	470	532	599	669	744	822	904
32	261	308	360	415	474	536	603	674	749	827	910
36	264	312	363	418	478	541	608	679	754	833	915
40	267	315	367	422	482	545	612	684	759	838	921
44	270	318	370	426	486	550	617	689	764	844	927
48	273	322	374	430	490	554	622	694	769	849	932
52	276	325	377	434	494	558	626	698	774	854	938
56	280	328	381	438	498	563	631	704	780	860	944
60	283	332	385	442	502	567	636	708	785	865	950

8. Umwandlung von Längen- und Breitenunterschieden $\Delta\lambda$ und $\Delta\varphi$ auf dem Erdsphäroid in Metermaß

a) Längenunterschiede

φ \ $\Delta\lambda$	1^0	$1'$	10^s	φ \ $\Delta\lambda$	1^0	$1'$	10^s
	km	km	km		km	km	km
0^0	111.31	1.86	4.64	40^0	85.38	1.42	3.56
2	111.24	1.85	4.64	42	82.84	1.38	3.45
4	111.04	1.85	4.63	44	80.20	1.34	3.34
6	110.70	1.84	4.61	46	77.45	1.29	3.23
8	110.23	1.84	4.59	48	74.62	1.24	3.11
10	109.63	1.83	4.57	50	71.69	1.19	2.99
12	108.89	1.81	4.54	52	68.67	1.14	2.86
14	108.02	1.80	4.50	54	65.57	1.09	2.73
16	107.02	1.78	4.46	56	62.39	1.04	2.60
18	105.89	1.76	4.41	58	59.13	0.99	2.46
20	104.63	1.74	4.36	60	55.79	0.93	2.32
22	103.25	1.72	4.30	62	52.39	0.87	2.18
24	101.74	1.70	4.24	64	48.93	0.82	2.04
26	100.11	1.67	4.17	66	45.40	0.76	1.89
28	98.35	1.64	4.10	68	41.82	0.70	1.74
30	96.47	1.61	4.02	70	38.18	0.64	1.59
32	94.48	1.57	3.94	72	34.50	0.57	1.44
34	92.37	1.54	3.85	74	30.78	0.51	1.28
36	90.15	1.50	3.76	76	27.01	0.45	1.13
38	87.82	1.46	3.66	78	23.22	0.39	0.97
40	85.38	1.42	3.56	80	19.39	0.32	0.81

b) Breitenunterschiede

φ \ $\Delta\varphi$	1^0	$1'$	φ \ $\Delta\varphi$	1^0	$1'$
	km	km		km	km
0^0	110.56	1.84	50^0	111.22	1.85
10	110.60	1.84	60	111.40	1.86
20	110.69	1.84	70	111.55	1.86
30	110.84	1.85	80	111.65	1.86
40	111.02	1.85	90	111.68	1.86

9. Die wichtigsten Normalzeiten der Erde, bezogen auf Weltzeit

— östlich, + westlich von Greenwich

Weltzeit minus Normalzeit	Ausdehnung der Zonenzeit
$-13^h\ 0^m$	Ost-Sibirien von 172° 30′ ö. Gr. an
— 11 30	Neuseeland
— 10 0	Tasmanien, Viktoria, Neusüdwales, Queensland
— 9 30	Süd-Australien
— 9 0	Japan, Korea, Marianen, Formosa
— 8 0	West-Australien, Britisch-Borneo, Philippinen, China
— 7 30	Java
— 7 0	Siam, Annam, Tonking
— 6 30	Birma
— 5 30	Ceylon, Britisch- und Portugiesisch-Indien
— 4 0	Mauritius, Seychellen, mittl. Rußland zwischen 40° und 52° 30′ ö. Gr.
— 3 0	Madagaskar, Somaliland, westl. Rußland bis 40° ö. Gr.
— 2 0	Osteuropäische Zeit. Süd-Afrika, Portugiesisch-Ostafrika, Ägypten, Türkei, Griechenland, Bulgarien, Rumänien, Estland, Finnland
— 1 0	Mitteleuropäische Zeit. Portugiesisch-Westafrika, Tunis, Jugoslavien, Italien, Schweiz, Deutschland, Skandinavien
0 0	Westeuropäische Zeit (Weltzeit). Algerien, Spanien, Portugal, Frankreich, Belgien, Großbritannien
+ 1 0	Portugiesisch-Guinea, Kanarische Inseln, Madeira, Island
+ 2 0	Kapverdische Inseln
+ 3 0	Brasilien, Ostküste
+ 4 0	Atlantic Standard Time. Französisch-Guyana, Trinidad, Martinique, Puerto Rico, Neuschottland, Chile
+ 5 0	Eastern Standard Time. Peru, Jamaika, Ostküste der Vereinigten Staaten, westliches Labrador
+ 6 0	Central Standard Time. Zentralgebiet der Vereinigten Staaten und von Kanada
+ 7 0	Mountain Standard Time. Kolorado, Gebirgsterritorium von Kanada
+ 8 0	Pacific Standard Time. Kalifornien, West-Kanada
+ 9 0	Östliches Alaska
+ 10 30	Hawai-Inseln
+ 11 0	Westküste von Alaska, Aleuten

10. Internationale und Amerikanische Funksignale

(Schlußzeiten)

WZ	Station	Sign.	WZ	Station	Sign.
$0^h\ 0^m$	Wladiwostok	Int.	$10^h\ 0^m$	Wladiwostok	Int.
0 0	Nauen	,,	12 0	Nauen	Int.
0 0	Rio de Janeiro	Am.	14 0	Rio de Janeiro	Am.
2 0	Buenos Aires	Int.	14 0	Buenos Aires	Int.
2 0	Mexico	Am.	15 0	San Francisco	Am.
3 0	Shanghai	Int.	15 0	Washington (Arlington)	,,
3 0	San Francisco	Am.	16 0	Lualualei (Hawai)	,,
3 0	Washington (Arlington)	,,	18 0	Mexico	,,
4 0	Lualualei (Hawai)	,,	20 0	Bordeaux (Croix d'Hins)	Int.
8 0	Bordeaux (Croix d'Hins)	Int.	20 0	Lualualei (Hawai)	Am.
9 0	Shanghai	,,	22 30	Paris (Eiffelturm)	Int.
9 30	Paris (Eiffelturm)	,,			

11. Koinzidenzsignale verschiedener Funkstationen

(Schlußzeiten)

WZ	Station	WZ	Station
$0^h\ 6^m$	Nauen	$16^h\ 6^m$	Moskau
4 6	Moskau	17 6	Taschkent (Turkestan)
6 6	,,	18 0	Rugby (England)
8 6	Bordeaux (Croix d'Hins)	19 5	Saigon (Fr. Indo-China)
9 36	Paris (Eiffelturm)	20 6	Bordeaux (Croix d'Hins)
10 0	Rugby (England)	22 5	Saigon (Fr. Indo-China)
11 50	Mte Grande (Argentinien)	22 6	Djetskoe Selo (Rußland)
12 6	Nauen	22 36	Paris (Eiffelturm)
14 6	Moskau	23 50	M-te Grande (Argentinien)

12. Berechnung des wahren Erdhalbmessers ρ und der geozentrischen Breite φ′ des Beobachtungsortes aus der geographischen Breite φ

$$\varrho \cos \varphi' = \sec \psi \cos \varphi$$
$$\varrho \sin \varphi' = (1 - e^2) \sec \psi \sin \varphi$$

φ	log sec ψ	Diff.	log $(1 - e^2) \sec \psi$	Diff.
0°	0.00000		9.99709	
		4		4
10	0.00004		9.99713	
		13		13
20	0.00017		9.99726	
		19		19
30	0.00036		9.99745	
		24		24
40	0.00060		9.99769	
		25		25
50	0.00085		9.99794	
		24		24
60	0.00109		9.99818	
		19		19
70	0.00128		9.99837	
		13		13
80	0.00141		9.99850	
		4		4
90	0.00145		9.99854	

13. Dimensionen der Erde nach Bessel (1841) und Hayford (1909)

	Bessel	Hayford
Halbe große Achse	6377397 *m*	6378388 *m*
Halbe kleine Achse	6356079 *m*	6356909 *m*
Abplattung	$\frac{1}{299.15}$	$\frac{1}{297.0}$
Exzentrizität	0.08170	0.08199
Meridianquadrant	10000856 *m*	10002293 *m*
Arithm. Mittel der drei Halbachsen . . .	6370291 *m*	6371228 *m*
Radius der Kugel von gleicher Oberfläche	6370290 *m*	6371226 *m*
Radius der Kugel von gleichem Inhalt . .	6370283 *m*	6371220 *m*

LITERATUR

Lehr- und Handbücher der geographischen Ortsbestimmung

Bohnenberger, J. G. F., Anleitung zur geographischen Ortsbestimmung, vorzüglich mittels des Spiegelsextanten, neu bearbeitet von G. A. Jahn. 2. Auflage, Göttingen 1852.

Caspari, E. Cours d'astronomie pratique, II. partie, Paris 1889.

Gelcich, E., Die astronomische Bestimmung der geographischen Koordinaten. Leipzig und Wien 1904.

Güßfeldt, P., Grundzüge der geographisch-astronomischen Ortsbestimmung auf Forschungsreisen. Braunschweig 1902.

Jordan, W., Grundzüge der astronomischen Zeit- und Ortsbestimmung. Berlin 1885.

Marcuse, A., Handbuch der geographischen Ortsbestimmung für Geographen und Forschungsreisende. Braunschweig 1905.

Wislicenus, W., Handbuch der geographischen Ortsbestimmungen auf Reisen. Leipzig 1891.

Stupar, A., Lehrbuch der astronomischen Navigation. Fiume 1908.

Lehrbuch der Navigation, herausgegeben vom Reichsmarineamt. Teil II. Berlin.

Ein klarer Überblick über die wichtigsten Ortsbestimmungsmethoden nebst ausführlichen Literaturnachweisen findet sich bei:

Wirtz, C. W., Geographische Ortsbestimmung, Enzyklopädie der mathem. Wissenschaften VI, 2, Heft 1. Leipzig 1905.

REGISTER

FSC
www.fsc.org
MIX
Papier | Fördert
gute Waldnutzung
FSC® C083411

Zeitfracht Medien GmbH
Ferdinand-Jühlke-Straße 7
99095 Erfurt, Deutschland
produktsicherheit@kolibri360.de